알기쉬운

산업위생

김기연 김연하 김종은 김현수 이승길 임대성 하현철 공저

JINSAEM 진샘미디어

들어가며

"산업위생(Industrial Hygiene)" 학문 분야는 미국산업위생학회(AIHA)에서 발표한 정의에서 제시되었듯이 작업자나 일반 사람에게 질병, 건강장애와 안녕방해, 심각한 불쾌감 및 능률 저하 등을 초래하는 작업환경요인과 스트레스를 예측, 인식(측정), 평가하고 관리하는 과학과 기술이다.

화학물질 제조 및 취급에 따른 직업성 암 등의 만성 질환 및 중독 등의 급성 질환, 부자연스런 자세 및 반복 작업에 따른 근골격계 질환, 장시간 근무 및 심야 교대 작업에 따른 뇌심혈관계 질환 등 기계화 및 자동화로 작업 환경이 과거에 비해 상당히 개선되었음에도 불구하고 작업자들의 직업병 발생은 계속해서 사회적 문제시 되고 있다. 이러한 사회적 상황을 해결하기 위해 정부 차원에서는 작업자의 건강 보호를 위해 적용되고 있는 기존 산업안전보건법에 경영자의 안전보건 관리 책임을 더욱 부과하는 중대재해처벌법까지 제정하여 이를 작업 현장에 시행할 예정이다. 따라서 작업자의 건강 예방에 근간이 되는 산업위생 분야의 중요성은 지금보다 강조될 것으로 예측된다.

본 교재의 구성은 다음과 같다.

제1장 산업위생개론에서는 정의 및 역사, 노출기준, 산업재해 통계, 제2~4장 물리적, 화학적, 생물학적 유해인자에서는 종류 및 특성, 건강장해, 관리대책, 제5장 인간공학적 요인(근골격계 질환)에서는 정의 및 발생 원인, 건강장해, 관리대책, 제6장 사회심리학적 요인에서는 산업심리, 직무 스트레스, 관리대책, 제7장 작업환경 측정 및 평가에서는 조사 계획, 시료 채취, 측정 결과 및 평가, 제8장 작업환경 측정 시료 분석에서는 정도관리, 유기용제 분석, 중금속 분석, 제9장 산업환기에서는 전체환기, 국소박이, 시스템 설계 및 관리, 제10장 보호구에서는 종류 및 특성, 효율 평가, 관리 방안 내용이 기술되었다.

본 교재의 장점은 다음과 같다.

첫째, 본 교재는 각 분야별 전문가들이 해당 내용에 대해서만 집필에 참여하여 특정 전문가 1~2명이 중심이 되어 집필되었던 기존 산업위생 관련 교재들에 대비하여 전문화된 내용들이 추가 보완된 차별성을 가지고 있다. 특히 근골격계 질환 및 직무 스트레스와 같은 산업보건학적 주제는 직업환경의학 및 직업환경간호 분야의 전문가가 집필에 참여하여 특화성을 극대화하였다.

둘째, 현재의 국내 작업 상황을 반영하여 집필되었기 때문에 미국, 일본 등 주로 국외 자료에 근거하여 집필된 기존 산업위생 관련 교재들에 비해 우리나라만의 작업 특성이 부각되었고, 최대한 실제 현장 사례들을 인용하였기 때문에 현장성이 우수하다.

셋째, 택배업 등 플랫폼 작업자, 텔리마케터 등의 감정노동자, 코로나19 펜데믹으로 인한 감염병 등 최근 산업위생 분야에 새로운 이슈로 등장하고 있는 주제들을 포함하여 이에 해당되는 내용들을 국가직무표준(NCS)에 근거하여 독립된 장으로 구성하였다.

아무쪼록 본 교재가 학부 과목으로 산업위생을 수강하는 학생, 산업위생 분야를 전공하거나 연구하는 대학원생 및 산업위생관리기사 국가 자격시험을 준비하는 수험생들에게 최상의 길라잡이 역할을 해 줄 것으로 기대하는 바이다.

2021년 12월 26일

대표저자 김 기 연

차례

제 4 장 생물학적 유해인자

제 5 장 근골격계 질환 및 인간공학평가

제 6 장 직무스트레스 관리

제 7 장 작업환경측정 및 평가

제 8 장 작업환경 측정 시료 분석

제 9 장 국소배기장치

제 10 장 개인보호구의 사용 및 관리

제 1 장

산업위생개론

1 산업위생 정의 및 역사

1.1 산업위생의 정의

국제노동기구(ILO)와 세계보건기구(WHO)는 "산업위생"에 대해 모든 직업 종사자의 육체적, 정신적, 사회적 안녕상태를 최고의 수준으로 유지 및 증진시키는 것으로 정의하고 있다(The promotion and maintenance of the highest degree of physical, mental and social well-being of workers in all occupation).

미국산업위생학회(American Industrial Hygiene Association, AIHA)에서는 "산업위생"이란 근로자나 일반대중에게 질병, 건강장애와 안녕방해 심각한 불쾌감 및 능률 저하 등을 초래하는 작업환경요인과 스트레스를 예측, 인식(측정), 평가하고 관리하는 과학과 기술로 정의하고 있다(Industrial hygiene or occupational hygiene is that science and art devoted to the anticipation, recognition, evaluation, and control of thosc cnvironmental factors or stress, arising in or from the work place, which may cause sickness, impaired health, and well-being or significant discomfort and inefficiency among workers or among the citizens of the community).

참고로 WHO에서 설정한 건강에 대한 정의를 살펴보면, 1946년에는 건강을 허약하지 않은 상태나 병에 걸리지 않은 상태뿐만 아니라 신체적, 정신적, 사회적으로 완전한 안녕상태(Health is a state of complete physical mental and social well being and not merely the absence of disease of infirmity)라고 정의하였고, 1998년에는 신체적, 정신적, 사회적, 영적(spiritual)으로 완전한 안녕 상태로 단순히 질병이나 장애가 없는 상태가 아니다라고 제시하고 있다.

이상의 공인 기관들에서 제시한 산업위생 관련 정의들에는 ⓐ 예측(Anticipation), ⓑ

인식(측정)(Recognition), ⓒ 평가(Evaluation), ⓓ 개선(Control)의 산업위생의 접근원칙 4가지를 설정하고 있다.

1.2 무엇을 예측, 인식, 평가, 개선하는가? : 작업장 유해인자의 노출

1.2.1 작업장 유해인자(요인)의 구분

작업장에서 노동자가 노출될 수 있는 유해인자는 다음 표 1-1과 같이 구분할 수 있다.

| 표 1-1 | 작업장 유해인자의 종류

화학적 요인	물질 형태(고체, 액체, 기체)로 인체에 침입하여 건강장해를 일으키는 요인	기체(가스, 증기) 액체(미스트, 포그) 고체(먼지, 흄)
물리적 요인	에너지 형태로 인체에 전달되어 건강장해를 일으키는 요인	소음, 진동, 광선, 기압, 온열
생물학적 요인	생물체 형태로 인체에 건강 장해를 일으키는 요인	바이러스, 세균, 곰팡이, 독소 등
인간공학적 요인 (작업 요인)	작업자세, 작업량, 공구나 기구, 중량물 취급 등의 요인에 의한 건강장해 요인	과다한 작업, 단순 반복, 부자연스러운 자세, 중량물
사회심리적 요인	작업과 관련된 정신적 부담에 의하여 발생하는 요인	직업관련성 스트레스

1.2.2 화학적 유해인자

작업장 유해인자 중 노출의 가장 큰 비중을 차지하는 화학적 유해인자는 다시 표 1-2와 같이 세분화할 수 있다.

| 표 1-2 | 화학적 유해인자의 구분

분포상 \ 연속성		기체(공기중)
화학적 요인	기체	가스(gas) : 상온상압에서 기체상태인 오염물질 증기(vapor) : 액체가 기화된 상태인 오염물질
	액체	미스트(mist) : 물리적으로 생성된 액체 미립자 포그(fog) : 기화된 후 응축되어 생성된 액체미립자
	고체	먼지(dust) : 물리적으로 생성된 고형의 미립자 흄(fume) : 기화된 후 응결되어 생성된 고형미립자

1.3 산업위생의 역사

1.3.1 국외

외국의 산업위생 발전에 기여한 주요 인물들은 다음 표 1-3과 같다.

| 표 1-3 | 외국의 산업위생역사에 나타난 인물

시대구분	인물	업적
BC 4세기	Hippocrates	Lead poisoning in miners and metallurgists, 의학의 아버지 납중독(광산) 처음 보고
AD 1세기	Pliny the Elder	먼지 방지용 마스크 주장(방광막 이용)
1473년	Ulrich Ellenbog	직업병과 위생에 관한 12가지 소책자(팜플렛) 발간
16세기	Paracelsus	독성학의 아버지. "모든 물질은 독이 있다. 단지 그 양이 문제이다("All substances are poisons...the right dose differentiates a poison and a remedy")."
16세기	Geogius Agricola	"De Re Metalica(광물에 대하여)". 규폐증(Silicosis)기록
1700년	Bernardino Ramazzini	"De Morbis Artificum Diatribia(직업인의 질병)" 산업보건 시조. 직업병원인 두 가지 제시(① 유해한 화학물질, ② 불완전한작업자세)
18세기 (1775, or 1776)	Percival Pott	굴뚝 청소 어린이의 음낭암 발견; 원인물질 "Soot(검댕)" "추후 굴뚝 청소원법"제정(1788) 동기 부여
20세기	Alice Hamilton	미국의 산업보건(의학, 위생)시조

참고

① 산업혁명이전, 산업혁명~19세기, 20세기로 구분하여 설명할 수 있어야 함

② 영국의 "공장법"을 잘 알아 둘 것

- 영국 공장법의 연도별 제 · 개정 주요 내용
  - 1833년 : 감독관 공장감독, 13세 이상 작업 연령, 18세 미만 야간 작업금지, 48시간/주, 근로자 교육, 보상에 치중
  - 1847년 : 기계 울타리 설치(안전조치)
  - 1864년 : 먼지가스 오염물질 희석(전체 환기, 희석환기) 규정 –산업위생 최초 법률
  - 1878년 : 유해먼지 송풍기 배출(국소박이)

③ 산업보건학 또는 환경위생학 분야에 자주 거론되는 인물

- Ed. Chadwick : "노동자 계급의 위생상태 보고서"; 영국의 빈민법, 의료부조, 공중위생법 기초
- Pettenkofer : 환경위생학의 시조, 실험위생학강조, 뮌헨대학 위생학 개설
- Bismarck(독일) : 노동자 질병법(1883)과 공장재해보험법(1884)

1.3.2 국내

우리나라의 산업위생 분야 주요 역사를 정리하면 표 1-4와 같다.

| 표 1-4 | 우리나라의 주요 산업위생 역사

연 도	주요 내용
1953	근로기준법 제정 : 산업위생관련 최초 법
1954	1954년 최초의 직업병인 진폐증 보고
1962	가톨릭 산업의학연구소가 설립되어 1963년 전국사업장 환경조사와 근로자 진단
1981	• 산업안전보건법 제정(1981.12.31) : 산업안전 보건법의 목적-"산업안전보건법은 산업안전보건에 관한 기준을 확립하고 그 책임의 소재를 명확하게 하여 산업재해를 예방하고 쾌적한 작업환경을 조성함으로서 근로자의 안전과 보건을 유지·증진함을 목적으로 한다." • "노동청"이 "노동부"로 승격
1980년대	원진레이온(주)의 이황화탄소 중독 사건
1988	15살의 문송면군 수은중독 사망
1990	한국산업위생학회 창립
1992	작업환경측정 관련 정도관리 실시
1995	LG전자부품 2-브로모프로판에 의한 생식독성 사건
2005	태국 여성 근로자 노말헥산 중독 사건
2015	트리클로로에틸렌(TCE)중독 사망사고
2016	메탄올(메틸알코올)급성중독 발생

1.3.3 직업병 발생으로 본 산업위생의 변천

① 환경문제 : 일본의 1950년대

- 수은(Hg) ; 미나마타병 ⇒ 약 1,200여명 중독
- 카드뮴(Cd) : 이따이이따이병 ⇒ 약 1,000명 중독

② 안전문제 : 1984년 인도 보팔시

- MIC(Methyl isocyanate) 누출사고 : 지역주민 약 25,000여명 이상 사망

③ 보건문제 : 경기도 미금시 원진레이온

- 이황화탄소(CS2) 중독 : '87년부터 '93년 중국 동북부 공업도시인 단둥으로 방사기계를 매각할 때까지 직업병자 1000여명 발생, 이중 100여명 사망 ⇒ 국내외적으로 집단적인 직업병 발생으로는 최대 규모

1.4 산업위생전문가의 과제

산업위생 전문가의 과제는 다음과 같이 8가지로 요약할 수 있다.

① 작업환경의 조사
② 작업환경조사 결과의 해석
③ 개선책 마련, 기존시설의 보충책 마련
④ 법적 허용기준 창출
⑤ 객관적인 조사로 사업주, 근로자에 신뢰를 주고 법적 대응, 학술대회 등에 부응-정도관리
⑥ 유해인자가 있는 곳 경고 주의판 부착
⑦ 산업위생교육-근로자, 사업주, 다른 산업위생전문가
⑧ 직업관련 질병에 관한 역학조사

1.5 작업환경측정평가

작업환경측정평가의 궁극적 목적은 근로자의 건강장애를 예방하는 것으로 안전하고 쾌적한 작업장을 만드는 것으로 요약될 수 있다. 구체적인 목적으로는 법적인 허용기준과 비교, 공학적 개선 전후의 평가, 오염배출원의 파악, 유해인자의 종류 수준파악 등이다. 한편, 미국산업위생학회(AIHA)에서 말하는 작업환경측정 목적(ABCD)은 ① Baseline Monitoring(기초조사), ② Diagnostic Monitoring(진단조사), ③ Compliance Monitoring(법적 기준 초과여부 조사)이다.

1.6 개선 대책

개선 대책으로는 대체, 격리, 환기, 보호구 착용, 교육, 행정적 대책이 있다.

1.6.1 대체(substitution)

1) 유해물질 대체

유해물질 대체의 예로는 다음과 같다.

① 석면 → 유리섬유, 암면
② 유기용제를 세척제 → 일반세제나 물 사용
③ 벤젠함유 유기용제 →벤젠 비함유 유기용제

④ 신문사에서 유기용제 → 콩기름

⑤ 유성페인트 → 수성페인트

⑥ 일반용접봉 → 저흄 용접봉

⑦ Sand blasting의 모래(주물사) → 금강사, 철사

2) 공정의 대체

공정의 대체 예로는 다음과 같다.

① 건식절단작업 → 습식절단작업

② 개방 건조로에서 밀폐건조로로 바꿔 가스상물질 작업장 확산 방지

③ 수동공정 → 자동공정을 대체하여 근로자 노출감소

④ 배취식 작업 → 연속식 작업을 기계화

> **참고** 일부 학자는 대체를 물질대체, 공정대체, 설비대체(예; 수동 → 자동)로 구분하기도 하고, 다른 학자는 물질 대체, 공정대체, 작업방법 대체로 크게 구분하기도 함

3) 설비의 대체

설비의 대체는 유해 물질을 배출하거나 위험한 작업 상황을 초래하는 설비를 대체하는 것이다.

1.6.2 격리(isolation)

격리는 오염 발생원을 격리하는 것으로 먼지 발생원 밀폐(석면 제거작업), 차단벽, 보관 창고 등의 예가 있다.

1.6.3 환기(ventilation)

환기는 공학적 개선으로 국소환기와 전체환기가 있으며, 예로는 고농도 먼지 발생 작업장에 국소배기장치 설치(연마작업의 그라인더 후드)하여 발생되는 먼지를 공학적으로 작업장 외부로 환기시키는 방법이 있다.

1.6.4 보호구착용-최종수단

보호구 착용은 최종 수단으로, 예로는 알맞은 방진 마스크 착용(베릴륨-특급, 석면 또는 용접흄-1급, 일반먼지-2급), 보호의 착용 등이 있다.

1.6.5 교육

교육의 예로는 먼지발생 사업장에서 해당먼지의 유해성에 대해 교육, 작업방법에 대해 교육, 개인보호구 착용 및 유지관리에 대한 교육 등이 있다.

1.6.6 행정적 대책

행정적 대책으로는 깨끗한 휴게실 운영, 급수시설 운영, 휴식시간 조정, 작업전환 등이 있다.

한편, 이러한 개선 대책은 다음과 같이 분류되기도 한다.

표 1-5 작업환경개선대책의 종류(다른 분류)

	방법	비고
공학적 대책 (Engineering Control)	대체(substitution) 격리(isolation) 밀폐(enclosure) 차단(separation) 환기(ventilation)	
행정(관리)대책 (Administrative control)	작업시간/휴식시간조정 교대근무 작업전환 교육	
개인보호구의 착용	안전모, 보안경, 귀마개, 안전화, 앞치마, 보호의, 보호장갑	최종적 수단

2 노출기준

2.1 주요 산업보건 관련 기관과 허용기준 이름

주요 산업보건 관련기관과 허용기준의 종류는 표 1-6과 같다.

| 표 1-6 | 주요 산업보건 관련기관과 허용기준 종류

기 관	기관명 full name	허용기준 이름
ACGIH	American Conference of Governmental Industrial Hygienists	TLV(Threshold Limit Values) 참고)BEI(Biological Exposure Indices)
OSHA	US Occupational Safety and Health Administration	PEL(Permissible Exposure Limits)
NIOSH	US National Institute for Occupational Safety and Health	REL(Recommended Exposure Limits) or Criteria
AIHA	American Industrial Hygiene Association	WEEL(Workplace Environmental Exposure Level)
HSC	UK Health and Safety Commission's Advisory Committee on the Toxic Substances	OES(Occupational Exposure Standard) MEL(Maximum Exposure Limits)
독일		MAK(Maximum Allowable Concentration) 참고)BAT(Biological Tolerence Values)
우리나라	노동부	노출기준

2.2 ACGIH TLV

2.2.1 정의

ACGIH TLV는 거의 모든 근로자가 매일 반복 노출되어도 역 건강 효과가 없다고 믿어지는 공기중 물질의 농도 또는 조건으로 정의된다(TLVs refer to airborne concentrations of substances and represent conditions under which it is believed that nearly all workers may be repeatedly exposed day after day without adverse health effects).

2.2.2 정의에 포함된 세 가지 원칙

① 대부분의 근로자가 나쁜 영향을 받지 않고 장시간 견딜 수 있는 유해물질의 농도나 물리적 인자의 수준이 존재한다.

② 본 TLV는 권장농도로서 ACGIH "허용기준 위원회"의 견해이다.

③ TLV 미만이라고 해서 모든 근로자가 보호받는 것은 아니다. 감수성이 높은 소수 근로자는 허용기준으로 보호할 수 없다.

2.2.3 고려점

① 개인의 감수성 차이 : 개인감수성 차이로 인해 소수는 불쾌감을, 소수는 기존질병의 악화나 새로운 질병이 발생할 수 있다.

② 담배의 유해성 : 작업장 유해인자의 생물학적 효과를 증대시킬 수 있고, 신체의 방어 기작을 감소시킬 수 있다.

③ 개인차 : 개인차(유전적 요인, 나이, 개인습관, 의학적 치료, 기존노출)로 인해 더 민감해지거나 반응성이 증대하여 TLV이하에서도 보호받지 못할 수 있다.

2.2.4 TLV의 종류

1) TLV-TWA(Time Weighted Average) : 8시간 노출 기준(8시간 평균치)

1일 8시간, 주 40시간 동안 거의 모든 근로자가 나쁜 영향을 받지 않고 노출될 수 있는 농도로서, 허용기준을 갖고 있는 모든 물질에 해당된다(the time weighted average concentration for a conventional 8-hour workday and a 40 hour workweek, to which it is believed that nearly all workers may be repeatedly exposed, day after day, without adverse effects).

2) TLV-STEL(Short-Term Exposure Limit) : 단기간 노출기준

TLV-STEL은 나쁜 건강상의 영향을 나타내지 않고, 단기간(15분) 노출될 수 있는 농도이다. 여기에서 나쁜 건강상의 영향으로는 ① 자극(irritation), ② 만성 혹은 비가역적 조직상해(chronic or irreversible tissue damage), ③ 우발적 상해 가능성을 높이고, 자기 구조 능력을 감소시키고, 작업능률 저하를 가져오는 혼수상태(narcosis of sufficient degree to increase of the likelihood of accidental injury, impair self-rescue or materially reduce work efficiency)가 있다.

단기간 노출기준은 유해 작용이 주로 만성이거나 급성 독성물질에 적용되며, 단기간 노출이 TLV-TWA와 TLV-STEL 사이일 경우 다음 3가지 조건을 충족시켜야 한다. 즉, TLV-STEL이 설정되어 있는 물질인 경우에는 하루 평균 노출이 TLW-TWA를 초과하지 말아야 하는 조건에 추가적으로 3가지 조건을 만족시켜야 하는 것이다.

① 15분 이상 지속 노출되면 안됨(should not be longer than 15 minutes)

② 1일 4회를 초과하면 한됨(should not occur more than 4 times per day)

③ 노출과 노출 사이에는 60분 이상의 간격이 있어야 함(there should be at least 60 minutes between successive exposures in this range)

3) TLV-C(Ceiling) : 천정값

TLV-C는 작업기간 동안 잠시라도 노출되면 안되는 농도로서, 자극성 가스나 독성작용이 매우 빠른 물질에 적용된다. 예를 들어 자극성 가스인 HCl(TLV-C : 5 ppm), 독성작업이 매우 빠른 HCN이 TLV-C가 설정되어 있다. 실제로 순간농도를 측정하기는 어려우므로, 15분간 농도를 측정하거나 직독식 측정기를 사용하여 측정하는 것이 보통이다.

4) Excursion Limit(단시간 상한치) for TLV-TWA

TWA가 설정된 물질 중에 독성자료가 부족하여 STEL이 설정되지 않은 물질의 경우에 적용되며, ACGIH에서 권고하는 기준은 TLV-TWA의 3배 농도에는 30분 이상 노출되면 안되며, TLV-TWA의 5배 이상 농도에는 잠시도 노출되어서는 안된다.

$3 \times \text{TLV-TWA} \leq 30 \text{ minutes}$

$5 \times \text{TLV-TWA}$: No exposure

2.2.5 Skin Notation

허용기준에 피부(skin) 표시가 되어 있는 물질로 피부 흡수에 대한 주의이다.

참고 피부흡수에 관한 주의(Skin notation)

TLV에 "피부"(skin) 표시 물질은 공기 중 농도를 측정하는 것만으로는 근로자의 폭로실태를 파악하는데 불충분하며 가능한 생물학적 지표가 되는 물질도 병행하여 측정해야 하며 피부흡수에 대한 예방대책을 세워야 한다. 이 물질은 직접 피부에 접촉되어 흡수되기도 하고 증기상태일 때에도 점막이나 눈을 통하여 흡수된다. 또한 용액이나 혼합물로 존재할 때에도 피부로 흡수된다. 피부표시는 피부흡수에 대한 주의를 주기 위함이며 피부자극, 피부질환 및 감작(sensitization) 등과는 관계가 없으나 피부상처는 흡수에 많은 영향을 준다. 현재 근로자의 피부흡수에 관한 자료는 충분하지 않으나 다음과 같은 물질에 대하여 피부표시를 한다.

① 손이나 팔에 의한 흡수가 몸 전체 흡수에 지대한 영향을 주는 물질(특히 허용농도가 낮은 물질이 여기에 해당된다)
② 급성 동물실험결과 피부흡수에 의한 치사량(LD50)이 비교적 낮은 물질(즉 1000 mg/체중 kg 이하일 때)
③ 반복하여 피부에 도포했을 때 전신작용을 일으키는 물질, 및
④ 옥탄올-물 분배계수(octanol-water partition coefficient)가 높아서 피부흡수가 용이하고 다른 폭로경로에 비하여 피부흡수가 전신작용에 중요한 역할을 하는 물질

2.2.6 허용기준 적용시 주의사항

허용기준 적용 시 주의사항은 다음과 같다.

① 대기오염 평가 및 관리에 적용불가

② 정상작업시간을 초과한 노출에 대한 독성평가에는 적용할 수 없음

③ 기존의 질병이나 육체적 조건을 판단하기 위한 척도로 사용될 수 없음

④ 작업조건이 미국과 다른 나라에서는 그대로 적용할 수 없음

⑤ 안전과 위험농도를 구분하는 경계선이 아님

⑥ 독성강도를 비교할 수 있는 지표가 아님

⑦ 경험있는 산업위생전문가가 적용하여야 함

2.2.7 혼합 유기용제의 평가

1) 상가작용시의 평가

상가작용을 일으키는 물질이 동시에 존재할 경우 다음과 같이 평가한다.

$$\text{노출지수}(EI) = \frac{C_1}{TLV_1} + \frac{C_2}{TLV_2} + \cdots + \frac{C_n}{TLV_n}$$

if $EI > 1$: TLV(허용기준) 초과

$EI < 1$: TLV(허용기준) 미만

예제

공기중 아세톤 농도가 400 ppm(TLV 500 ppm), sec-butyl acetate 150 ppm(TLV 200 ppm), methyl ethyl ketone 100 ppm(TLV 200 ppm)일 때 ① 허용기준 초과여부를 판단하시오. ② 이때의 복합물질의 허용기준은?

풀이 ① $\text{노출지수}(EI) = \frac{400}{500} + \frac{150}{200} + \frac{100}{200} = 0.80 + 0.75 + 0.2 = 2.05$

노출지수가 1을 초과함으로 허용기준 초과

② 이때의 허용기준은 비례식으로 계산,

공기중 혼합물질의 농도 = 400 + 150 + 100 = 650 ppm임으로

$650 : 2.05 = x : 1$

$x = 650/2.05 \fallingdotseq 317.1$ 약 317.1 ppm

참고 위 공식과 비슷한 공식이 나오는 곳 : 소음에서 하루에 여러 음압수준에 노출될 때 허용기준 초과여부 판정

$$\frac{C_1}{T_1}+\frac{C_2}{T_2}+\frac{C_3}{T_3}+\cdots+\frac{C_n}{T_n}>1 \text{이면 노출 초과}$$

C_i: 음압수준 i번째에 노출시간, T_i : 음압수준 i에 노출 가능시간($T(Hours)=\frac{8hrs}{2^{\left(\frac{L-90}{5}\right)}}$)

2) 액체혼합물

액체혼합물일 경우 다음과 같이 평가한다.

$$\text{혼합물의 허용농도[mg/m}^3\text{]}=\frac{1}{\frac{f_a}{TLV_a}+\frac{f_b}{TLV_b}+\cdots+\frac{f_n}{TLV_n}}$$

f_n : 액체 혼합물에서의 각 성분 중량구성비

TLV_n : 해당물질의 TLV, 반드시 단위가 mg/m^3일 것

예제

공기 중에 납이 0.05 mg/m^3(TLV, 0.05 mg/m^3)있고, 황산이 0.7 mg/m^3(TLV, 1 mg/m^3)일 때 허용기준 초과여부는?

풀이 납과 황산은 독립작용을 하므로

납; $\frac{0.05\,mg/m^3}{0.05\,mg/m^3}=1$,

황산; $\frac{0.7\,mg/m^3}{1\,mg/m^3}=0.7$이다. 따라서 두물질 모두 허용기준을 초과하지 않았다(납인 경우 허용기준 수준임, 이는 ACGIH TLV 책에서 'not exceed'라고 표현되어 있음).

예제

Liquid contains(by weight):

50% heptane: TLV=400 ppm or 1640 mg/m^3, 1 mg/m^3=0.24 ppm

30% methyl chloroform: TLV=350 ppm or 1910 mg/m^3, 1 mg/m^3=0.18 ppm

20% tetrachloroethylene: TLV=25 ppm or 170 mg/m^3, 1 mg/m^3=0.15 ppm

풀이 혼합물의 $TLV[\text{mg/m}^3] = \dfrac{1}{\dfrac{0.5}{1640} + \dfrac{0.3}{1910} + \dfrac{0.2}{170}}$

$$= \frac{1}{0.00030 + 0.00016 + 0.00118}$$

$$= \frac{1}{0.00164} = 610\,\text{mg/m}^3$$

이중에서

50%가 heptane이므로, heptane; $610\ \text{mg/m}^3 \times 0.5 = 305\ \text{mg/m}^3$

30%가 methyl chloroform이므로, methyl chloroform; $610\ \text{mg/m}^3 \times 0.3 = 183\ \text{mg/m}^3$

20%가 tetrachloroetylene이므로, tetrachloroetylene; $610\ \text{mg/m}^3 \times 0.2 = 122\ \text{mg/m}^3$

각각을 ppm으로 바꾸면

heptane; $305\,\text{mg/m}^3 \times \dfrac{0.24\,\text{ppm}}{\text{mg/m}^3} = 73\,\text{ppm}$

methyl chloroform; $183\,\text{mg/m}^3 \times \dfrac{0.18\,\text{ppm}}{\text{mg/m}^3} = 33\,\text{ppm}$

tetrachloroetylene; $122\,\text{mg/m}^3 \times \dfrac{0.15\,\text{ppm}}{\text{mg/m}^3} = 18\,\text{ppm}$

따라서 혼합물의 TLV를 ppm으로 표시하면 73 + 33 + 18 = 124 ppm이다.

2.2.8 ACGIH의 발암성 분류

① A1 : Confirmed human carcinogen

예 Arsenic(As), Asbestos, Benzene, Beryllium(Be), Cr6+, CTPV

② A2 : Suspected human carcinogen

예 Benzidine, Benzo(a)pyrene, 1,3-Butadiene, Cadmium(Cd), CCl4,

③ A3 : Confirmed animal carcinogen (with unknown relevance to humans)

예 Acetaldyde, Lead(Pb)

④ A4 : Not classifiable as a human carcinogen

예 Acetone, Carbon black, Ozone , Toluene, Xylene

⑤ A5 : Not suspected as a human carcinogen

참고 니켈: 원소(A5), 수용성 무기화합물(A4), 불용성 무기화합물(A1), Nickel subsulfide(A1)

참고 국제암연구소(International Agency for Research on Cancer, IARC)의 발암성 분류

① 제1군(Group 1) :확실한 발암물질(carcinogenic to humans) – 실험실적 연구와 역학적 연구성적 모두에서 인과성이 인정

② 제2A군(Group 2A) :가능성이 높은 발암물질(probably carcinogenic to humans) – 실험실적 연구성적에서 인과성이 확실하며, 역학적 연구성적에서도 긍정적인 연구성적을 보이나 보다 정밀한 역학적 연구가 더 필요한 경우

③ 제2B군(Group 2B): 가능성이 있는 발암물질(possibly carcinogenic to humans) – 실험동물 연구에서의 인과성은 확실하나 역학 연구성적이 아직 불충분한 경우

④ 제3군(Group 3): 발암성이 불확실한 것(not classifiable as to its carcinogenicity to humans)

⑤ 제4군(Group 4): 발암물질일 가능성이 거의 없음(probably not carcinogenic to humans)

2.2.9 허용기준 설정배경(설정의 이론적 근거)

허용기준 설정배경은 표 1-7과 같이 요약할 수 있다.

| 표 1-7 | 허용기준 설정배경

단계	주요 고려사항
1. 화학적 구조의 유사성 (Chemical Analogy)	• 가장 기초적인 단계 • 동물실험, 인체실험, 역학조사자료가 부족할 때 사용
2. 동물실험 (Animal Experiment)	• 인체실험 역학조사자료가 부족할 때 사용 • 인체 적용시 안전계수(Safety factor) 고려
3. 인체실험 (Human Experiment)	• 안전한 물질과 자발적인 참여에서만 가능; 윤리적 측면 고려 ① 안전한 물질 대상 ② 자발적 실험 참여와 참여자 알권리 충족 ③ 영구적 장애 가능성 없을 것 ④ 서명으로 동의
4. 산업장 역학조사 (Occupational Epidemiology)	• 허용기준 설정에 중요한 자료 • 노출량과 반응과의 관계를 명확히 구분하는 것이 중요함 • 가장 좋은 자료이나 비용이 많이 들고 어렵다.

2.2.10 허용기준 설정에 있어서의 양반응 관계(Dose–Response Relationship)

Theodore Hatch는 산업보건분야에서의 양-반응관계를 이론적으로 정립하였으며 다음 그림 1-1에 양-반응 관계가 도식적으로 설명되어 있다. 여기에서 양(Dose)이란 노출된 유해인자의 양으로, 보통 공기 중 유해인자의 농도(C)와 노출시간(t)으로 표현한다

($D = C \cdot t$). 반응(response)은 건강상의 영향정도로서 ① 기관장애와 ② 기능장애로 구분한다. 기관장해는 다시 3단계로 구분되며, ① 항상성 유지(교과서 곡선의 C-C), ② 보상단계: 기능장해를 방어(B-B 곡선), ③ 고장: 보상이 불가능하여 기관이 파괴되는 단계(A-A 곡선)으로 구분한다. 기능장해는 건강 → 질병(기관장해) → 기능장해 → 사망으로 구분한다.

양-반응 관계에서 허용기준 설정되는 지점에 대한 설명은 다음과 같다.

- 질병의 시작단계 : A-A'-A" ☞ 질병고장단계 : A-A'-A" 이후
- 질병이 일어나기 전 단계 : B-B'-B"
  ☞ 보상단계 : B-B'-B"가 속한 지역 ← 허용기준을 설정하는 단계
- 정상상태를 약간 벗어난 상태 : C-C'-C", ☞ 항상성 유지단계

미국에서는 질병을 일으키기 전 단계에서 노출기준을 설정하는 하양식 접근을 하고 있으며, 구소련에서는 정상상태를 조금이라도 벗어나지 않도록 하는 단계에서 노출기준을 설정하는 상향식 접근을 하였다.

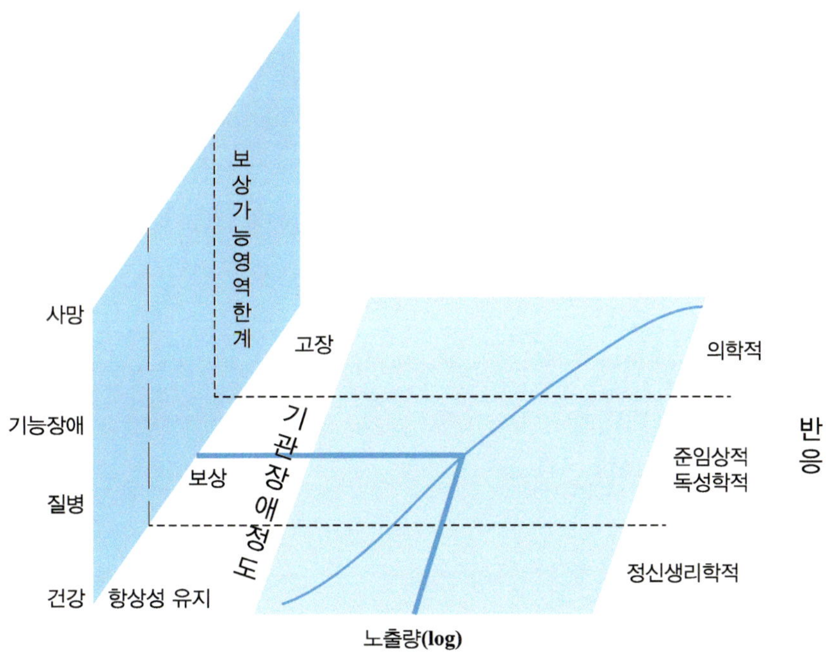

그림 1-1 산업보건분야에서의 양-반응 관계

2.2.11 허용기준 설정사례(OSHA의 납 허용기준 0.05 mg/m^3)

1) 납 폭로량 – 반응 관계

납 폭로량이 증가함에 따라 다음 5가지 반응이 단계적으로 일어난다.

- 제1단계: 정상상태 유지
- 제2단계: 통계적으로 유의하지 않은 생리적 변화
- 제3단계: 질병발생전에 일어나는 영향(subclinical effects)
- 제4단계: 질병 즉 납 중독
- 제5단계: 사망

2) 혈중 납 농도와 제3단계 반응

위의 다섯 단계 중에서 허용농도 설정에 필요한 것은 제3단계로서 질병발생전에 일어나는 반응이다. 납은 인체의 조혈기능, 신경계 및 신장 등과 태아에 영향을 미친다. 납 폭로지표로서는 여러 가지가 발표되고 있으나 "혈중 납"이 가장 안정한 지표로 인정받고 있다. 미국 OSHA에서는 광범위한 양 - 반응관계의 문헌조사를 통하여 납의 각종 영향을 제3단계에서 예방할 수 있는 혈중 납 농도를 다음과 같이 구하고 이 값으로부터 공기중 납농도를 환산하여 허용농도를 설정하였다.

- 조혈기능에 미치는 영향 : 혈중 납 농도 50 μg/100 g에서 heme 합성 장해가 시작
- 신경계에 미치는 영향 : 중추신경과 말초신경 장해는 혈중 납 농도 60 μg/100 g에서 시작되고 신경전도속도(nerve conduction velocity)는 혈중 납 농도 35~60 μg/100 g에서 감소한다.
- 신장에 미치는 영향 : 혈중 납 농도 39~135 μg/100 g에서 온다.
- 태아에 미치는 영향: 납은 태반의 방어막(barrier)을 통과하므로 임신부는 혈중 납 농도를 30 μg/100 g 이하로 유지해야 한다.

이상의 자료를 종합하면 납의 영향을 예방하기 위해서는 혈중 납 농도를 30 μg/100 g 이하로 유지해야 한다.

3) 공기중 납의 허용농도

독성학적으로는 혈중 납 농도를 30 μg/100 g 이하로 유지하는 것이 적절하나 기술적, 경제적 타당성을 조사한 결과 이 수준을 유지하는 것은 타당성이 없는 것으로 나타났다. 그러므로 OSHA에서는 혈중 납 농도 40 μg/100 g을 허용기준으로 제시하였으며 여러

문헌을 고찰한 결과 이 수준은 공기중 납 농도 0.05 mg/m^3에 해당하므로 이것을 허용농도(permissible exposure limit)로 채택하였다. 그러나 독성학적으로 이 허용기준은 납의 영향을 완전히 예방할 수 없으므로 OSHA에서는 추가로 감시농도(action limit)로서 0.03 mg/m^3를 설정하였다.

2.2.12 비정상 작업시간에 대한 허용기준 보정방법

1) OSHA Model

작업시간중 인체에 들어오는 양만을 고려

- 1일 기준 : 보정된 허용농도 $= PEL \times \dfrac{8\text{시간}}{\text{노출시간/일}}$

- 일주일 기준 : 보정된 허용농도 $= PEL \times \dfrac{40\text{시간}}{\text{작업시간/일}}$

> **참고** PEL 대신 다른 기준(노출기준, TLV가 주어지면 해당 기준을 적용)

> **참고** **허용기준 보정이 필요없을 때**
> ① 천장값으로 되어 있는 허용농도
> ② 만성중독을 일으키지 않고, 가벼운 자극성물질의 허용농도
> ③ 기술적을 타당성이 없는 농도

2) Brief Scala Model

인체에 들어오는 양뿐 아니라 배출되는 시간의 감소도 고려

- 1일 기준 :

$$\text{보정된 허용농도} = PEL \times \left(\frac{8\text{시간}}{\text{노출시간/일}} \times \frac{24 - \text{노출시간/일}}{16}\right)$$

$$= PEL \times \left(\frac{8}{H} \times \frac{24 - H}{16}\right) = PEL \times \text{허용기준 보정계수}$$

- 일주일 기준 :

$$\text{보정된 허용농도} = PEL \times \left(\frac{40\text{시간}}{\text{작업시간/주}} \times \frac{168\text{시간} - \text{작업시간/주}}{128\text{시간}}\right)$$

$$= PEL \times \left(\frac{40}{h} \times \frac{168 - h}{128}\right) = PEL \times \text{허용기준 보정계수}$$

2.2.13 공기중 오염물질의 농도 표시

공기중 오염물질 농도란 일정한 공기 부피(공기 질량으로 표시는 잘 하지 않음)중 오염물질의 양을 표시하게 된다. 공기 부피는 분모가 되고 오염물질의 양은 분자가 된다. 이때 입자상 물질은 질량으로만 표시하나 가스상 물질은 공기중에서 일정한 부피를 차지하게 되므로 질량 또는 부피로 표시할 수 있게 된다. 따라서 입자상 물질과 가스상 물질의 농도 표시는 다음 단위중 적절한 것을 선택하여 사용한다.

- mg/m^3 : 일정량의 공기부피중 어느 오염물질의 질량으로 표시되는 단위
- ppm : 공기일정량의 부피에 대한 오염물질의 부피비

ppm(parts per million)은 어느 인자를 백만분율로 표시하는 것으로서 분자와 분모의 단위가 동일하여야 한다. 예를 들어 분자가 질량단위이면 분모도 질량이 되어야 하고 부피단위이면 분모도 부피단위여야 한다. 그러나 수질분야에서는 금속인 경우 관행상 분자는 질량, 단위이고 분모는 부피단위인 경우도 ppm으로 표시하는 수가 있다. 그러나 공기중 오염물질을 언급할 때는 이를 혼용하면 아니된다.

- Percent : 부피의 백분율로 표시한다.

단, 섬유(예, 석면섬유, 유리섬유, 세라믹 섬유)등은 공기 1 cc($=m\ell=cm^3$)당 섬유의 개수로 표시한다. 즉, 개/cc 또는 f/cc로 표시한다.

예제

1%는 몇 ppm인가?

답 10000 ppm

참고 mppcf(million particle per cubic feet)

- $1\,mppcf = \dfrac{10^6개}{ft^3} \times \dfrac{ft^3}{30.48\,cm^3} ≒ \dfrac{10^6개}{28316.8\,cm^3} ≒ 35.31개/cm^3 = 35.31개/cc$
- OHSA PEL 중 mppcf로 표시된 물질 : mica at 20 mppcf, Graphite at 15 mppcf
- ACGIH TLVs의 mg/m^3와 mppcf와의 자료 전환관계식 : 6 mppcf$=1\,mg/m^3$(호흡성분진일 경우)$=2\,mg/m^3$(총분진일 경우)

공기중 오염물질의 표시는 그림 1-2와 같이 할 수 있다.

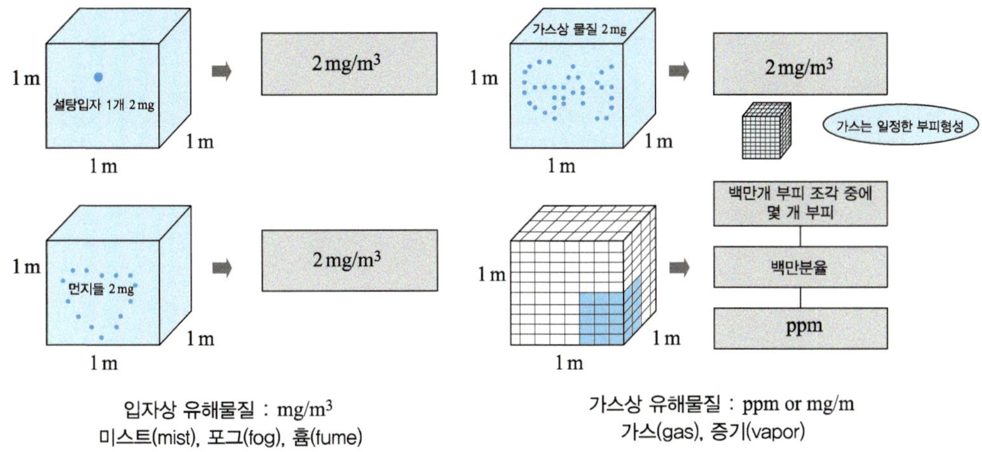

그림 1-2 공기중 오염물질의 표시

2.2.14 공기중 가스상 물질의 농도 변환

가스상 물질의 농도 단위(mg/m^3)에서 비율 단위(ppm)으로의 변환은 다음 식을 이용한다.

$$mg/m^3 = ppm \times \frac{분자량}{24.45} = \frac{x\ell}{10^6\ell} \times \frac{mole}{24.45\ell} \times \frac{분자량,\ g}{mole} \times \frac{1000\ell}{m^3} \times \frac{1000\,mg}{g}$$

3 산업재해통계

3.1 산업재해의 개념

3.1.1 정의

- 근로자가 업무에 관련되는 건설물, 설비, 원재료, 가스, 증기, 분진, 미스트, 흄 등에 의하거나 작업 및 기타 업무에 기인하여 사망 또는 부상하거나 질병에 이환된 것
- 재해 : 예상하지 않고 계획하지도 않은 돌발적인 사건의 발생

3.1.2 재해유형 용어

- 떨어짐 : 높이가 있는 곳에서 사람이 떨어짐(구 명칭: 추락)
- 넘어짐 : 사람이 미끄러지거나 넘어짐(구 명칭: 전도)
- 깔림 · 뒤집힘 : 물체의 쓰러짐이나 뒤집힘(구 명칭: 전도)
- 부딪힘 : 물체에 부딪힘(구 명칭: 충돌)
- 물체에 맞음 : 날아오거나 떨어진 물체에 맞음(구 명칭: 낙하 · 비래)
- 무너짐 : 건축물이나 쌓여진 물체에 무너짐(구 명칭: 붕괴 · 도괴)
- 끼임 : 기계설비에 끼이거나 감김(구 명칭: 협착)

1) 업무상 부상(사고성 재해) : 사고로 인하여 발생

① 사업장 내에서의 재해

㈀ 업무수행 중 발생한 모든 재해 : 자해, 업무이탈 행위는 제외

㈁ 출근 후 작업 시작 전, 작업 종료 후 퇴근 전, 휴식기간에 업무에 대한 부수 행위 또는 사업장 시설에 의해 발생한 재해

② 사업장 밖에서의 재해 : 주거지, 직장 내의 구간에서만 인정

㈀ 출장 중의 재해

㈁ 사업주가 제공한 교통수단 이용 중의 재해

㈂ 출퇴근 중의 재해

㈃ 회사에서 관행으로 하는 행사 중에 발생한 재해 ; 등산대회, 체육행사는 포함

③ 작업시간 외의 재해

고의나 자해행위가 아닌 대부분의 모든 사고로 인한 재해

④ 작업 시간 외의 재해

㈀ 작업시간 외에 사업주와 고용종속 및 지배 관리 하의 상태에서 시설물의 설치 및 관리의 하자, 또는 이동중에 발생한 재해

㈁ 근로자를 위하여 제공된 시설의 이용중에 발생한 재해 : 휴양소, 연수원

2) 업무상 질병(직업병) ; 유해한 물질이나 환경 등에 신체의 일부가 노출됨으로써 발생

① 중금속 중독 : 수은중독, 납중독, 망간중독, 카드뮴중독, 크롬중독, 아연중독 등

② 분진에 의한 질병 : 진폐증, 직업성 천식 등

③ 유기화합물 중독 : Benzene, Toluene, Xylene, Acetone, T.C.E, T.C.A, M.E.K 등

④ 기타 : 소음성 난청, VDT 증후군, 온열장해, 직업성 암, 피부병, 정맥류 현상, 직업

성 요통 등

3.1.3 발생 원인

1) 직접원인(1차적 원인) : 재해를 일으키는 물체 또는 행위 그 자체

- 물체에 맞음(낙하), 물체에 부딪힘(충돌) 등
- 행위 ; 불안전한 작업(고소, 난간) 등

① 환경적 요인

(ㄱ) 대기조건의 변화 : 온도, 습도, 기류 등

(ㄴ) 물리적, 화학적 요인

② 작업적 요인

격심한 근육 운동, 운동부족, 작업 자세 및 작업 방법의 불량 등 인간 공학적 요인

2) 간접원인(2차적 원인)

① 물적 요인(환경적 요인)

(ㄱ) 시설물, 작업환경의 불량, 부적절한 공구사용, 복장불량, 작업장의 정리 정돈

(ㄴ) 소음 분진, 가스, 조명 등

(ㄷ) 재해빈도가 높은 경우

- 업종별 : 제조업과 소규모 사업장
- 계절별 : 7, 8월이 최대(10, 11월 감소)
- 요일별 : 목요일, 금요일(토요일 최저)
- 시간별 : 오저–작업 후 3시간(11~12시). 오후–작업 후 2시간(2~3시)

② 인적 요인

관리상 원인 → 심리상 원인(부주의, 정신 산만, 정신적 결함, 스트레스, 고민 등) → 생리적 원인(체력 부족, 야간작업, 수면부족, 음주 등)

③ 작업 요인

(ㄱ) 심리적 원인 → 임금제도가 도급제일 때 → 작업의 밀도 → 작업의 속도

(ㄴ) 작업시간 → 작업자세

④ 개체요인

성격 → 일상생활의 결함 → 경미한 질환에 자주 걸리는 사람 → 재해 소질자(의지력, 억제력이 낮아 쉽게 실증을 느낀느 근로자)

참고 재해빈발소질(accident proneness)

- 신체의 형태 및 기능이상 : 사지질환, 난청, 색맹, 시력부족 등
- 체질의 이상 : 혈우병, 흉선 림프체질, 내분비 이상, 기타 특이체질, 과남성 체질
- 기왕증 또는 잠재성 질환 : 간질, 고혈압증, 심장병환자
- 근속 연수가 짧아서 익숙하지 않은 자
- 정신적 결함자

3.1.4 산업재해의 종류

1) 상해(Injury)

① 치명상(Fatal injury)

목숨이 위험할 정도의 큰 상해로 공사장 근무 중 추락하여 다시 회복이 불가능한 재해

② 치명상이 아닌 경우 (Non-fatal injury)

(ㄱ) 영구장해 : 전면장해(1일 근무 불가능), 부분장해(일부 근무, 일부 치료)

(ㄴ) 일시장해 : 전면장해, 부분 장해

2) 불휴재해

일일 정규 근무시간 중 장해로 인하여 치료 등을 위해 근무시간의 일부를 비우더라도 나머지 몇 시간은 근무 가능하여 작업능력이 보존되어 있는 재해

3) Heinrich 법칙

- 산업재해의 결과로 일어나는 상해와 재산피해의 관계를 말한다.
  현성재해(휴업재해) : 불현성재해(불휴재해) : 잠재성재해 = 1 : 29 : 300
- 현성재해 : 1일 이상 근무가 불가능한 재해
- 불현성재해 : 불휴재해
- 잠재성재해 : 재해를 입었으나 대수롭지 않아 그냥 넘어가는 재해로 누군가는 발생 가능한 재해

3.1.5 산업재해 지표

인명수, 산업재해 정도에 대한 통계자료

1) 도수율(Frequency rate of injury)

산업재해의 발생빈도를 나타내는 단위로서 현재 재해발생의 정도를 나타내는 표준의 척도이다. 재해의 빈도는 가동시간을 고려해 넣어야 정확하다. 근로시간 수는 기록에 의한 것이 바람직하나 만약 기록이 없으면 1일 8시간, 1개월 25일, 근로자 1인당 근로시간을 연 2,400시간으로 계산한다. 도수율은 근로시간 1,000,000시간 중 발생한 재해건수를 의미한다.

$$\text{도수율}(FR) = \frac{\text{재해발생건수}}{\text{연근로시간수}} \times 1{,}000{,}000$$

2) 건수율 또는 발생율(Incidence rate)

연천인율과 거의 동일한 개념으로써 의미는 1,000명의 근로자 중에서 연간(혹은 일정기간) 재해건수가 몇 건인가를 나타낸다. 한 사람이라도 재해를 두 번 당하면 2건이 된다. 이것 역시 근로시간, 근로일수의 변동이 많은 사업장에서는 정확한 재해지수가 될수 없다.

$$\text{건수율(발생률)} = \frac{\text{연간재해건수}}{\text{평균근로자수}} \times 1{,}000$$

3) 강도율(Intencity rate)

연천인율이나 도수율은 재해발생의 정도만 나타내지 재해의 질(質), 즉 재해의 심각도는 나타내지 못한다. 예를 들어 사망도, 휴업 1일도 똑같은 1건으로 취급하기 때문에 재해의 심각도를 측정할 수 없다. 강도율은 재해의 경중(輕重)을 나타내는 척도이다. 강도율은 근로시간1,000시간 중 재해로 인해 잃어버린 손실일수를 나타낸다. 건수율, 빈도율이 낮아도 사망자 등 중대재해가 많이 발생하면 강도율은 높아진다.

$$\text{강도율}(SR) = \frac{\text{근로손실일수}}{\text{연근로시간수}} \times 1{,}000$$

4) 환산도수율과 환산강도율 및 그 의미

근로자가 중학교나 고등학교를 졸업하고 입사하여 정년퇴직까지 약40년을 일한다고 가정하면 대략 근로시간은 100.000시간이 된다. 환산도수율과 환산간도율은 연 근로시간을 100,000시간(한 사람이 평생 일하는 시간의 개념)으로 하여 계산한 것이다. 10만

시간당 재해건수를 환산도수율(F)라고 하고 10만 시간당 강도율을 환산간도율(S)라고 한다.

$$환산도수율(F) = 도수율(FR) \times \frac{100,000시간}{1,000,000시간},\ 즉\ F = \frac{FR}{10}$$

$$환산강도율(S) = 강도율(SR) \times \frac{1,000,000시간}{100,000시간},\ 즉\ S = FR \times 100$$

5) 평균 손실일수

손실 작업일수/재해 건수

3.1.6 산업재해 예방 대책

1) 공장설비에 대한 검토 : 유해·위험기구, 안전장치 등의 설치유무
2) 사업장 내부의 정리정돈
3) 보호구의 지급 및 착용 : 안전보호구(안전모, 안전대, 안전화, 보호장갑 등), 위생보호구(귀마개, 귀덮개, 방진마스크, 방독마스크 등)
4) 작업자 적성배치 : 재해빈발소지자 제외(고소작업 시 고혈압, 심장질환자 제외)
5) 표준 작업장법 설정
6) 경영자의 자세 : 안전제일주의
7) 재해기록의 제도화 : 경미한 사고도 기록
8) 기타 : 산업안전보건법규 준수, 신규 채용자의 안전·보건 교육 및 훈련 실시, 산업재해보상보험 가입 등

3.1.7 산업재해보상

1) 목적

산업재해 및 직업병에 이환된 근로자의 경제적 곤란과 영구적인 신체 장해의 정도를 어느 정도 회복해 주는 데 그 목적이 있다.

2) 법적근거

① 산업재해보상보험법(산재보상법)

(ㄱ) 근로기준법 제78조~제93조 : 산재를 당한 근로자의 보상을 명시

*1인 이상의 근로자를 고용한 기업주로부터 1년 단위로 일정액의 보험료를 고

용노동부가 강제로 징수하여 산업재해가 발생하면 보상을 받을 수 있도록 규정

㈁ 근로기준법 시행령 제54조 : 직업성 질환 38종 나열

3) 보험급여의 종류

산업조상의 신청이나 청구는 산재를 당한 당사자 또는 유족이 하는 것이고 회사는 다만 산재발생 확인을 할 뿐이며 산재보상신청을 허락할 권리는 없다. 산재보상을 근로기준법에서는 "재해보상"이라고 하며 산재보상법에서는 "보험급여"라고 칭한다.

① 요양급여(요양보상)

㈀ 산재보험이 적용되는 사업장에서 업무상 부상, 질병에 기인하여 4일 이상의 요양으로 치료할 수 있을 경우 진료비 전액을 지급 하는 급여(산재보상법 제 9조 3항)

㈁ 4일 미만은 사용자 부담(휴업보상법 제 79조)

② 휴업급여(휴업보상)

요양으로 인하여 취업을 못할 경우 평균임금의 70/100(70%) 이상을 고용노동부에서 매월지급(산재보상법 제9조 4항)

③ 장해급여(장해보상)

업무상 부상이나 질병이 완치된 후 상당한 인과관계의 장해가 남을 때 연금 또는 일시금으로 지급(산재보상법 제9조 5항)

④ 유족급여(유족보상)

근로자가 업무상 재해로 사망한 경우 수급권자에게 보상음긍 지급(산재보상법 제9조 6항)

⑤ 장해특별급여 또는 유족특별급여

사업주의 고의 또는 과실로 인하여 발생한 재해로 중장해(장해등급 1~3급)를 입거나 사망한 그로자에 대하여 장해급여나 유족급여 외에 수급권자가 민법에 의한 손해배상 청구에 준해서 특별급여를 청구하여 보상 받을 수 있다.

- **장의비** : 업무상 사망 시 평균임금의 120일분의 장례비 지급
- **상병보상연금** : 요양급여를 받고도 상태가 호전되지 않고 계속될 경우 지급
- **일시급여** : 요양을 받는 근로자가 요양개시 2년 후 완치되지 않을 때 고용노동부 장관 검정에 따라 지급

- 사업주는 보험급여를 받을 자가 보험급여를 받는데 필요한 증명을 요구할 때는 그 증명을 하여야 한다(산재보상법 시행령 제 34조 2항).

참고문헌

ACGIH [1992]. Industrial ventilation-a manual of recommended practice. 21st ed. Cincinnati, OH: American Conference of Governmental Industrial Hygienists.

ACGIH.(1996). An international review of procedures for establishing occupational exposure limits. American Conference of Governmental Industrial Hygienists, Cincinnati, OH, USA.

ACGIH (2005). Documentation of the Threshold Limit Values and Biological Exposure Indicies. 7th Edition. ACGIH Worldwide Signature Publications, Cincinnati, OH.

Bingham E, Cohrssen B, Powell CH. (2001). Patty's Toxicology (5th Edition) Volumes 1-8. John Wiley & Sons. 788-789.

Clayton GD and Clayton FE. (1993-1994). Patty's Industrial Hygiene and Toxicology. Volumes 2A, 2B, 2C, 2D, 2E, 2F: Toxicology. 4th ed. John Wiley & Sons Inc., New York, NY, USA, p. 1272.

Health & Safety Executive (HSE). (2005). EH40/2005 Workplace Exposure Limits: Containing the list of workplace exposure limits for use with the Control of Substances Hazardous to Health Regulations 2002 (as amended). HSE books, Norwich.

NIOSH (National Institute for Occupational Safety and Health). (1997). Pocket guide to chemical hazards. U.S. Department of Health and Human Services, Washington, DC.

Wittcoff, H.A., Reuben, B.G., and Plotkin, J.S. (2004). Industrial Organic Chemicals. 2nd Ed., John Wiley & Sons, Inc., Hoboken, New Jersey.

제 2 장

물리적 유해인자

학습목표
- 물리적 인자의 종류 및 특성을 이해한다.
- 물리적 인자로 인한 건강장해에 대하여 이해한다.
- 물리적 인자의 작업환경 관리대책을 활용할 수 있다.

1 소음

1.1 소리와 소음

소리란 인간의 귀가 감지해 낼 수 있는(공기, 물 또는 다른 매체에서) 어떤 압력 변동이며, 소리는 진동면에서 공기압력이 높고 낮은 파동이 생겨서 전파되면서 청각을 자극할 때에 느끼는 것을 말한다.

소리는 파동의 진폭, 주파수, 주기에 의하여 결정되고 진폭은 압력의 변화로 음압이라고 하며, 음압이 높으면 큰소리, 낮으면 작은 소리가 되고, 주파수가 많으면 높은 소리, 적으면 낮은 소리가 된다.

소음이란 "사람이 원하지 않는 소리" 또는 "정신적, 신체적으로 인체에 유해한 소리"를 말한다. 소음의 종류는 연속음, 단속음, 충격음이 있다.

- **연속음** : 하루 종일 일정한 크기의 소리가 발생되는 것을 말하며, 1초에 1회 이상일 때 연속음
- **단속음** : 발생되는 소음의 간격이 1초보다 클 때 단속음
- **충격음** : 최대음압수준이 120 dB 이상인 소음이 1초 이상간격으로 발생하는 것

인간의 귀는 0부터 120 dB까지 상당히 큰 범위의 소리를 들을 수 있다.

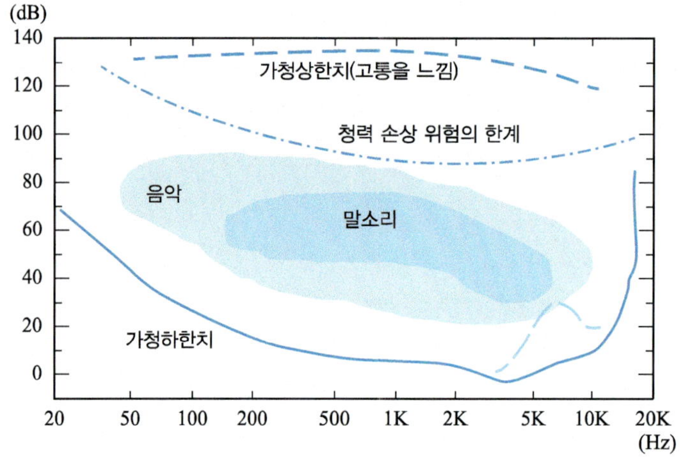

인간의 가청역과소리의 음압분포

1) 음압레벨 차이에 대한 감각

① 모든 조건이 동일하다고 가정할 때 기계나 설비 등의 동력을 2배로 늘리거나 절반으로 줄여 사용할 때 소리의 크기는 3 dB 커지거나 작아짐

② 모든 조건이 동일한 라인을 1개에서 2개로 늘리거나 2개에서 1개로 줄였을 때 소리의 크기는 3 dB 커지거나 작아짐

| 표 2-1 | 음압레벨 차이에 따른 감각의 크기

음압레벨 차(dB)	감각적 크기의 변화
3	겨우 느낄 수 있음
5	확실한 차이를 느낄 수 있음
10	2배(또는 1/2)의 크기로 느낌
15	큰 차이를 느낄 수 있음
20	4배(또는 1/4)의 크기로 느낌

1.2 소음에 의한 건강장해

① 소음성난청의 원인

② 작업능률의 저하 및 재해 발생의 원인

③ 스트레스와 정신장애 유발

④ 수면방해, 대화방해 등 일상생활에 영향

소음의 원인

⑤ 청각장애 및 심혈관계질환 · 고혈압 발생에 영향

⑥ 소리의 전달 과정

음파가 고막을 진동하면 중이에 있는 3개의 (추골, 침골, 등골) 청소골을 움직이고 이러한 움직임은 내이의 달팽이관 입구인 난형창을 진동하여 달팽이관 내에 있는 체액이 진동에 따라 움직이며 유모세포의 움직임이 전기적으로 변화하여 청신경을 통해 뇌의 기능에 전달하여 소리를 들을 수 있음

1.2.1 소음성 난청의 종류

1) 일시적 난청

- 강한 소음에 노출되어 생기는 일시적인 난청
- 소음폭로 2시간부터 발생, 4000~6000 Hz에서 많이 발생
- 20~30 dB의 청력손실
- 청신경 세포의 피로현상으로 12~24시간 후 회복 가능
- 청신경이 회복 가능한 피로현상
- 영구적 청력장애의 경고신호

2) 영구적 난청

- 일시적 청력손실이 충분하게 회복하지 않은 상태에서 계속 적으로 소음에 노출되어 생기며, 회복과 치료가 불가능

3) 직업성 난청

- 직업으로 인한 소음에 폭로되어 발생한 난청
- 소음 폭로(노출)작업장에서 종사하거나 종사 경력 근로자로서 한 귀의 청력손실이 40 dB 이상이 되는 감각신경성 난청
- 소음에 폭로되는 것을 중단하면 소음폭로의 결과로 인한 청력손실이 더 이상 진행되지 않음
- 과거에 소음성 난청이 있었더라도 소음노출에 더 민감하게 반응하지 않고 청력역치가 증가할수록 청력손실율이 감소
- 소음에 폭로되는 초기에는 저음역보다 고음역에서 청력 손실이 훨씬 더 심하게 나타남
- 단속 소음(Interrupted noise)보다 연속 소음(Continuous noise)에 폭로되는 것이 더 큰 장해를 초래

4) 사회성 난청

- 생활 소리 노출에 의한 청력장애
- MP3, 휴대폰 등의 음악, 생활소리, 교통수단에 의한 소음 등
- 사회성 난청 + 직업성 난청 → 소음성난청을 더 악화

소음성 청력손실의 특징

- 통증이 없음
- 눈에 보이는 흉터가 없음
- 과폭로에 누적되어 발생
- 영구적이고 100% 예방이 가능
- 눈에 보이는 외상이 없음
- 초기단계에서 눈에 띄지 않음
- 진단하는데 수년간 걸림

1.2.2 소음성 난청에 영향을 주는 요인

1) 소리의 강도와 크기

소리의 크기가 클수록 청력저하가 큼

2) 주파수

- 저주파보다 고주파가 더 큰 영향을 줌
- 나이가 들수록 청력역치가 증가하며 고주파역의 역치손실이 저주파역보다 더 크게 나타남

3) 매일 노출되는 시간

- 노출(폭로)시간이 길수록 청력저하가 큼
- 영구적인 청력손실의 위험은 개인의 감수성보다는 노출의 강도 및 기간과 큰 관련이 있음

4) 개인적 감수성

- 상당히 높은 소음에 장기간 노출되어도 견딜 수 있는 사람도 있지만 동일한 환경에서도 빨리 난청이 생기는 사람도 있음
- 감수성요인 : 심혈관계질환 위험요인, 흡연, 외이도의 형태, 혈액 백혈구수, 여성의 생리주기, 음주습관, 전해질 및 비타민의 부족, 정신적인 요인 등

1.3 소음의 관리대책

1.3.1 소음원의 제거 및 억제

- 가장 효과적인 방법으로 기계의 노후, 불균형, 불안정한 고정, 공작불량, 조립불량, 마찰의 제거 등
- 소음발생 요소를 제거
- 진동음원의 방진(기계의 방진설치, 뜬 바닥 등)
- 소음기(消音器) 부착, 흡음닥트 설치, 음원실 안의 흡음 처리, 차음벽 시공
- 작업방법, 작업시간의 변경 등

1.3.2 장해물에 의한 차음효과

- 발생한 음향에너지에 대한 장해물을 통과한 음향에너지의 비가 대수치의 10배에 해당한다.
- 장해물의 전음방해(全音妨害)는 물질의 물리적 성질과 벽체를 만든 구조형태에 달려 있다.
- 작업장에서 일반소음(continuous random noise)에 대한 차음효과는 벽체의 단위 표면적에 비하여 벽체의 무게를 2배로 할 때마다, 그리고 주파수가 2배로 될 때마다 6 dB씩 증가한다.
- 방음병풍 등의 설치로 회절감쇠 효과에 의한 소음 저감을 시도한다.

1.3.3 소음기(消音器)의 이용

- 흡·배기가 따르는 Engine, 강제송풍 등을 할 때 발생하는 소음을 제거

1.3.4 작업자 측의 차음

- 보호구 착용 : ear plug, ear muff 등
- 차음효과 : 25~35 dB(cotton : 9~16 dB)
- 120 dB 이상의 소음작업장 : ear plug, ear muff 동시 착용 권고
  * 차음효과=(NRR−7)×50%
  NRR(Noise reduction rating) : 차음 평가수, 50% : Safety factor

1.3.5 소음방지 대책 시 고려할 사항

- 소음원 : 소음원의 특성 파악
  → 음원파워, 스펙트럼, 시간별 변동, 공간별 변동, 발열성, 환기의 필요성
- 전파경로 : 거리 (거리감쇠), 장애물
  → 지형, 지표면 성상, 수목, 기상(기온, 바람), 공기의 음향흡수 등
- 수음 측 : 전반음의 물리적 크기, 소음의 평가척도,
  → 인간의 반응 : 개인, 집단, 사회
  → 허용 값, 목표 값 설정

1.3.6 소음방지 대책의 순서

1. 허용치의 설정 → 2. 소음원의 조사 → 3. 전파경로의 조사 → 4. 계산을 위한 경로의 선정 → 5. 계산 패턴의 결정 → 6. 수치의 설정 → 7. 소음레벨의 산정 → 8. 부가 감음량 산출 → 9. 부가 감음량 할당 → 10. 재점검

2 진동

2.1 진동에 대한 이해

1) 국소진동

작업자의 손이나 팔로 전달되는 진동

2) 전신진동

지지하는 표면(보통 좌석이나 바닥)을 통해 신체가 진동을 하거나 심하게 흔들리는 것을 말하는 것으로 비포장 길을 자동차로 운전하거나, 땅고르는기계 운전, 진동이 심한 큰 동력 기계에 부착된 구조물 위에 서 있는 경우 등에서 전신진동을 받는다.

3) 손과 팔 진동이 건강에 미치는 영향

- 손과 팔 진동은 손목골증후군 같은 특정 질환뿐만 아니라 손과 팔 진동 증후군(HAVS)라 알려진 일련의 상태를 야기 할 수 있다.
- 초기 증상은 다음 사항을 포함한다.
  - 물체를 제대로 느끼지 못한다.
  - 손가락이 따금거리거나 마비증상이 있다.
  - 손의 힘이 저하되었다.
  - 손가락이 새파랗게 되며, 회복시 빨갛게 되며 고통을 느낀다(특히 겨울 및 젖었을 때. 처음에는 손가락 끝만 그럴 수 있다).
- 일부 작업자에게는 위험에 노출된 후 몇 달 안에 증상이 나타날 수 있지만, 또 다른 작업자에게는 수년이 걸릴 수 있다.
- 진동 위험에 계속 노출되면 악화될 가능성이 높으며, 영구적이 될 수 있다.

2.2 진동 작업 관리

1) 진동작업 : 다음의 어느 하나에 해당하는 기계 · 기구를 사용하는 작업

착암기, 동력을 이용한 해머, 체인톱, 엔진 커터, 동력을 이용한 연삭기, 임팩트렌치, 그 밖에 진동으로 인하여 건강장해를 유발할 수 있는 기계 · 기구

2) 진동보호구의 지급

진동작업에 근로자를 종사하도록 하는 경우에 방진장갑 등 진동보호구 지급 및 착용토록 조치

3) 진동작업 유해성 등 주지 / 진동기계 · 기구의 사용설명서 비치/관리 등

- 인체에 미치는 영향과 증상, 보호구의 선정과 착용방법, 진동 기계 · 기구 관리방법, 진동 장해 예방방법 등에 대하여 진동 작업에 종사하는 근로자에게 주지
- 해당 진동 기계 · 기구의 사용설명서 등을 작업장 내에 구비
- 진동 기계 · 기구가 정상적으로 유지될 수 있도록 관리

2.3 국소진동

국소진동이란 손, 팔 등 신체의 특정부위에 전달되는 진동으로 에어임팩터, 착암기, 연마기, 굴착기 등 동력을 이용한 작업공구를 사용하는 작업자들에게 노출되는 진동을 말한다.

표 2-2 국소진동을 발생시키는 업종 및 공구 · 장비(예)

업종	공구 및 장비
• 건설 및 토목 • 중공업 • 임업 • 주조공장 • 자동차 제조 및 수리 • 공원, 정원, 도로변, 지면 유지보수 • 선박 건조 및 수리업 • 공익사업(가스, 수도, 통신) • 광산 및 채석장	• 체인톱 • 연삭기 • 손으로 재료를 공급한 기구(Had-fed equipment) • 임팩트 드릴(Impact drills) • 스케일링 해머(Scaling hammer) • 보행하며 조정하는 장비(잔디 깍는 기계, 바닥 광택기) • 치핑(Chipping), 해체, 노면, 파쇄용 동력 해머 • 전기사포(Sander) • 광택기구(Polishers) • 콘크리트, 금속, 바닥 정리를 위한 휴대용 톱

2.4 국소진동의 건강장해

1) 혈액순환 장해

– 압축공기를 이용한 진동공구를 사용하는 근로자의 손가락에 흔히 발생되는 증상

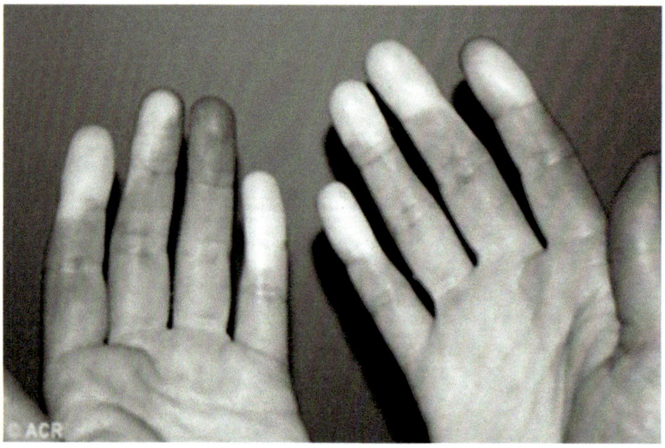

레이노씨 현상

- 손가락에 있는 말초혈관 운동장애로 인하여 혈액순환이 저하되어 손가락이 창백해지고 쑤시고 아픈 증상을 느끼데 되며 한랭한 환경에서 이러한 현상은 더욱 악화된다. 이를 레이노씨 현상(Raynaud's phenomenon)이라고 하며, DeadFinger, WhiteFinger라고도 부른다.

2) 근골격계 질환

- 심한 진동을 받으면 뼈, 관절 및 신경, 근육, 건, 인대, 혈관 등 연부조직에 병변 발생
- 심한 경우 관절 연골의 괴저, 천공등 기형성 관절염, 이단성 골연골염, 가성관절염과 점액낭염, 건초염, 건의비후, 근위축등이 생기기도 한다.
- 지속적으로 자주 국소진동에 노출되면 다음 2가지 형태의 영구적인 건강장애가 발생할 수 있다.

① 손–팔 진동(수완진동) 증후군 (Hand–Arm Vibration Syndrome : HAVS)

- 손가락이 따끔거리고 마비되어 정교한 작업이나 일상작업을 방해할 수 있음
- 손 힘이 저하되어 안전하게 작업할 수 있는 능력에 영향을 줄 수 있음
- 손가락이 하얗게 되고, 회복시 붉게 변하게 되며 고통스러움.
  실외와 같이 추운 곳이나 습한 곳에서의 작업능력을 감소시킴

② 손목터널(수근관)증후군 (Carpal Tunnel Syndrome : CTS)

- 손의 따끔거림, 무감각, 통증, 힘이 없어짐으로 인해 일상업무를 방해할 수 있고, 작업을 안전하게 하는 능력에 영향을 줄 수 있음

2.5 건강장해 예방대책

- 국소진동에 노출되는 시간 최소화
- 장기간 사용하여 내구성이 떨어진 공구는 더 많은 진동을 발생함으로 적절한 유지보수 및 교체필요
- 처음 공구 구입시 사용설명서의 고유 주파수와 진동 가속도를 확인하여 노출수준이 적은 저진동 공구 구매 · 사용
- 가능한 공구는 낮은 속력에서 작동될 수 있는 것을 선택
- 고무 등 탄성을 가진 진동 흡수재를 부착하여 진동 최소화
- 진동 발생원과 작업자 사이의 진동 노출 경로를 어긋나게해서 진동 전달 감소

- 지지대를 설치하는 등의 방법으로 작업자가 작업공구를 가능한 적게 접촉
- 방진 장갑등 진동보호구를 착용하여 작업
- 작업자들이 장시간, 지속적으로 노출되는 것을 피하도록 작업계획 수립

3 방사선

3.1 정의

1) 방사선

전자파나 입자선 중 직접 또는 간접적으로 공기를 전리(電離)하는 능력을 가진 것 (전리방사선 이라고도 함)

- 알파선, 중양자선, 양자선, 베타선, 중하전입자선, 중성자선, 감마선, 엑스선 및 5만 전자볼트 이상 (엑스선 발생장치의 경우에는 5천 전자볼트 이상)의 에너지를 가진 전자선을 말함

2) 방사성 물질

핵연료물질, 사용 후의 핵연료, 방사성동위원소 및 원자핵분열 생성물을 말함

3) 방사선 관리구역

방사선에 노출될 우려가 있는 업무를 하는 장소를 말함

3.2 방사선으로 인한 건강장해

① 방사선에 대해 가장 감수성이 높은 것은 조혈기이며, 방사선 장해의 유무를 조사하려면 혈액검사를 하는 것이 가장 좋다.

② 급성 변화로서 뚜렷한 것은 백혈구의 변동이며, 조사된 선량에 따라서 백혈구의 감소가 인정된다.

③ 생식기 역시 방사선에 민감하여 엑시선이나 감마선에 닿으면 생식능력을 상실하게 된다.

④ 피부는 그만큼 민감하지 않으나 국부적으로 대량 피폭하면 그 부분이 피부에 변화가 발생한다.

⑤ 피폭의 정도와 기간에 따라서 탈모, 색소 침착, 피부염, 궤양 등이 발생하며 장기간의 피폭을 받으면 암, 백혈병, 백내장 등이 발생할 위험이 있고, 수명의 단축이나 유전적 영향으로 이어질 수 있다.

3.3 관리대책

3.3.1 방사성 물질의 밀폐

다음에 해당하는 방사선 업무 시 방사성물질의 밀폐, 차폐물의 설치, 국소배기장치의 설치, 경보시설의 설치 등 근로자의 건강장해 예방을 위한 필요 조치 실시

- 엑스선 장치의 제조·사용 또는 엑스선이 발생하는 장치의 검사업무
- 입자가속장치의 제조·사용 또는 방사선이 발생하는 장치의 검사 업무
- 엑스선관과 케노트론의 가스 제거 또는 엑스선이 발생하는 장비의 검사 업무
- 방사성물질이 장치되어 있는 기기의 취급 업무
- 방사성물질 취급과 방사성물질에 오염된 물질의 취급 업무
- 원자로를 이용한 발전업무
- 갱내에서의 핵원료물질의 채굴 업무
- 그 밖에 방사선 노출이 우려되는 기기 등의 취급 업무

밀폐 등의 조치

3.3.2 방사선 관리구역의 지정

① 근로자가 방사선업무 시 방사선 관리구역을 지정하고 다음 사항을 게시

- 방사선량 측정용구의 착용에 관한 주의사항

- 방사선 업무상 주의사항
- 방사선 피폭 등 사고 발생 시의 응급조치에 관한 사항
- 그 밖에 방사선 건강장해 방지에 필요한 사항

② 방사선업무를 하는 관계근로자가 아닌 사람이 방사선 관리구역에 출입하는 것을 금지

③ 근로자는 출입이 금지된 장소에 사업주의 허락 없이 출입해서는 아니 됨

작업장소 출입금지

관리구역 지정

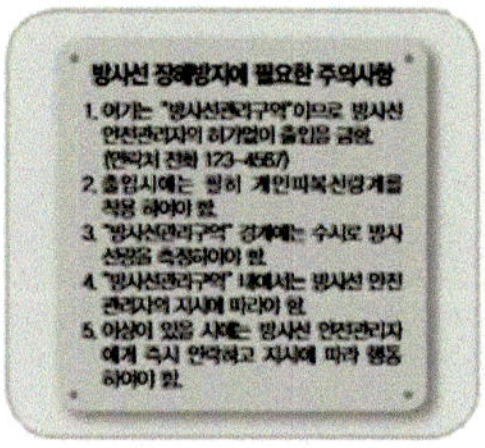

주의사항예시

3.3.3 방사선 장치실

다음의 방사선 장치를 설치하려는 경우에 방사선 장치실에 설치(단, 적절히 차단되거나 밀폐된 구조의 방사선 장치를 설치한 경우, 방사선 장치를 수시로 이동하여 사용하는 경우, 사용 목적이나 작업의 성질상 방사선 장치를 방사선 장치실 안에 설치하기가 곤란한 경우 예외)

- 엑스선장치, 입자가속장치, 엑스선관 또는 케노트론의 가스추출 및 엑스선 이용 검사장치, 방사성물질을 내장하고 있는 기기

3.3.4 방사성 물질 취급 작업실

근로자가 밀봉되지 아니한 방사성 물질을 취급 시 방사성물질 취급 작업실에서 작업토록 조치. 단, 다음의 경우에는 예외

- 누수의 조사, 곤충을 이용한 역학적 조사, 원료물질 생산 공정에서의 이동상황 조사, 핵 원료물질을 채굴하는 경우, 그 밖에 방사성물질을 널리 분산하여 사용하거나 그 사용이 일시적인 경우

3.3.5 방사성 물질 취급 작업실 구조

방사성물질 취급 작업실 안의 벽·책상 등 오염 우려가 있는 부분은 다음 구조로 설치

- 기체나 액체가 침투하거나 부식되기 어려운 재질로 할 것
- 표면이 편평하게 다듬어져 있을 것
- 돌기가 없고 파이지 않거나 틈이 작은 구조로 할 것

3.3.6 게시

방사선 발생장치나 기기에 대하여 다음에 따른 내용을 근로자가 보기 쉬운 장소에 게시

입자가속장치
- 장치의 종류
- 방사선의 종류와 에너지

방사성물질을 내장하고 있는 기기
- 기기의 종류
- 내장하고 있는 방사성물질에 함유된 방사성 동위원소의 종류와 양(단위: 베크렐)
- 해당 방사성물질을 내장한 연월일
- 소유자의 성명 또는 명칭

방사선 발생장치 게시 내용

3.3.7 차폐물 및 국소배기장치 설치

- 근로자가 방사선장치실, 방사성물질 취급작업실, 방사성물질 저장시설, 방사성물질 보관·폐기 시설에 상시 출입하는 경우에 차폐벽, 방호물 또는 그 밖의 차폐물을 설치
- 방사성물질이 가스·증기, 분진 등으로 발생 우려 시 발산원을밀폐, 국소배기장치 등을 설치하여 가동 조치

3.3.8 차폐 시설

차폐벽(납, 철판, 콘크리트 재질) 또는 방호물 등의 차폐물 설치 : 방사성 동위원소의 종류 및 차폐벽의 재질에 따라 적절한 두께의 차폐벽 설치

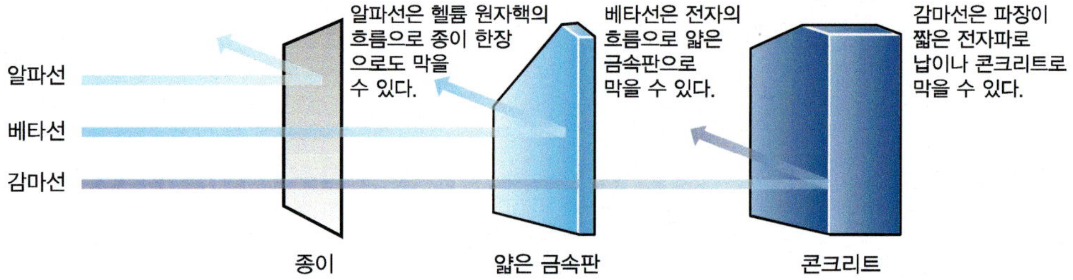

방사선 차폐 용품

3.3.9 방사성물질 취급용구

- 방사성물질 취급에 사용되는 국자, 집게 등의 용구에 방사성물질 취급에 사용되는 용구임을 표시하고, 다른 용도로 사용금지
- 용구를 사용한 후에 오염을 제거하고 전용의 용구걸이와 설치대 등을 사용하여 보관

방사성물질 취급용구

3.3.10 용기/오염된 장소에서의 조치/방사성물질의 폐기물 처리

- 방사성물질을 보관 · 저장 · 운반하는 경우 녹슬거나 새지 않는 용기를 사용하고, 겉면에는 방사성물질을 넣은 용기임을 표시
- 분말 또는 액체 상태의 방사성물질에 오염된 장소에 대하여 즉시 조치한 후 오염된 지역임을 표시하고 그 오염을 제거

- 방사성물질의 폐기물은 방사선이 새지 않는 용기에 넣어 밀봉하고 용기 겉면에 그 사실을 표시한 후 적절하게 처리

3.3.11 보호구의 지급 및 오염된 보호구의 폐기

- 근로자가 분말 또는 액체 상태의 방사성물질에 오염된 지역에서 작업을 하는 경우에 개인전용의 적절한 호흡용 보호구를 지급·착용토록 조치
- 방사성물질이 흩날림으로써 근로자의 신체가 오염될 우려가 있는 경우 보호복, 보호장갑, 신발덮개, 보호모등의 보호구를 지급·착용토록 조치
- 방사성물질에 오염된 보호복, 보호장갑, 호흡용 보호구 등을 즉시 적절하게 폐기

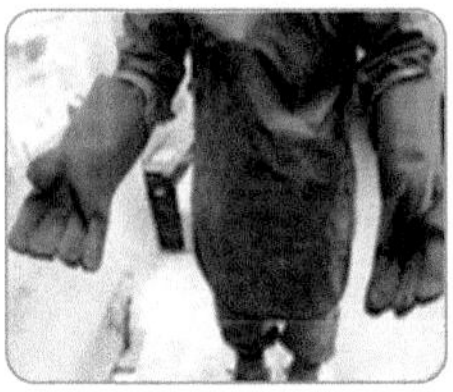

납안경

납장갑

납치마

3.3.12 세척시설, 흡연 등의 금지, 유해성 등의 주지

- 방사성물질 취급작업을 하는 경우에 세면·목욕·세탁 및 건조를 위한 시설을 설치하고 필요한 용품과 용구를 구비
- 방사성물질 취급 작업실 또는 그 밖에 방사성물질을 들이마시거나 섭취할 우려가 있는 작업장에는 흡연 및 음식물 섭취 금지 및 그 내용을 보기 쉬운 장소에 게시
- 근로자가 방사선업무를 하는 경우에 방사선이 인체에 미치는 영향, 안전한 작업방법, 건강관리 요령 등에 관한 내용을 근로자에게 알림

4 고열

4.1 고열작업

고열작업장이란 용광로나 건조로 주변 작업장, 출탕, 주조 및 단조 처리 작업장, 금속 가공기계가 밀집되어 열을 발생시키는 작업장, 건설업, 농업 또는 조선업 등 여름철 옥외에서 이루어지는 작업장 등을 말한다. 이러한 고열환경에 작업자의 신체가 적응이 되지 않아 발생되는 급성장해를 통틀어 열중증이라고 한다.

- **고열에 의한 열중증의 종류** : 열사병, 열피로, 열경련, 열발진, 열신신

고열작업장

4.2 고열작업으로 인한 건강장해

4.2.1 열사병

고열로 인하여 발생하는 건강장해 중 가장 위험성이 큰 것으로 신체 내부의 체온조절

계통이 기능을 잃어 발생된다. 열사병은 체온이 오른 상태에서 조기에 적절한 조치가 취해지지 못하면 사망에까지 이를 수 있다.

가벼운 열사병 환자의 경우 조기에 그늘진 장소나 찬 곳으로 옮기고 옷을 벗긴 다음 피부를 물수건으로 적셔 주는 것이 좋지만 비만자, 고혈압환자, 고령자, 체온이 높은 경우 등은 신속히 응급의료기관에 신고하는 것이 좋다.

고열로 인한 건강장해

4.2.2 열피로

열피로는 땀을 많이 흘려 수분과 염분 손실이 많을 때 발생하는 고열장해로서 두통, 구역감, 현기증, 극도의 허약, 갈증, 불안정한 느낌 등의 증상이 나타나게 되며, 이때 피부는 차갑고 습하며 인색은 칭백하거나 붉이 지고 체온은 정상이거나 조금 높다. 고온에 적응되지 못한 근로자가 고열환경에서 염분 보충 없이 물만 마 시고 육체작업을 하는 경우 발생될 수 있다.

시원한 곳으로 옮겨 적절한 휴식을 취하고 물과 염분을 보충해주어야 하며 구토나 정신이 혼미해진 경우는 의사의 관찰하에 수액을 보충해 주는 것이 좋다.

4.2.3 열경련

열경련은 더운 환경에 고된 육체작업을 하는 과정에서 땀으로 배출된 수분과 염분에 대한 보충이 부족한 경우 발생된다. 특히 물을 마시더라도 염분의 손실이 큰 경우 발생되며 작업 시 주로 사용한 근육 즉 팔, 다리, 복근, 배근, 수지의 굴근 등에서 흔히 발생된다.

휴식과 식염수의 섭취로서 비교적 쉽게 회복될 수 있다.

4.2.4 열발진

작업환경에서 가장 흔히 발생하는 피부장해로서 땀띠라고도 하며 땀에 젖은 피부 각질층이 떨어져 땀구멍을 막아 땀샘 내에 있는 땀의 압력에 의해 염증선 반응을 일으켜 붉은 반점 형태로 나타나는 것을 말한다. 피부를 차갑게 하고 건조시키면 증상이 호전되지만 세균의 감염이 있는 경우에는 소독과 피부 연고를 바르는 등 조치가 필요하다.

4.3 관리대책

- 신규로 근로자를 배치할 경우 고열에 순응할 때까지 고열작업시간을 점차 단계적으로 증가시킨다.

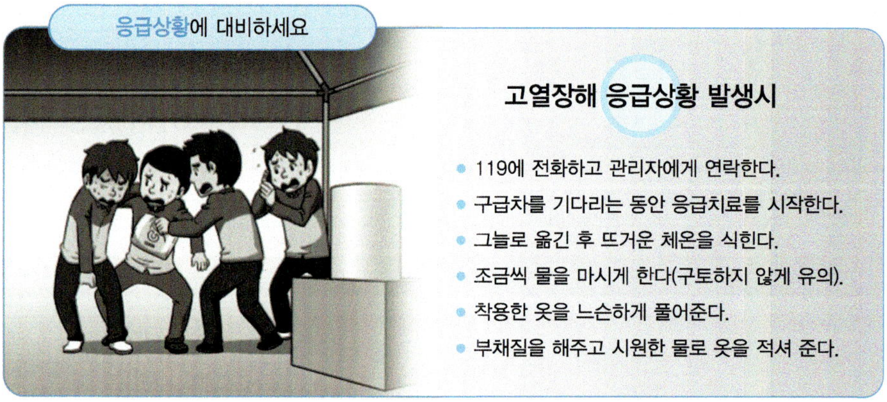

고열작업장 관리대책

- 온습도를 쉽게 알 수 있도록 온도계 등의 기기를 작업장에 부착한다.
- 여름철 옥외 작업의 경우 일정 온도 이상이 되는 경우 옥외작업을 중단한다.
- 작업이 장시간 지속되지 않도록 주기적으로 휴식시간을 부여한다.
- 물과 식염을 작업장 곳곳에 비치하고 휴게장소는 고열작업장과 떨어진 시원한 곳에 마련한다.
- 커피, 녹차 등 카페인이 함유된 음료는 이뇨작용을 저해하므로 많이 마시지 않는다.
- 열사병 등 응급환자가 발생할 경우 처리할 수 있는 응급구조방법을 숙지한다.
- 모자, 긴팔옷 등 직사광선을 피할 수 있는 대책을 세운다.
- 고열작업의 경우 방열복, 방열장갑 등을 착용하고 집게 등 작업도구를 적절히 활용한다.

5 한랭

5.1 한랭작업

한랭이란 냉각원(冷却源)에 의하여 근로자에게 동상 등의 건강장해를 일으킬 수 있는 차가운 온도를 말하며 한랭작업이란 다량의 액체공기, 드라이아이스 취급장소, 냉장고, 제빙고, 저빙고, 냉동고등의 한랭 장소에서 이루어지는 작업을 말한다.

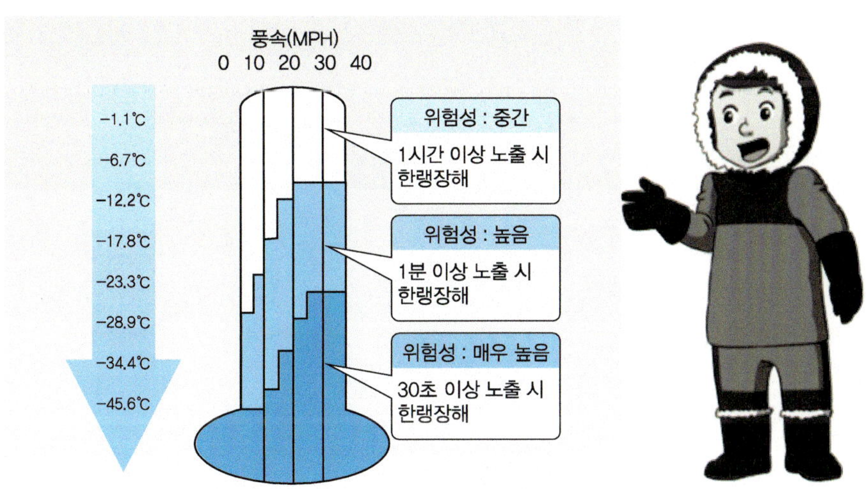

온도와 풍속에 따른 위험도

5.1.1 한랭작업장소

- 다량의 액체공기·드라이아이스 등을 취급하는 장소
- 냉장고·제빙고·저빙고 또는 냉동고등의 내부

냉동식품 운반작업

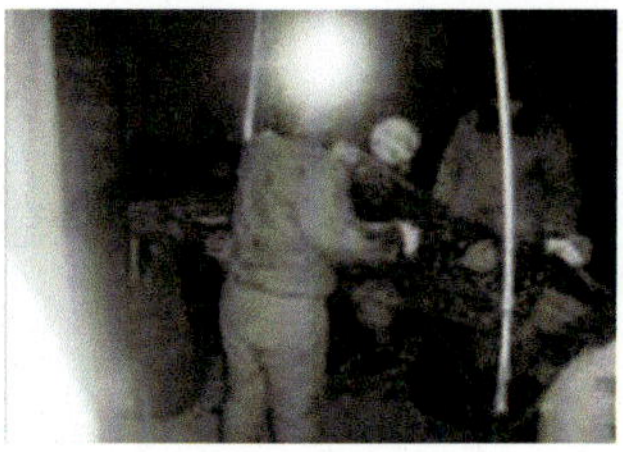

냉동실 작업

드라이아이스 처리 작업

5.2 한랭에 의한 건강장해

5.2.1 동상

- 심한 추위에 노출되어 피부 등이 얼어서 조직이 손상되는 것을 말한다.
- 코, 볼, 귀, 손가락 및 발가락 등의 신체 부위에 잘 생긴다.
- 저리고, 따끔거리며, 가려움 등이 나타나고 피부가 회백색으로 변하며 붓기도 한다.
- 심한 경우 뼈, 근육, 신경 괴사, 괴저 및 궤양이 생기면서 감각이상, 경직이 나타난다.

5.2.2 참호족과 침수족

- 참호족: 물이 어는 온도 또는 그 부근의 찬 공기에 오래 접하거나 물에 잠겨서 생긴다.

한랭작업에 의한 건강장해

- 침수족: 물이 어는 온도 이상의 냉수에 오랫동안 노출되어서 생긴다.
- 초기에 발은 차고, 무감각하며, 붓고, 창백해진다.
- 2~3일이 지나면 충혈이 나타나고, 심한 통증과 부종, 발적, 수포형성, 출혈을 보인다.
- 10~30일 후에는 감각이상이 심해져 통증을 못 느끼고, 찬 공기 등에 대해 민감하게 반응하며 땀을 많이 흘리는 증상이 지속된다.

5.2.3 저체온증

- 전신 저체온이라고도 불리며 35℃ 이하로 떨어지는 것을 말한다.
- 기온이 18.3℃ 또는 수온이 22.2℃ 정도에서도 발생될 수 있다.
- 추운 지방에서 많이 발생하지만 기온과 상관없이 저체온증이 발생할 수 있다.
- 술이나 약물에 의한 온도조절능력의 상실과 환경적인 원인이 함께 작용하는 경우가 많다.
- 체온이 30℃ 이하인 경우 중증 저체온증이라 하며 30~80%의 높은 사망률을 보인다.
- 초기에는 심한 떨림과 냉감각이생기고, 맥박이 약해지며 혈압이 낮아진다.
- 점차 떨림이 발작적이고 억제하기 어렵게 되며, 언어이상, 기억상실, 근육운동 무력화와 졸음이 오게 된다. 피부가 차가워지고, 호흡이 불규칙하고 늦어지며, 저혈압과 탈진이 오게 된다.
- 체온이 35~32.2℃가 되면 자극에 대한 반응이 느려지고 말더듬증 등이 온다.
- 30℃ 이하가 되면 체온 조절 기능, 맥박, 혈압 등 신체기능이 급격히 떨어진다.
- 28℃ 이하에서는 부정맥이 증가하게 된다.
- 27℃에서 떨림이 멎고 혼수에 빠지게 되고, 25~23℃에 이르면 사망하게 된다.

5.3 관리대책

5.3.1 일반관리

1) 작업 전

- 노약자 및 심혈관계 이상자, 알콜 중독자 정서적, 육체적인 문제가 있는 경우 한랭작업 배치시 고려를 해야 한다.
- 한랭작업 근로자에 대하여 다음의 내용을 교육시킨다.
- 적절한 의복과 장비 착용

- 안전한 작업 지침 및 음식 섭취 지침 교육
- 한랭장해를 유발하는 위험요인 숙지
- 동상 및 저체온증 등 한랭관련 질병의 초기 증상 숙지
- 가온 방법을 포함한 적절한 응급처치 방법 숙지

2) 작업 중

- 작업복 등 의복은 세 겹 이상 입도록 한다.
- 가장 바깥쪽 옷은 바람을 막고 환기가 되는 것이 좋다.
- 가운데 옷은 땀을 흡수하고, 젖은 상태에서도 보온이 되는 옷을 입는다.
- 속옷은 환기와 수분배출이 잘 되는 옷을 입는다.
- 가급적 팔, 다리를 자주 움직이고 10분 마다 손가락이나 발가락의 감각 및 이상유무를 확인한다.
- 오랫동안 찬 물이나 눈, 또는 얼음 위에서 작업하지 않는다.
- 작업장에 따뜻한 물이나 음료를 준비한다.
- 동료 작업자가 졸립다거나 떨린다고 하면 즉시 따뜻한 곳으로 옮긴다.
- 16℃ 이하에서 맨손 작업을 하는 경우 보조적인 난방기구를 설치한다.
- 영하 1℃ 이하에서 금속으로 된 기계 · 기구의 손잡이는 적절한 전열체로 조치한다.
- 경한 작업은 16℃, 중등도 작업은 4℃, 힘든 작업은 -7℃ 이하에서는 적절한 장갑을 착용 한다.

3) 작업 후

- 작업이 끝나면 양말이나 신발, 장갑, 의복 등을 벗어서 말린다.
- 양말이나 장갑 등을 벗은 후에는 반드시 손가락이나 발가락 의 상태를 확인한다.
- 충분히 몸이 따뜻해지기 전에 다시 한냉에 노출되는 것은 피 한다.

한랭작업 전, 중 후 조치사항

4) 수증기 및 온수 난방

작업장 내에 난방장치를 설치하고 증기 혹은 온수 등의 직접 적인 열원으로 난방을 실시한다.

5) 온풍난방

작업장의 벽면 또는 천정 부위 등에 가열된 공기를 불어넣어 주는 팬을 설치하거나 작업장 외부에 온풍기를 설치하고 덕트를 통하여 가열된 공기를 작업장 내로 불어 넣어 준다.

5.3.2 작업관리

작업장의 온도에 따라 작업 시간을 조절하여 작업자들이 건강장해를 일으키지 않도록 사전에 차단한다.

| 표 2-3 | 기온과 풍속에 따른 작업시간(4시간 일하는 경우)

기온	풍속(km/h)									
	0		8		16		24		32	
	최대작업 시간(분)	휴식 횟수	최대작업 시간(분)	휴식 횟수	최대작업 시간(분)	휴식 횟수	최대작업 시간(분)	휴식 횟수	최대작업 시간(분)	휴식 횟수
-26℃~-28℃	평상시	1	평상시	1	75	2	55	3	40	4
-29℃~-30℃	평상시	1	75	2	55	3	40	4	30	5
-30℃~-34℃	75	2	55	3	40	4	30	5	작업금지	
-35℃~-37℃	55	3	40	4	30	5	작업금지			
-38℃~-39℃	40	4	30	5	작업금지					
-40℃~-42℃	30	5	작업금지							
-43℃ 미만	작업금지									

6 이상기압

6.1 이상기압

산업안전보건법에서 이상기압이란 게이지 압력이 제곱센티미터(cm^2)당 1킬로그램 이상인 기압을 말한다.

주로 잠수작업, 잠수함실의 내부나 해발고도가 높은 곳에서 작업을 하는 등 대기압보다 높거나 낮은 기압 조건에 노출되고 있는 근로자에게 폐 · 중이(中耳) · 부비강(副鼻腔) 또는 치아 등에 발생한 압착증, 물안경 또는 헬멧 등과 같은 잠수기기로 인한 압착증등의 증상을 일으킨다.

수중작업

전투기 조종사

6.2 이상기압으로 인한 건강장해

6.2.1 압착증

압착증은 폐, 귀, 부비강((副鼻腔), 치아 등 기체가 있는 신체부위나 물안경 등 장비 속 압력이 주위와 다를 때 발생한다.

- 폐 압착증은 깊은 수심까지 호흡정지 잠수를 할 때 발생한다. 너무 깊게 호흡을 멈추고 잠수를 하면 폐가 압착되고, 심하면 갈비뼈가 부러지기도 한다.
- 중이 압착증은 외부수압에 의해 고막이 중이 쪽으로 밀려들어가면서 통증이 유발된다.
- 외이 압착증은 귓속에 물이 들어가는 것을 피하기 위해 귀마개를 사용할 때 잘 생기며, 통증과 함께 귀 속에 무엇이 가득 찬 것과 같은 충만감이 느껴진다.

폐 압착증

이상기압으로 인한 관절통증

- 부비동 압착증은 코 주위의 부비동이라는 공기가 들어가는 공간이 있는데, 부비동에염증이 생기면 축농증이 된다. 부비동에도 압착증이 생기는데 증상은 눈 주위에 날카로운 통증을 느끼며 수면으로 복귀한 후 코에서 피가 섞인 콧물이 나오기도 한다.
- 치아 압착증은 치수(齒髓) 또는 치아의 연부조직에 압력을 받으면 작은 기포가 생겨 통증을 일으킨다.

6.2.2 질소마취

질소마취는 고압의 질소가 인체에 마취작용을 일으켜 생기며, 수심 30 m 이상 잠수하는 경우에 증세가 나타나기 시작한다.

30~60 m 수심에서는 황홀감, 60~90 m에서는 환청 · 환시, 90~120 m에서는 환청 · 환시, 조울증, 기억력 감퇴 등이 나타나며 120 m 이상에서는 의식을 상실하게 된다.

6.2.3 산소중독

잠수자는 폐 압착증을 예방하기 위해 수압과 같은 압력의 압축기체를 호흡해야 하는데, 그 결과 산소의 부분압이 증가하여 중추신경계 및 폐에 산소 독성을 일으키게 된다.

중추신경계 산소 독성은 초기 증상으로 시야가 좁아지는 현상, 이명(耳鳴), 메스꺼움, 입술이나 눈 주위의 근육떨림증, 정신적 긴장도 증가 및 현기증 등이 있다 심해지면 근육이 뒤틀리는 경련을 일으킨다.

폐 산소독성은 기침, 호흡곤란, 비충혈, 현기증 등을 일으킨다.

6.2.4 감압병

감압병은 고압환경에서 체내에 과다하게 용해되었던 질소, 헬륨 등이 압력이 낮아질 때 과포화(supersaturation) 상태로 되어 혈액과 조직에 기포를 형성하여 혈액순환을 방해하거나 주위 조직에 기계적 영향을 주어 무릎통증, 사지마비, 쇼크상태 등을 일으킨다.

6.3 관리대책

6.3.1 적절한 설비의 설치

- 작업실 및 기압조절실의 크기는 작업과 작업자의 수에 따라 적절히 설치한다.
- 공기청정장치, 배기관, 압력계, 자동경보장치 등 필요한 설비를 설치한다.

- 피난용구, 공기조(예비공기조포함), 압력조정기 등을 설치 · 비치한다.

6.3.2 올바른 작업방법 준수

- 가압 또는 감압시 규정된 안전속도를 준수한다.
  (구출/대피 등 특수한 경우 제외)
- 감압시 기압조절실 내의 온도와 조도를 적절히 유지시킨다.
- 호흡용 공기통을 사용하는 경우 해당 공기통의 급기능력과 상태를 작업에게 알려준다.
- 작업자 수 및 작업형태에 따라 충분한 수의 감시인을 비치하고 신호밧줄, 수중시계, 수중 압력계 등 안전 작업에 필요한 휴대물을 지급한다.

6.3.3 작업관리

- 고압작업설비, 잠수작업 설비 등은 정해진 주기에 따라 점검을 실시한다.
- 송기설비는 설치시, 분해 후 수리시, 1개월 이상 미사용한 뒤 재사용시 점검한다.
- 잠수작업시 정해진 작업시간을 넘지 않도록 관리한다.
- 정해진 작업시간 및 잠수하거나 부상하는 속도를 준수한다.
- 작업자 배치 시 비만자, 호흡기 질환자, 이비인후과 질환자 등의 해당여부를 검토한다.
- 감압증증세(피부 가려움, 발진, 관절통, 호흡순환계 장애 등)를 보이는 경우 고압치료실에 수용 후 증세가 없어진 뒤 서서히 감압한다.

7 밀폐공간

7.1 밀폐공간

- 산소 농도가 18% 미만이거나 23.5% 이상인 공간
- 황화수소(H_2S)가 10 ppm이상인 공간
- 이산화탄소(CO_2)가 1.5%(15,000 ppm) 이상인 공간
- 밀폐공간 장소의 예 : 우물, 수직 갱, 터널, 잠함, 피트, 암거, 맨홀, 탱크, 호퍼등 저장시설, 지하실, 창고, 선창 내부, 정화조, 집수조, 침전조, 농축조, 발효조내부, 열 교환기, 배관, 보일러, 반응탑, 사일로, 집진기등 내부, 콘크리트 양생장소, 가설 숙소 내부, 냉장고, 냉동고, 냉동 화물자동차, 냉동 컨테이너 등 내부 등등

7.2 산소결핍과 유해물질

산소결핍이란 하수구 및 오래 방치된 지하 피트 등에 미생물이 번식하여 산소가 부족하거나 탄산가스 및 황화수소 농도가 매우 높아 인체에 들어가는 공기 중에 산소가 부족하여 현기증, 구토, 혼절 또는 사망에 이르는 재해로 미생물 번식이 활발한 여름철에 많이 발생한다.

밀폐공간에서는 메탄, 탄산가스, 황화수소 등의 유해물질이 가스 상태로 공기 중에 발생하기도 한다.

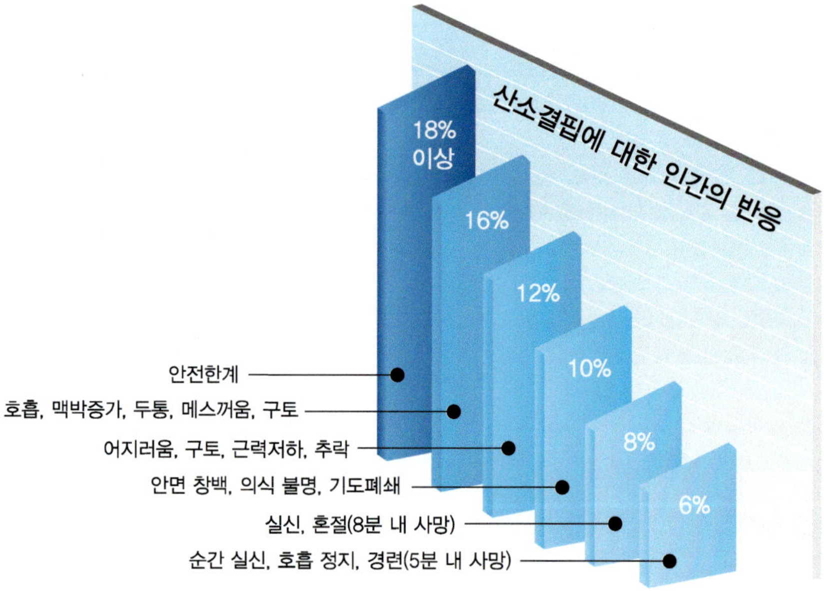

7.3 밀폐공간 질식재해의 원인

① 미생물의 부패나 발효에 의해 유해가스가 발생하게 된다.

- 황화수소, 이산화탄소, 메탄가스, 암모니아 가스 등이 발생
- 바닥의 부식토, 찌꺼기나 슬러지등을 뒤집거나 휘저으면 많은 양의 유해가스가 갑자기 배출될 수 있음

② 미생물, 곡물, 종자, 사료 등이 호흡하여 산소를 소모시키고 이산화탄소를 배출한다.

③ 연소, 산화 등 화학작용으로 산소결핍 및 유해가스가 발생하게 된다.

- 산소를 소모시키고 일산화탄소, 이산화탄소, 황산화물 등이 발생
- 밀폐공간에서는 급격하게 산소가 고갈될 수도 있고 일산화탄소의 농도가 매우 높은 위험수준까지 도달 할 수도 있음

④ 산소 흡수물질(석탄, 아탄, 황화광, 강재, 원목, 건성유, 어유등)이 산소를 소모시킨다.

⑤ 드라이아이스를 사용하는 곳에서는 이산화탄소의 고체인 드라이아이스가 기체로 바뀌면서 밀폐공간의 이산화탄소 농도를 급격하게 높인다.

⑥ 용존산소가 부족한 하수, 폐수 등이 고이거나 흐를 때 공기 중의 산소를 소모시킨다.

⑦ 페인트 등 도료, 휘발성 유기용제, 세척제, 방수제 등이 마르면서 밀폐공간 안에

중독을 일으키는 휘발성 유기용제 증기가 발생한다.

⑧ 배관이나 탱크 등의 퍼지작업으로 배관 등에서 압력이 걸린 퍼지용 가스인 질소 등이 갑자기 분출되면서 질식 분위기가 조성된다.

밀폐공간 질식재해의 원인

7.4 관리대책

1) 공기호흡기 또는 송기마스크 등 보호구 착용

- 작업자에게 공기호흡기 또는 송기마스크 등 호흡용보호구를 지급·착용
- 재해자 구출시 조장비를 구비 하지 않은 상태에서는 내부 출입 금지

2) 출입 전 산소농도 및 유해가스농도 측정 실시

- 작업시작 전과 작업 중에 산소농도 및 유해가스 농도를 측정
- 적정공기농도(산소 18~23.5%, 탄산가스 1.5% 미만, H_2S 10 ppm 미만, 기타 물질별 노출기준)와 비교·판정하여 충분한 안전조치를 취한 후 작업 실시

3) 작업장 내부 환기 실시

- 집수조내부 작업 시 적정한 공기 상태를 유지하기 위해 충분 한 배기 및 신선한 공기 공급을 위한 환기장치를 설치하여 환기 실시

4) 작업 전 특별안전보건교육 실시

- 작업 전 작업안전수칙, 작업 시 주의사항, 대피요령, 사용하여야 할 보호구 및 장비, 사고 시 구조방법 및 응급처치 요령등을 내용으로 하는 특별안전보건교육을 실시

5) 밀폐공간 안전보건작업 허가서 발급 등

- 작업 전 밀폐공간 출입을 제한하고 작업에 관계된 관리감독자, 감시인 등은 밀폐공간 안전보건 작업허가서를 작성하여 허가서를 발급 받은 후 작업을 수행
- 밀폐공간에 근로자를 종사하도록 하는 때에는 밀폐공간보건 작업프로그램을 수립 · 시행

밀폐공간 관리대책

요약

1. 소음에 의한 건강장해
   - 소음성난청의 원인
   - 작업능률의 저하 및 재해 발생의 원인
   - 스트레스와 정신장애 유발
   - 수면방해, 대화방해 등 일상생활에 영향
   - 청각장애 및 심혈관계질환 · 고혈압 발생에 영향

2. 소음성난청의 예방
   - 내가 소음에 노출될 수 있는 곳에서 소음이 발생하는 것을 최소로 만들기
   - 작업할 때 소음이 덜 나게 작업방법을 만들거나 개선하기
   - 나에게 소음이 전파되는 것을 줄이기
   - 청력보호구의 착용보다 좋은 방법임
   - 소음이 작업자에게 전달되는 것을 줄이기
   - 내가 소음에 노출되는 양을 최소로 하기
   - 청력보호구의 착용(최후의 수단임)

3. 진동에 의한 건강장해 예방

- 국소진동에 노출되는 시간 최소화
- 장기간 사용하여 내구성이 떨어진 공구는 더 많은 진동을 발생함으로 적절한 유지보수 및 교체 필요
- 처음 공구 구입시 사용설명서의 고유 주파수와 진동 가속도를 확인하여 노출 수준이 적은 저진동 공구구매 · 사용
- 가능한 공구는 낮은 속력에서 작동될 수 있는 것을 선택
- 고무 등 탄성을 가진 진동 흡수재를 부착하여 진동 최소화
- 진동 발생원과 작업자 사이의 진동 노출경로를 어긋나게 해서 진동 전달 감소
- 지지대를 설치하는 등의 방법으로 작업자가 작업공구를 가능한 적게 접촉
- 방진장갑 등 진동보호구를 착용하여 작업
- 작업자들이 장시간, 지속적으로 노출되는 것을 피하도록 작업계획 수립

4. 방사선 작업시 유해위험 예방조치

- 방사성물질의 밀폐 등
- 방사선 관리구역의 지정 등
- 방사선 장치실 설치
- 방사성 물질 취급 작업실 설치
- 차폐물 설치 등/국소배기장치 등
- 방사성물질 취급 전용 용구 사용
- 세척시설 등/흡연 등의 금지/유해성 등의 주지

5. 고열에 의한 건강장해 예방

- 신규로 근로자를 배치할 경우 고열에 순응할 때까지 고열작업시간을 점차 단계적으로 증가시킨다.
- 온습도를 쉽게 알 수 있도록 온도계 등의 기기를 작업장에 부착한다.
- 여름철 옥외 작업의 경우 일정 온도 이상이 되는 경우 옥외작업을 중단한다.
- 작업이 장시간 지속되지 않도록 주기적으로 휴식시간을 부여한다.
- 물과 식염을 작업장 곳곳에 비치하고 휴게장소는 고열작업장와 떨어진 시원한 곳에 마련한다.
- 커피, 녹차 등 카페인이 함유된 음료는 이뇨작용을 저해하므로 많이 마시지 않는다.

- 열사병 등 응급환자가 발생할 경우 처리할 수 있는 응급구조방법을 숙지한다.
- 모자, 긴팔옷 등 직사광선을 피할 수 있는 대책을 세운다.
- 고열작업의 경우 방열복, 방열장갑 등을 착용하고 집게 등 작업도구를 적절히 활용한다.

6. 밀폐공간이란

- 산소 농도가 18% 미만이거나 23.5% 이상인 공간
- 황화수소(H_2S)가 10 ppm 이상인 공간
- 이산화탄소(CO_2)가 1.5%(15,000 ppm) 이상인 공간

7. 밀폐공간 질식재해 예방대책

- 공기호흡기 또는 송기마스크등 보호구 착용
- 출입 전 산소농도 및 유해가스농도 측정 실시
- 작업장 내부 환기 실시
- 작업 전 특별안전보건교육 실시
- 밀폐공간 안전보건작업 허가서 발급 등

참고문헌

안전보건공단 2012-교육미디어-952 소음에 의한 건강장해 예방

안전보건공단 2015-교육미디어-688 소음 및 진동에 의한 건강장해 예방

안전보건공단 2017-교육미디어-1123 국소진동공구 취급 근로자의 보건관리

안전보건공단 2015-교육미디어-689 방사선에 의한 건강재해 예방

안전보건공단 2012-교육미디어-949 고열에 의한 건강장해 예방

안전보건공단 2012-교육미디어-959 한랭에 의한 건강장해 예방

안전보건공단 2012-교육미디어-953 이상기압에 의한 건강장해 예방

안전보건공단 2012-교육미디어-973 밀폐공간 질식재해 예방

안전보건공단 직업건강 가이드라인 소음성 난청 예방관리,2015

원정일, 이승길, 송영호, 작업환경관리실무, 지우북스, 2017

제 3 장

화학적 인자

학습목표
- 화학적 인자의 종류 및 특성을 이해한다.
- 화학적 인자로 인한 건강장해에 대하여 이해한다.
- 화학적 인자의 작업환경 관리대책을 활용할 수 있다.

1 입자상 물질

1.1 정의

- 입자상 물질(aerosol)은 공기 중에 포함된 고체 및 액체상의 미립자를 말함
- 입자상 물질은 먼지 또는 에어로졸(aerosol)로 통용되고 있으며 주로 물질의 파쇄, 선별 등 기계적 처리 혹은 연소, 합성, 분해 시에 발생하는 고체상 또는 액체상의 미세한 물질임

1.2 종류

1.2.1 먼지(Dust)

- 입자의 크기가 비교적 큰 고체입자로서 대기 중에 떠다니거나 흩날리는 입자상 물질을 말함
- 입자의 크기는 1~100 μm 정도
- 입경이 커서 지상으로 낙하하는 먼지를 강하먼지(dust fall)라고 부름

1.2.2 분진(Particulate)

- 일반적으로 공기 중에 부유하고 있는 모든 고체의 미립자로 공기나 다른 가스에

단시간 동안 부유할 수 있는 고체입자를 말함
- 산업보건에서는 근로자가 작업하는 장소에서 발생하거나 흩날리는 미세한 분말상의 물질을 분진으로 정의하고 있음.
- 분진입자의 크기는 보통 0.1~30 μm 정도인데, 직경이 작을수록 공기 중에 떠나니는 시간이 길어지고 인체에 흡인될 수 있는 가능성이 높아지게 됨
- 입자의 크기에 따라 폐까지 도달되어 진폐증을 일으킬 수 있는 분진을 호흡성 분진이라 하며, 크기는 0.5~5.0 μm 정도

1.2.3 미스트(Mist)

상온에서 액체인 물질이 교반하거나(agitating), 뿌려지거나(spraying), 끓이거나(boiling), 버블링(bubbling)할 때 공기 중으로 발생되는 액체의 미립자

1.2.4 흄(Fume)

- 금속이 용해되어 액상물질로 되고 이것이 가스상 물질로 기화된 후 다시 응축된 고체미립자로 보통 크기가 0.1 또는 1 μm 이하이므로 호흡성 분진의 형태로 체내에 흡입되어 유해성도 커짐
- 육안으로 확인이 가능하며, 작업장에서 흔히 경험할 수 있는 대표적 작업은 용접작업
- 금속의 연소과정에서 생김
- 입자의 크기가 균일성을 갖음
- 활발한 브라운(Brown) 운동에 의해 상호충돌해 응집하며 응집한 후 재분리는 쉽지 않음

용접 흄

참고 흄의 발생기전

① 금속의 증기화 : 금속이 녹는점 이상의 열에너지를 받으면 증기형태로 공기 중으로 증기화됨
② 증기물의 산화 : 공기 중으로 발생된 금속증기는 공기 중의 산소에 의해 쉽게 산화물을 형성
③ 산화물의 응축 : 산화물을 형성하면서 온도차에 따라 냉각, 응축되면서 다시 고체인 금속입자가 됨

1.2.5 섬유(Fiber)

- 길이가 5 μm 이상이고 길이 대 너비의 비가 3:1 이상인 가늘고 긴 먼지로 석면섬유, 식물섬유, 유리섬유, 암면 등이 있음
- 석면은 폐포에 침입하여 섬유화를 유발, 호흡기능 저하 및 폐질환을 발생시키는데 이 현상을 석면폐증(Asbestosis)이라고 함

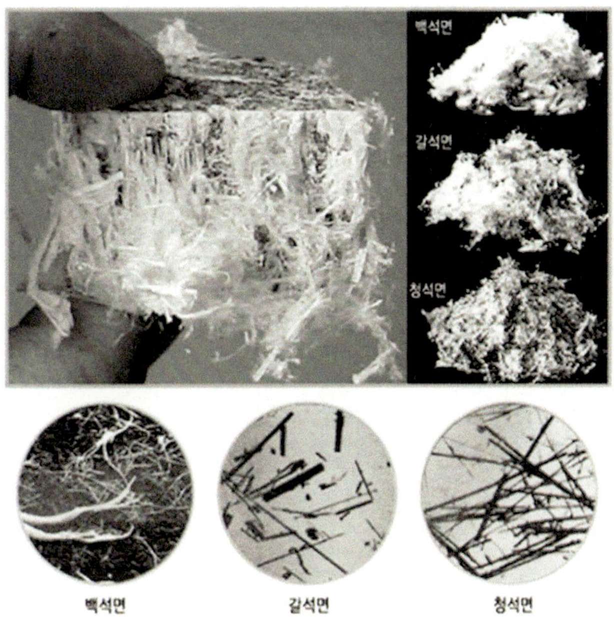

석면

1.3 입자크기별 분류

1.3.1 흡입성 분진(Inhalable Particulate Mass, IPM)

- 호흡기계의 어느 부위에 침착하더라도 독성을 나타내는 입자상 물질
  (예 : 상기도에 침착되어 비암을 일으키는 목재먼지, 비중격천공을 일으키는 크롬)
- 보통 입자크기는 0~100 μm

1.3.2 흉곽성 분진 (Thoracic Particulate Mass, TPM)

- 가스교환지역인 폐포나 폐기도에 침착되었을 때 독성을 나타내는 입자상 물질
- 50%가 침착되는 평균입자의 크기는 10 μm

1.3.3 호흡성 분진(RespirableParticulate Mass, RPM)

- 폐포에 침착될 때 독성을 나타내는 입자상 물질
- 50%가 침착되는 평균입자의 크기는 4 μm

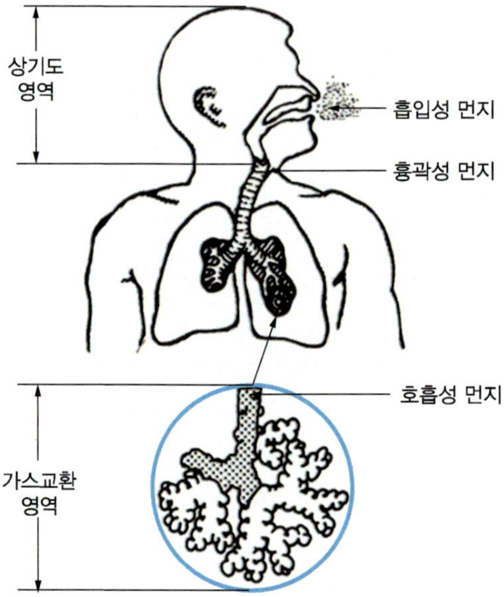

입자의 크기별 인체 침착구역

1.4 입자상 물질의 크기 결정방법

1.4.1 가상직경

1) 공기역학적 직경(aero-dynamic diameter)

- 대상 먼지와 침강속도가 같고 단위밀도가 1 g/cm^{3}이며, 구형인 먼지의 직경으로 환산된 직경
- 입자의 크기를 입자의 역학적 특성, 즉 침강속도(Setting velocity) 또는 종단속도(Terminal velocity)에 의하여 측정되는 입자의 크기를 말함
- 입자의 공기 중 운동이나 호흡기 내의 침착기전을 설명할 때 유용하게 사용

2) 중량 중위 직경(mass median diameter)

- 입자 크기별 농도를 측정하여 50%의 누적분포에 해당하는 입자 크기를 말함
- 입자를 밀도, 크기의 형태에 따라 측정기기의 단계별로 질량을 측정한 것
- 직경분립충돌기(cascade impactor)를 이용하여 측정

1.4.2 기하학적(물리적) 직경

1) 마틴직경(Martin diameter)

- 먼지의 직경을 2등분하는 선의 길리로 선의 방향은 항상 일정하여야 함
- 과소 평가할 수 있는 단점이 있음

2) 페렛 직경(Feretdiameter)

- 먼지의 한쪽 끝 가장자리와 다른 쪽 가장자리 사이의 거리
- 과대평가될 가능성이 있는 입자상 물질의 직경

3) 등면적 직경(Projected area diameter)

- 먼지의 면적과 동일한 면적을 가진 원의 직경으로 가장 정확한 직경
- 측정은 현미경 접안경에 porton reticle을 삽입하여 측정

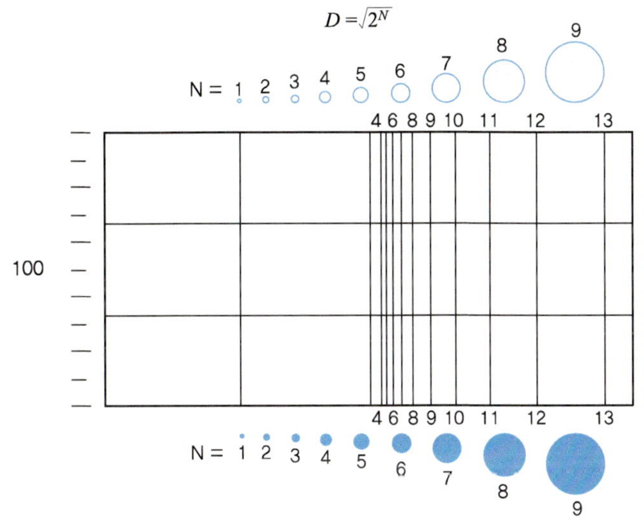

$D = \sqrt{2^N}$, D : 입자 직경(μm), n : portonreticle에서의 원의 번호

porton reticle

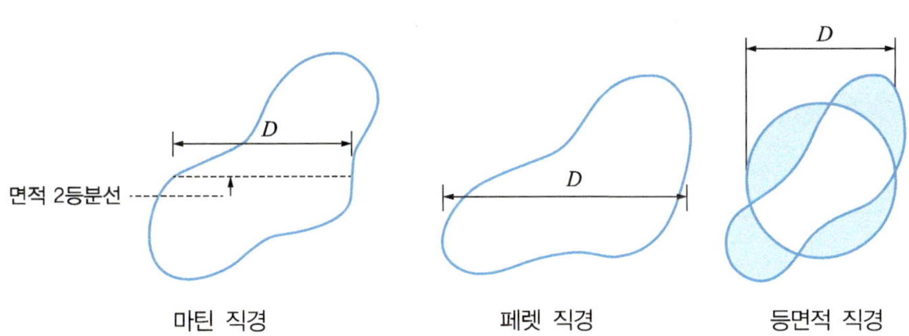

1.5 입자상 물질의 건강영향

1.5.1 호흡기계 구조

- 입자상 물질이 포함된 공기가 상기도인코와 인두를 지나 후두 → 기관 → 기관지 → 세기관지 → 폐포(허파꽈리)로 들어감
- 기관은 좌우로 나누어져 기관지가 되고 기관지는 다시 세기관지로 계속해서 8~10번 정도 갈라지며 마지막으로 나뉘어진 가지를 종말 세기관지라고 한다.
- 종말 세기관지는 다시 분지되어 호흡성 세기관지를 이루고 마지막으로 폐포를 이룬다.

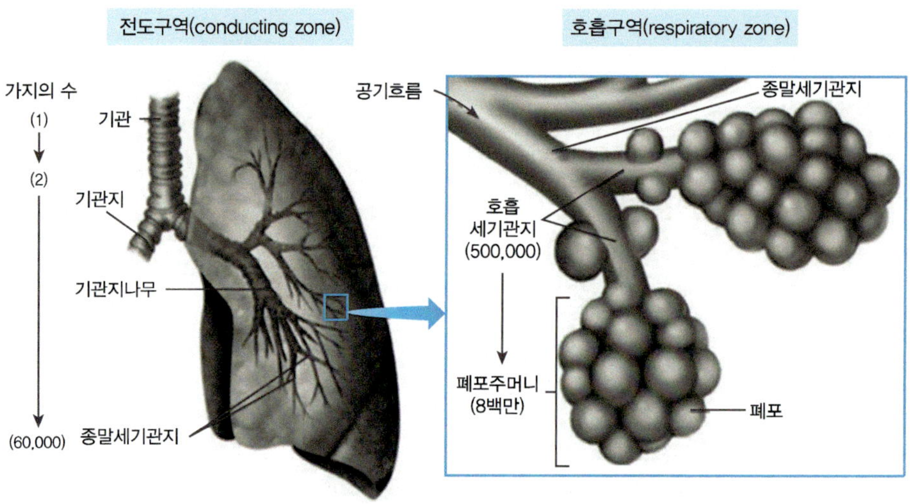

1.5.2 입자상 물질의 호흡기계 침착 작용기전

입자상 물질은 호흡기계에 충돌, 중력침강, 확산, 간섭, 정전기침강 등에 의해 침착되며 이 중 가장 중요한 것은 충돌, 침강, 확산이다.

- 공기의 흐름이 기관에서 기관지로 바뀔 때 입자상 물질은 관성에 의하여 흐름의 방향을 그대로 유지하려고 하므로 충돌하게 된다. (가장 많이 침착 되는 부분은 가지부분)
- 가지부분을 지나더라도 호흡기계 내에서는 정적인 상태이므로 입자가 가지고 있는 무게에 의해 침강되거나 매우 미세한 먼지는 확산에 의해 침착된다.
- 섬유상의 입자상 물질은 일정한 길이를 가지고 있으므로 섬유의 한 쪽 끝이 표면에 접촉하여 간섭 받게 되어 침착되기도 한다.

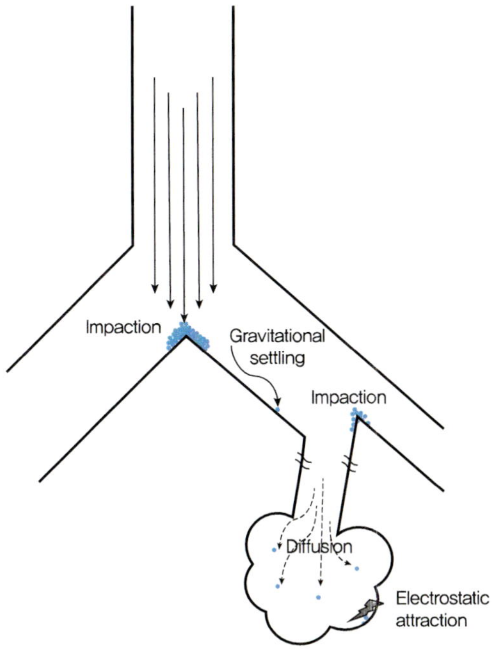

- 충돌(Impaction)
- 중력침강(Gravitational settling)
- 확산(Diffusion)
- 간섭, 차단(Interception)
- 정전기침강(Electrostatic attraction)

입자상 물질의 호흡기계 침착 작용기전

1.5.3 입자상 물질의 제거기전

1) 점액섬모운동에 의한 정화

- 흡입된 공기는 기도를 통해 이동되면서 따뜻해지고 습해지며 정화된다.
- 흡입된 공기 속에 있는 입자들은 점막표면의 점액층에 달라붙게 되며 구강쪽을 향하는 섬모운동에 의하여 점액층과 이물질들은 지속적으로 인두쪽으로 이동되어 외

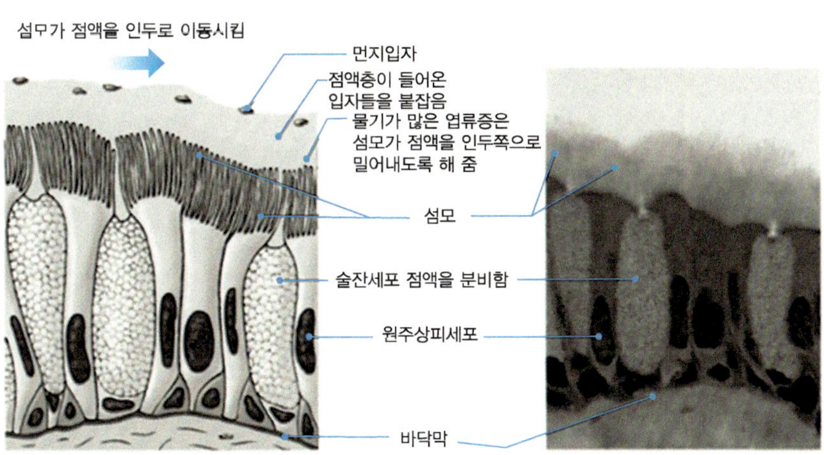

기관의 섬포상피

부로 배출된다.(객담)

- 섬모가 손상을 받은 경우 입자상물질이상기도를 통과하고 폐포에 도달할 가능성은 더욱 많아진다.
- 담배연기나 SOx, Nox, 카드뮴, 니켈, 수은, 암모니아 등은 섬모에 영향을 미쳐 이러한 정화작용을 방해하는 물질로 알려져 있음.

2) 대식세포에 의한 정화

- 기관지나 세기관지에 침착된 먼지는 대식세포(phagocyticcell)가 둘러싼다.
- 둘러싸여진 먼지는 상부기도로 옮겨지거나 대식세포가 방출하는 효소에 의해 용해되어 제거된다.
- 석면이나 유리규산은 대식세포의 용해효소에 의해 제거되지 않음

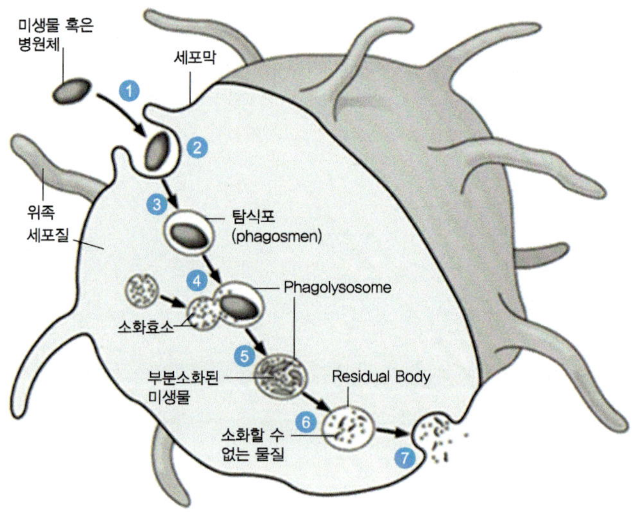

1.5.4 진폐증

- 폐에 먼지가 쌓이게 되는 경우 폐의 석회화(섬유화반응)가 일어나고 폐포가 굳게 되는 등의 건강상의 장애
- 석탄광산에서 광부가 광석을 캐면서 마시는 먼지로 인한 석탄광부 진폐증
- 암석을 채석하는 근로자들에게서 유리규산으로인한 규폐증
- 석면으로 인한 석면폐증
- 용접흄으로인한 용접공폐증
- 면먼지로인한 면폐증

[진폐증]

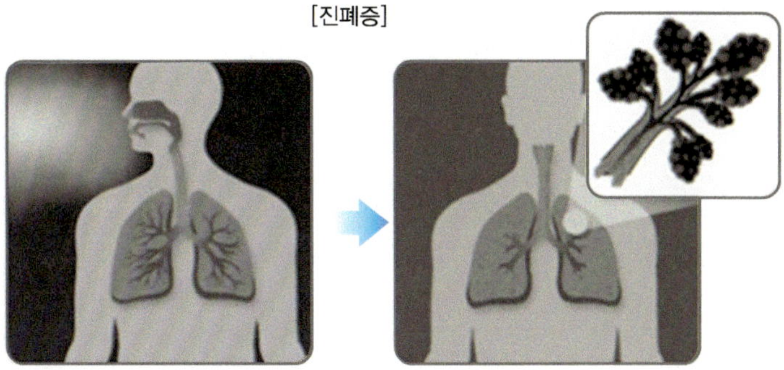

먼지를 흡입하여 폐내에 축적이 됨으로써 발생하는 폐의 조직반응

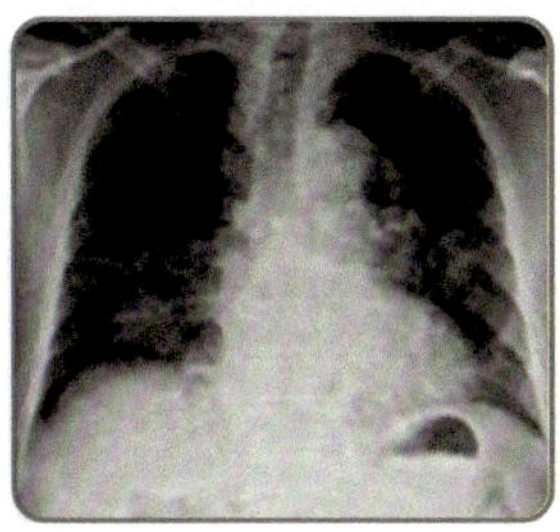

진폐증 환자의 흉부 방사선 사진

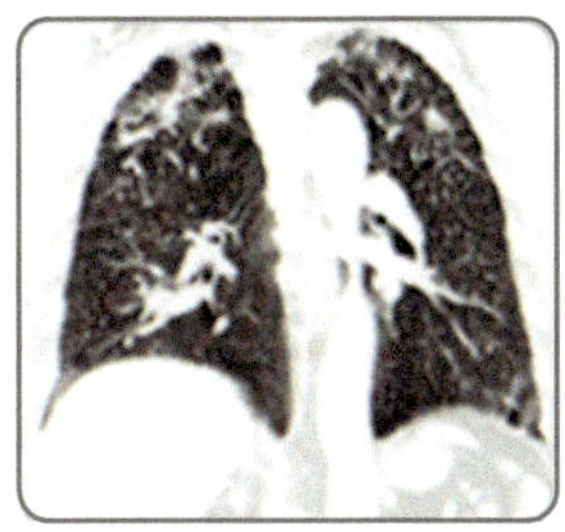

진폐증 환자의 고해상도 CT 사진

1.6 석면

1.6.1 석면의 정의

- 석면이란 주성분으로 규산과 산화마그네슘 등을 함유하며 백석면(크리소타일), 청석면(크로시돌라이트), 갈석면(아모사이트) 등이 있음
- 섬유를 위상차현미경으로 관찰했을 때 길이가 5 μm 이상이고, 길이 대 너비의 비가 최소한 3:1 이상인 입자상 물질

1.6.2 석면의 특성

- 불연성, 내열성, 저항성, 내전기전도성이 뛰어나기 때문에 작업장에서 많이 사용
- 일반 먼지는 공기역학적 직경으로 크기를 표시하지만, 섬유는 위상차현미경으로 측정한 물리적 크기로 표시
- 일반 입자상 물질과 달리 폐 내에 위험을 줄 수 있게 때문에 공기역학적 특성과 더불어 길이와 너비도 동시에 고려
- 섬유는 흡입성, 흉곽성, 호흡성으로 구분하지 않고 섬유의 개수로 나타냄

1.6.3 석면의 장애

- 석면 종류 중 청석면(크로시돌라이트, crocidolite)이 직업성 질환(폐암, 중피종) 발생 위험률이 가장 높음
- 일반적으로 석면폐증, 폐암, 악성중피종을 발생시켜 1급 발암물질군에 포함
- 쉽게 소멸되지 않는 특성이 있어 인체흡수 시 제거되지 않고 폐 및 폐포 등에 박혀 유해성이 증가

1.6.4 석면의 유해성

- 석면이 인체에 미치는 독성은 석면의 종류, 길이와 너비가 중요하게 작용
- 석면 중 중독성의 정도는 청석면(크로시도라이트) > 갈석면(아모사이트) > 백석면(크리소타일)

1.6.5 석면의 질병 발생기전

1) 석면의 크기(Dimension)

폐로 들어온 석면섬유는 폐포에 있는 대식세포의 공격을 받게 되는데 길이가 5 μm 이상이고, 직경이 3 μm 이하의 석면섬유는 대식세포에 완전히 포위되지 않아 질병을 유발

- **폐내 지속성**(Durability) : 폐에 침착되어 대식세포의 공격을 받은 섬유는 내산성이 강하면 용해되지 않고 오래 지속되는데 이는 대식세포의 pH가 4 정도 되기 때문임, 백석면 보다는 청석면이나 갈석면이 산성에 강하기 때문에 폐에 오래 남아 있을 수 있음
- **양**(Dose) : 석면은 한 번 또는 단시간 노출되거나 간헐적으로 노출되어도 질병은 계속 진행된다는 역학조사 결과가 있음

2 유해화학물질

2.1 유해화학물질의 정의

인체에 흡입, 섭취 또는 피부를 통하여 흡수될 때 급성 또는 만성 장애를 일으킬 우려가 있는 물질을 총칭하는 것

2.2 유해화학물질이 인체에 미치는 영향인자

- 유해물질의 농도
- 유해물질에 폭로되는 시간(폭로 빈도)
- 개인의 감수성
- 작업방법(작업강도, 기상조건)

2.3 유해화학물질의 인체침입 경로

2.3.1 개요

유해물질이 작업환경 중에서 인체에 들어오는 가장 영향이 큰 침입경로는 호흡기이고, 다음이 피부를 통해 흡수되고 전신중독을 일으킴

2.3.2 호흡기

- 유해물질의 흡수속도는 그 유해물질의 공기 중 농도와 용해도, 폐까지 도달하는 양은 그 유해물질의 용해도에 의해서 결정된다. 따라서 가스상 물질의 호흡기계 축적을 결정하는 가장 중요한 인자는 물질의 수용성 정도임
- 수용성 물질은 눈, 코, 상기도 점막의 수분에 용해됨
- 공기 중 농도가 낮을 경우는 거의 폐의 위치까지 도달하지 않음
- 불용성의 유해물질은 폐의 종말부위까지 침입, 폐수종을 유발시키며 대표적 유해물질은 포스겐, 이산화질소임
- 일산화탄소는 호흡기 부분은 자극하지 않으나 혈액으로 흡수 시 전신중독을 일으킴

2.3.3 피부

- 피부를 통한 흡수량은 접촉 피부면적과 그 유해물질의 유해성과 비례하며, 유해물질이 침투될 수 있는 피부면적은 약 1.6 m^2임
- 피부흡수량은 전 호흡량의 15% 정도
- 유해물질이 피부 접촉 시 발생하는 작용
  - ⓐ 피부는 효과적인 보호막으로 작용
  - ⓑ 유해물질이 피부와 반응, 국소염증을 유발
  - ⓒ 피부감작을 유발
  - ⓓ 피부를 통과하여 혈관으로 침입 후 혈류로 들어감

2.3.4 소화기

- 소화기(위장관)을 통한 흡수량은 위장관의 표면적, 혈류량, 유해물질의 물리적 성질에 좌우되며 우발적, 고의에 의하여 섭취됨
- 소화기 계통으로 침입하는 것은 위장관에서 산화, 환원 분해과정을 거치면서 해독되기도 함
- 입으로 들어간 유해물질은 침이나 그 밖의 소화액에 의해 위장관에서 흡수
- 흡수율에 영향을 미치는 요인
  ⓐ 위액의 산도 (pH)
  ⓑ 음식물의 소화기관 통과속도
  ⓒ 화합물의 물리적 구조와 화학적 성질

2.4 자극제

2.4.1 자극제의 정의

자극제란 피부와 점막에 작용하여 부식작용을 하거나 수포를 형성하는 물질을 말하며, 고농도가 눈에 들어가면 결막염과 각막염을 일으키고 호흡이 정지됨

2.4.2 자극

자극이란 독물이 조직에 접촉하여 영향을 주는 것으로 얼굴과 상기도에 자극제가 접촉하면 눈, 피부, 점막과 구강에 영향을 주는 것을 말함

2.4.3 자극성 물질

자극성 물질이란 흡입하거나 피부 또는 눈과 접촉할 때 자극을 일으키는 물질

① 피부 자극성 물질
② 눈 자극성 물질
③ 호흡기계 자극성 물질

2.4.4 호흡기에 대한 자극작용(유해물질의 용해도에 따른 구분)

① 상기도 점막 자극제
② 상기도 점막 및 폐조직 자극제
③ 종말기관지 및 폐포점막 자극제

1) 상기도 점막 자극제

- 수용성이 높은 화학물질이 대부분임
- 상기도 (비점막, 인후, 기관지) 표면에 용해됨
- 종류 : 암모니아, 염화수소, 아황산가스, 포름알데히드, 아세트알데히드, 크롬산, 산화에틸렌 등

① 암모니아(NH_3)

- 알칼리성으로 자극적인 냄새가 강한 무색의 기체
- 암모니아 주요 사용공정은 비료, 냉동제 등
- 물에 대한 용해 잘됨(수용성)
- 폭발성(폭발범위 16~25%) 있음
- 피부, 점막(코와 인후부)에 대한 자극성과 부식성이 강하여 고농도의 암모니아가 눈에 들어가면 시력장애를 일으킴
- 중등도 이하의 농도에서 두통, 흉통, 오심, 구토 등을 일으킴
- 고농도의 가스 흡입 시 폐수종을 일으키고 중추작용에 의해 호흡 정지 초래
- 고용노동부 노출기준은 8시간 시간가중평균농도(TWA)로 25 ppm이고, 단시간 노출기준(STEL)은 35 ppm임

② 염화수소(HCl)

- 무색, 자극성 기체로 물에 녹는 것은 염산
- 염소화합물, 염화비닐 제조에 이용되고 주요 사용공정을 합성, 세척 등에 쓰임
- 물에 대한 용해가 잘됨 (수용성)
- 피부나 점막에 접촉하면 염산이 되어 염증, 부식 등이 커지며 장기간 흡입되면 폐수종(폐렴)을 일으킴
- 주로 눈과 기관지계를 자극
- 고용노동부 노출기준은 TWA 1 ppm이고, STEL 2ppm임

③ 포름알데히드(HCHO)

- 매우 자극적인 냄새가 나는 무색의 액체로 인화되기 쉽고, 폭발 위험성이 있음
- 주로 합성수지의 합성원료로 이용
- 건축물에 사용되는 단열재와 섬유옷감에서 주로 발생
- 눈과 코를 자극하며, 동물실험 결과 발성이 있음

- 피부, 점막에 대한 자극이 강하고, 고농도 흡입으로는 기관지염, 폐수종을 일으킴
- 만성 노출 시 감작성 현상 발생(접촉성 피부염 및 알레르기 반응)
- 고용노동부 노출기준은 TWA 0.3 ppm
- 발암성 물질로 추정되는 물질군에 포함(비인두암, 혈액암, 비강암)

④ 산화에틸렌(C_2H_4O, CH_2CH_2O)

- 상온, 상압에서 무색의 기체이며 기체상태에서 인화성이 강함
- 병원에서 소독용으로 사용 및 결빙 방지제로도 사용
- 급성중독으로는 눈, 상기도, 피부에 자극작용
- 만성독성으로는 신경장애, 혈액이상, 생식 및 발육기능 장애, 발암성
- 고용노동부 노출기준은 TWA 1 ppm

2) 상기도 점막 자극제

- 수용성이 상기도 자극제에 비해 낮아 상기도나 폐 조직을 자극시키는 물질
- 물에 대한 용해도는 중증도 정도
- 상기도 점막과 호흡기관지에 작용하는 자극제
- 종류 : 불소, 요오도, 염소, 오존, 브롬 등

① 불소(F_2)

- 자극성이 있는 황갈색 기체로 물과 반응하여 불화수소가 발생
- 불소화합물은 유기합성, 도금, 유리부식에 이용하며, 알루미늄 제조 시에 발생
- 체내에 들어온 불소는 뼈에 가장 많이 축적되어 뼈를 연화시키고, 그 칼슘화학물이 치아에 침착되어 반상치를 나타냄
- 고용노동부 노출기준은 TWA 0.1 PPM

② 염소(Cl_2)

- 강한 자극성 냄새가 나는 황록색 기체
- 산화제, 표백제, 수돗물의 살균제 및 염소화합물 제조에 이용
- 피부나 점막에 부식성, 자극성 작용(부식성 염화수소의 20배)
- 기관지염을 유발하며 만성작용으로 치아산식증 일어남
- 고용노동부 노출기준은 TWA 0.5 ppm, STEL 1 ppm

③ 오존(O_3)

- 매우 특이한 자극성 냄새를 갖는 무색의 기체로 액화되면 청색을 나타냄

- 물에 작 녹으며 알칼리용액, 클로로포름에 잘 녹음
- 복사기, 전기기구, 플라즈마 이온방식의 공기청정기 등에서 공통적으로 발생
- 강력한 산화제이므로 화재의 위험성이 높고 약간의 무기물 존재 시 즉시 폭발을 일으킴
- 0.1 ppm을 2시간 흡입하면 폐활량이 20% 감소하고, 1 ppm 을 6시간 흡입하면 두통, 기관지염 유발
- 고용노동부 노출기준은 TWA 0.08 ppm, STEL 0.2 ppm

3) 종말(세)기관지 및 폐포 저막 자극제

- 상기도에 용해되지 않고 폐 속 깊이 침투하여 폐조직에 작용
- 종류 : 이산화질소, 포스겐, 염화비소 등

① 포스겐($COCl_2$)

- 무색의 기체로서 시판되고 있는 포스겐은 담황록색이며 독특한 자극성 냄새가 나며 가수분해되고 일반적으로 비중이 1.38 정도로 큼
- 공기 중에 트리클로로에틸렌(TCE)이 고농도로 존재하는 작업장에서 아크용접을 실시하는 경우
  트리클로로에틸렌(TCE)이 포스겐으로 전환될 수 있음
- 독성은 염소보다 약 10배 강함
- 호흡기, 중추신경, 폐에 장애를 일으키고 폐수종을 유발하여 사망에 이름
- 고용노동부 노출기준 TWA 0.1 ppm

2.5 질식제

- 질식제는 조직의 호흡을 방해하여 질식시키는 물질
- 조직 내 산화작용(폐 속으로 들어가는 산소의 활용)을 방해함

2.5.1 단순질식제

- 환경 공기 중에 다량 존재하여 정상적 호흡에 필요한 혈중 산소량을 낮추는,생리적으로는 아무 작용도 하지 않는 불활성 가스
- 원래 그 자체는 독성작용이 없으나 공기 중에 많이 존재하면 산소분압의 저하로 산소공급 부족을 일으키는 물질

- 종류 : 이산화탄소, 메탄가스, 질소가스, 수소가스, 에탄, 프로판, 에틸렌, 아세틸렌, 헬륨 등

2.5.2 화학적 질식제

- 직접적으로 작용에 의해 혈액 중의 혈색소와 결합하여 산소운반능력을 방해하여 질식시키는 물질
- 조직 중의 산화효소를 불활성화시켜 질식작용(세포의 산소수용능력 상실)을 일으킴
- 화학적 질식제에 심하게 노출 시 폐 속으로 들어가는 산소의 활용을 방해하기 때문에 사망
- 종류 : 일산화탄소, 황화수소, 시안화수소, 아닐린 등

① 일산화탄소(CO)

- 탄소 또는 탄소화합물이 불완전연소할 때 발생되는 무색무취의 기체
- 산소결핍 장소에서 보건학적 의의가 가장 큰 물질
- 혈액 중 헤모글로빈과의 결합력이 매우 강하여 체내 산소공급능력을 방해하므로 대단히 유해
- 생체 내에서 혈액과 화학작용을 일으켜서 질식을 일으키는 물질
- 고용노동부 노출기준 TWA 30 ppm, STEL 200 ppm

② 황화수소(H_2S)

- 부패한 계란 냄새가 나는 무색의 기체로 폭발성 있음
- 공업약품 제조에 이용되며 레이온공업, 셀로판제조, 오수조 내의 작업 등에서 발생하며, 천연가스, 석유정제산업, 지하석탄광업 등을 통해서도 노출
- 급성중독으로 점막의 자극증상이 나타나며 경련, 구토, 현기증, 혼수, 뇌의 중추신경의 억제와 마비 증상
- 고용노동부 노출기준 TWA 10 ppm, STEL 15 ppm

③ 시안화수소(HCN)

- 상온에서 무색의 기체 또는 청백색의 액체
- 유성섬유, 플라스틱, 시안염 제조에 사용
- 독성은 두통, 갑상선 비대, 코 및 피부자극 등이며 중추신경계의 기능 마비를 일으켜 심한 경우 사망에 이름

- 고용노동부 노출기준은 최고노출기준(Ceiling) 4.7 ppm

2.6 마취제(진통제)

- 마취의 정도가 심하면 의식이 없어지고 움직이지 못하며 반사작용이 상실되어 그대로 방치하면 호흡중추가 침해되어 사망에 이름
- 주 작용은 단순 마취작용이며 전신중독을 일으키지 않음
- 종류 : 지방족 알코올류, 지방족 케톤류, 아세틸렌계 탄화수소, 올레핀계 탄화수소 등

2.7 전신독(Systemic poisons)

- 혈액에 흡수되어 전신 장기에 중독을 나타내는 물질
- 종류
  - ⓐ 신경계 침입물질 : 4에틸납, 이황화탄소, 메틸알코올등
  - ⓑ 혈액과 호흡기에 관련된 물질 : 일산화탄소, 비소, H_3
  - ⓒ 조혈기능 장애를 일이키는 물질 : 벤젠, 톨루엔, 크실렌

3 유기용제

3.1 정의 및 개요

3.1.1 유기용제의 일반적 정의

- 다른 물질을 녹이는 용해능력(피용해 물질의 성질을 변화시키지 않고 다른 물질을 녹일 수 있는 액체성 유기화학물질)을 가진 물질
- 유기용제의 산업안전보건 기준에 관한 규칙 정의 : 상온, 상압 하에서 휘발성이 있는 액체로서 다른 물질을 녹이는 성질이 있는 것으로 명시
- 유기용제의 증기가 가장 활발하게 발생될 수 있는 환경조건 : 높은 온도와 낮은 기압
- 중추신경계 독성물질 : 뇌, 척수에 작용하여 마취작용, 신경염, 정신장애 등을 일으킴
- 유기용제는 지방, 콜레스테롤 등 각종 유기물질을 녹이는 성질 때문에 여러 조직에 다양한 영향을 미침
- 장시간 노출 시 만성중독이 발생

3.1.2 유기용제의 분류

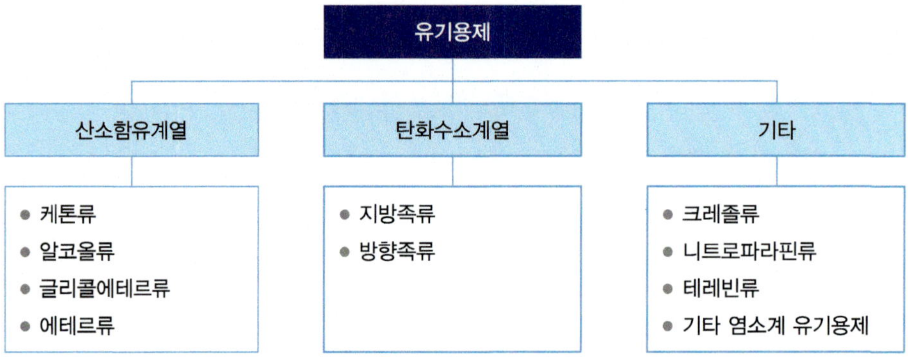

3.1.3 유기용제의 독성과 반응기전

1) 중추신경계(CNS)의 억제작용(활성 억제)

- 유기용제의 공통적인 비특이적인 독성작용은 중추신경계의 활성 억제작용임
- 중추신경계(CNS) 억제제는 마취제와 같이 뇌 및 척추의 활동 억제, 중추신경 억제, 작업자를 자극하여 의식이 없거나 혼수상태로 되게 함
- 유기용제와 같은 지용성 화학물질은 지질(지방)에 대한 친화력은 높지만 물에 대한 친화력이 낮아 신체조직의 지방, 지질부분에 축적성이 높음
- 신경세포의 지질막에 축적되어 흥분성을 떨어뜨려 정상적인 신경전달을 방해함

2) 중추신경계에 대한 독성기전

- 탄소사슬의 길이가 길수록 유기화합물질의 중추신경 억제효과는 증가함
- 유기분자의 중추신경 억제특성은 할로겐화하면 크게 증가하고 알코올 작용기에 의하여 다소 증가함
- 탄소사슬의 길이가 증가하면 수용성은 감소하고 반면 지용성은 증가함
- 불포화화합물은 포화화합물보다 더욱 강력한 중추신경 억제물질임

3) 생체막과 조직의 자극

- 유기화학물질은 생체막과 조직의 자극 특성을 갖고 있음
- 유기분자에 어떤 작용기가 반응하면 해당 화학물질의 자극 특성은 증가함
- 불포화탄화수소는 포화탄화수소보다 더 자극성이 큼

3.1.4 유기화합물의 중추신경계 억제작용 및 자극작용의 순서

1) 중추신경계 억제작용 순서

알칸 < 알켄 < 알코올 < 유기산 < 에스테르 < 에테르 < 할로겐화합물(할로겐족)

2) 중추신경계 자극작용 순서

알칸 < 알코올 < 알데히드 또는 케톤 < 유기산 < 아민류

3.2 불포화족 유기용제

3.2.1 개요

- 알칸(C_nH_{2n+2}: n은 탄소 원자 수)류를 의미하며 급성독성 측면에서 가장 독성이 작음
- 물에 대하여 불용성이며, 물 위에 뜨는 성질이 있음
- 급성독성의 경우 용제류 중 독성이 가장 작음(중추신경계의 억제작용과 자극성 미비)
- 지방족 탄화수소 중 탄소 수가 4개 이하인 것은 질식제로서의 역할 이외에는 인체에 거의 영향이 없음

3.2.2 종류별 건강장애

① decane($C_{10}H_{22}$) : 지성용제이며 피부자극제이고 반복적, 장기간 접촉되면 피부염 유발

② pentane(C_5H_{12})~nonane(C_9H_{20}) : 액체상태로 존재, 중추신경계 억제작용 및 자극 특성이 있으나 미비

③ methan(CH_4)~butane(C_4H_{10}) : 독성이 작은 기체상태로 존재, 유해성은 인화성 및 폭발성의 안전사고에 한정

3.3 방향족 유기용제

3.3.1 정의

1개 이상의 벤젠고리로 구성된 화합물이며 벤젠과 알킬유도체(알킬벤젠, 톨루엔, 크실렌)가 대표적

3.3.2 용도

잉크, 플라스틱, 접착제, 가솔린 제조에 이용

3.3.3 특징

- 주로 치환반응을 하고 고농도에서 주로 중추신경계에 영향을 미침
- 독성(자극성)은 지방족 화합물에 비해 훨씬 강함
- 급성독성 시 중추신경계를 억제하지만 지방족 화합물 급성독성과는 기전이 다름
- 중추신경계에 영향크기 순서

  벤젠 < 알킬베젠 < 아릴벤젠 < 치환벤젠 < 고리형 지방족 치환벤젠

3.3.4 구분

① **방향족 탄화수소류** : benzene, toluene, xylene, styrene 등

② **할로겐치환 방향족 탄화수소류** : chlorobenzene, trichlorobenzene, chlorotoluene, bromobenzene 등

③ **다환방향족 탄화수소류** : naphthalene, benzopyrene, alkylnaphthalene

3.3.5 종류별 건강장애

① 벤젠(C_6H_6)

- 상온, 상압에서 향긋한 냄새를 가진 무색 투명한 액체로 방향족 화합물
- ACGIH에서는 인간에 대한 발암성이 확인된 물질군(A1)에 포함
- 벤젠은 영구적 혈액장애를 일으키지만 벤젠치환화합물(대표적: 톨루엔, 크실렌)은 노출에 따른 영구적 혈액장애는 일으키지 않음
- 생물학적 노출 지표의 기준은 2차 건강검진에서 1 ppm 기준에서 작업 종료 후 채취한 소변 중 뮤콘산은 500 ug/g creatinine, 혈액 중 벤젠은 5 μg/L, 10 ppm 기준에서 소변 중 페놀은 50 mg/g crea 미만으로 권고사항에서 1 ppm 기준 당일 소변에서 S-페닐머캅토산 25 μg/g crea 미만으로 설정함. 2차 검사에서 작업 종료 시 혈중 벤젠, 소변 중 페놀, 소변 중 뮤콘산 중 하나를 선택한다.
- 방향족 탄화수소 중 저농도에 장기간 폭로(노출)되어 만성중독(조혈장애)을 일으킴
- 국제암연구소(IARC)에서 발암성은 group 1(인간대상 발암성 증거 충분)으로 급성 골수성 백혈병, 급성비림프성백혈병 그리고 인간대상 발암성 증거 제한적(Agents with limited evidence in humans)인 질환은 만성 골수성 백혈병, 만성 림프구성 백혈병, 비호지킨림프종, 다발골수종, 폐암을 유발

- 골수 독성물질에라는 점에서 다른 유기용제와 다름
- 조혈장애는 벤젠중독의 특이증상 (모든 방향족 탄화수소가 조혈장애를 일으키지는 않음)
- 고용노동부 노출기준은 TWA 0.5 ppm, STEL 2.5 ppm

② 톨루엔($C_6H_5CH_3$)

- 방향의 무색액체로 인화, 폭발의 위험성
- 방향족 탄화수소 중 급성 전신중독을 유발하는 데 독성이 가장 강한 물질(뇌손상)
- 급성 전신중독 시 중독이 강한 순서는 톨루엔 > 크실렌 > 벤젠
- 벤젠보다 더 강하게 중추신경계의 억제재로 작용
- 영구적인 혈액장애를 일으키지 않음(벤젠은 영구적 혈액장애) 또는 골수장애도 일어나지 않음
- 피부로도 흡수되며 증기형태로 흡입 시 약 50% 정도가 체내에 남음
- 생물학적 노출지표는 뇨 중 o-크레졸
- 주로 간에서 마뇨산으로 되어 뇨로 배설됨
- 고용노동부 노출기준은 TWA 50 ppm, STEL 150 ppm

③ 다핵방향족 탄화수소류(PAHs)

- PAH는 벤젠고리가 2개 이상 연결된 것으로 20여 가지 이상이 있음
- PAH는 대사가 거의 되지 않아 방향족 고리로 구성되어 있음
- 철강제조업의 코크스제조공정, 담배의 흡연, 연소공정, 석탄건류, 아스팔트 포장, 굴뚝 청소시 발생
- 연속적으로 폭로된다는 것은 불가피하게 발암성으로 진행됨을 의미
- PAH의 발암성 감도는 독성 강도와 연관성이 큼
- ACGIH의 TLV는 TWA 10 ppm
- 인체발암성추정물질(A2)로 분류

3.4 알코올 유기용제(R–OH)

3.4.1 개요

- 대표적 물질로 메탄올, 에탄올, 에틸렌글리콜이 있음
- 메탄올과 에탄올은 폐와 피부, 에틸렌글리콜은 경피를 통해 흡수되며 독성작용으로는 중추신경계 억제작용, 조직독성, 자극작용이 있음

3.4.2 메탄올(CH_3OH)

- 메탄올은 공업용제로 사용되며 자극성이 있는 신경독성물질
- 플라스틱, 필름제조와 휘발유 첨가제 등에 이용
- 메탄올의 주요 독성은 시각장애, 중추신경 억제, 혼수상태를 야기
- 메탄올은 호흡기 및 피부로 흡수
- 메탄올의 대사산물(생물학적 노출지표)은 뇨 중 메탄올

3.4.3 에탄올(C_2H_5OH)

- 에탄올은 국소자극제로 작용하며 중추신경에 심한 영향을 미침
- 고농도에서 심장, 골격에 근병증을 유발
- 간경화증을 유발시켜 간암으로 진행
- 피부혈관을 확장시켜 심장혈관을 억압하고 위액분비를 증가시켜 궤양을 일으킴

3.4.4 에틸렌글리콜($C_6H_6O_2$)

- 무색 무취의 액체로 용제, 부동액, 추출제에 이용
- 노출 초기에는 호흡마비, 말기에는 단백뇨, 신부전 증상이 나타남
- 독성은 약하며, 눈에 들어가면 가역적인 결막염이 생기고, 피부자극성은 없음
- 시너(thinner)에 소량 포함됨

3.5 알데히드류 유기용제(R–CHO)

3.5.1 개요

- 호흡기에 대한 자극작용이 심한 것이 특징(감작성, sensitization)
- 지용성 알데히드는 기관지 및 폐를 자극함

3.5.2 포르말린

- 공업용 포르말린은 포름알데히드(HCHO) 37% 수용액에 소량(9~13%)의 메탄올을 중합, 방지를 위해 혼합한 것
- 매우 자극적인 냄새가 나는 무색의 액체로 인화, 폭발의 위험이 있음
- 독성은 감작성이 나타나고 고농도 폭로 시 소화관의 손상을 초래
- 피부와 점막에 대한 자극이 강하고, 고농도 흡입은 기관지염 폐수종을 일으킬 수 있음

- 포름알데히드의 발암성 : 국제암연구소(IARC)에서 발암성은 group 1 로 '인간대상 발암성 증거 충분'으로 인두암, 급성 골수성 백혈병, 급성비림프성백혈병, 만성 골수성 백혈병, '인간대상 발암성 증거 제한적'으로 비강암과 부비동암을 유발

3.6 케톤류 유기용제(R–CHR')

3.6.1 개요

- 인체의 흡수경로는 호흡기, 피부
- 독성은 중추신경계 억제작용, 자극작용, 호흡부전증
- 고농도 케톤류 증기는 진정작용을 유발하여 눈, 호흡기를 자극함

3.6.2 아세톤(CH_3COCH_3)

- 무색 투명한 방향의 액체로, 인화되기 쉬움
- 용제, 유기합성의 원료로 이용
- 마취작용이 있으며 반복적으로 접촉 시 피부에 국소적으로 염증을 일으킴

3.6.3 메틸부틸케톤(MBK), 메틸에틸케톤(MEK)

- 투명 액체로 인화, 폭발성이 있음
- 장기 폭로 시 중독성 지각운동 말초신경장애를 유발

3.7 아민류 유기용제($R–NH_3$)

- 아민류는 다른 유기용제보다 자극성이 강하므로 취급상 위험성이 크며, 가장 독성이 강한 유기용제임
- 심한 부식성이 있고, pH 10 이상의 염기성이므로 접촉 시 장애가 유발됨
- 안료공장에서 베타 나프탈아민에 장기적으로 노출되는 작업장에서 일어날 수 있는 질환은 방광염 등 요도 질환임
- 아민류의 노출기준은 대부분 인체 발암확정물질(A1)로 분류

3.8 유기할로겐화합물

3.8.1 사염화탄소(CCl_4)

- 특이한 냄새가 나는 무색의 액체로 소화제, 탈지세정제, 용제로 이용

- 고농도로 폭로 시 간장이나 신장장애를 유발하며, 초기 증상으로 지속적인 두통, 구역 및 구토, 간 부위의 압동 등의 증상을 일으키는 할로겐화 탄화수소임
- 피부로도 흡수되며 피부, 간장, 신장, 소화기, 중추신경계에 장애를 일으키는데, 특히 간장에 대한 독성작용을 가진 물질로 유명함
- 국제암연구소(IARC)에서 발암성은 group 2B(사람에 대한 발암 가능성이 있는 물질)로 표적장기는 간(Liver)임

3.8.2 트리클로로에틸렌(삼염화에틸렌, $CHCl{=}CCl_2$)

- 클로로포름과 같은 냄새가 나는 무색 투명한 휘발성 액체이며 인화성, 폭발성 있음
- 도금사업장 등에서 금속표면의 탈지와 세정제, 일반용제로 널리 사용
- 마취작용이 강하며, 피부와 점막에 대한 자극은 비교적 약함
- 고농도 노출에 의해 간 및 신장에 대한 장애를 유발함
- 국제암연구소(IARC)에서 발암성은 group 1(인간대상 발암성 증거 충분)이고 표적장기는 신장(Kidney)이며 인간 대상 발암성 증거 제한적(Agents with limited evidence in humans)으로 간암(Liver), 담관암(Bile duct) 그리고 비호지킨림프종(Non-Hodgkin lymphoma: all combined)임
- TWA 10 ppm, STEL 25 ppm

3.8.3 염화비닐(C_2H_3Cl)

- 장기간 폭로될 때 간조직세포에서 여러 소기관이 증식하고 섬유화 증상이 나타나 간에 혈관육종을 일으킴
- 장기간 흡입한 근로자에게 레이노 현상이 나타남
- 그 자체 독성보다 대사산물에 의하여 독성작용을 일으킴
- 국제암연구소(IARC)에서 발암성은 group 1(Carcinogenic to humans)으로 간의 혈관육종(angiosarcoma)을 유발

3.9 기타 유해화학물질

3.9.1 이황화탄소(CS_2)

- 상온에서 무색 무취의 휘발성이 매우 높은 액체이며, 인화와 폭발의 위험성이 있음
- 주로 인조견(비스코스레이온)과 셀로판 생산 및 농약공장, 사염화탄소제조, 고무제

품의 용제 등에서 사용

- 1981년 원진레이온(주)에서 최초의 중독환자 발생이후 2021년까지 사망자 274명을 포함하여 910명(원진산업재해자협회 기준, 2021)이 이황화탄소 중독으로 진단
- 지용성 용매로 피부로도 흡수되며 독성작용으로는 급성 혹은 아급성 뇌병증을 유발함
- 말초신경장애 현상으로 파킨슨 증후군을 유발하며 급성마비, 두통, 신경증상 등도 나타남 (감각 및 운동신경 모두 유발)
- 급성으로 고농도 노출 시 사망할 수 있고 1,000 ppm 수준에서 환상을 보는 정신이상을 유발하며, 심한 경우 불안, 분노, 자살성향 등을 보이기도 함
- 만성독성으로는 뇌경색증, 다발성신경염, 협심증, 신부전증 등을 유발
- 고용노동부 노출기준 TWA 1 ppm
- 생물학적 노출 지표는 소변 중 2-Thiothiazolidine-4-carboxylic acid(TTCA)

3.9.2 노말헥산($CH_3(CH_2)_4CH_3$)

- 투명한 휘발성 액체로 파라핀계 탄화수소의 대표적 유해물질이며 휘발성이 크고 극도로 인화하기 쉬움
- 페인트, 신나, 잉크 등의 용제로 사용되며 정밀기계의 세척제 등으로 사용
- 장기간 폭로될 경우 독성 말초신경장애가 초래되어 사지의 지각상실과 신근마비 등 다발성 신경장애를 일으킴
- 2000년대 외국인 근로자에게 다발성 말초신경증을 집단으로 유발한 물질
- 생물학적 노출 지표는 소변 중 헥산디온(hexanedione)

3.9.3 PCB(polychlorinated biphenyl)

- biphenyl 염소화합물의 총칭이며 전기공업, 인쇄잉크용제 등으로 사용
- 체내 축적성이 매우 높기 때문에 발암성 물질로 분류
- 생식 독성물질로도 알려져 있음

3.10 유기용제별 대표적 특이증상(가장 심한 독성)

① 벤젠 : 조혈장애

② 염화탄화수소 : 간장애

③ 이황화탄소 : 중추신경 및 말초신경 장애, 생식기능 장애

④ 메틸알코올(메탄올) : 시신경장애

⑤ 메틸부틸케톤 : 말초신경장애(중독성)

⑥ 노말헥산 : 다발성 신경장애

⑦ 에틸렌글리콜에테르 : 생식기장애

⑧ 알코올, 에테르류, 케톤류 : 마취작용

⑨ 염화비닐 : 간장애

⑩ 톨루엔 : 중추신경장애

4 중금속

4.1 납

4.1.1 개요

- 기원전 370년 히포크라테스는 금속추출 작업자들에게서 심한 복부산통이 나타난 것을 기술함. 이는 역사상 최초로 기록된 직업병
- 우리나라에서는 1970년 초 모 축전지 제조사업장에서 납중독을 보고한 기록이 있고 매년 약 100명 정도의 납중독이 발생하는 것으로 알려져 있음
- 납중독은 그 영향이 서서히 점진적으로 나타나고 특별한 증상을 보이지 않기 때문에 'silent disease'라고도 함

4.1.2 발생원

- 납제련소(납 정련) 및 납광산
- 납축전지(배터리 제조) 생산
- 납이 포함된 페인트(안료) 생산
- 납 용접작업 및 절단작업
- 인쇄소(활자의 문선, 조판작업)
- 합금

4.1.3 성상

① 원자량 207.21, 비중 11.34, 원자번호 82의 청색 또는 은회색의 연한 중금속

② 대부분의 납화합물은 물에 잘 녹지 않음

③ 용해된 납은 500~600℃에서 흄을 발생하며 발생량은 온도 상승에 비례하여 증가함

④ 무기납

- 금속납(Pb)과 납의 산화물[일산화납(PbO), 삼산화이납(Pb_2O_3), 사산화납(Pb_3O_4)] 등
- 납의 염류(아질산납, 질산납, 과염소산납, 황산납) 등

⑤ 유기납

- 4메틸납과 4에틸납이며, 이들의 특성은 비슷함
- 물에 작 녹지 않고 유기용제, 지방, 지방질에는 잘 녹음
- 유기납화합물은 약품과 킬레이트화합물에 반응하지 않음

4.1.4 인체 내 축적 및 제거

1) 흡수

- 무기납 : 호흡기, 소화기를 통하여 체내에 흡수
- 유기납 : 피부를 통하여 체내에 흡수
- 작업장에서의 흡수는 주로 호흡기를 통하여 행하여지며, 일반적으로 입경이 5 μm 이하의 호흡성 분진 및 흄만이 체내에 흡수됨
- 호흡기를 통하여 흡수된 납의 30~40% 정도가 폐의 혈액을 통해 체내에 흡수됨
- 소화기를 통하여 흡수된 납의 30~40% 정도가 체내에 흡수, 나머지는 배설됨

2) 축적

- 납은 적혈구와 친화력이 강해 납의 95% 정도는 적혈구에 결합되어 있음
- 체내 부담 : 인체 내에 남아 있는 총 납량을 의미하여 신체 장기 중 납의 90%는 뼈 조직에 축적됨
- 혈중 납은 최근에 노출된 납을 나타낼 뿐임

3) 배설

- 호흡기를 통하여 흡수된 납 : 약 50%는 폐, 기도에 침착, 침착된 납의 입자는 기도

점액에 섞여서 섬모운동에 의하여 배출 후 나머지는 소화기로 들어감

- 소화기를 통하여 흡수된 납 : 약 10%는 소장에서 흡수, 나머지는 대변으로 배설함
- 혈액 중 유리된 납 : 뇨와 땀으로 배설됨
- 배설은 아주 느리게 진행하므로 체내축적이 쉽게 일어남 : 납의 반감기는 약 10~20년

4.1.5 납에 의한 건강장해

1) 개요

납중독의 초기 증상은 식욕부진, 변비, 복부팽만감, 더 진행되면 급성복통이 나타나기도 함. 즉, 조혈장애가 나타남

2) 납중독의 주요 증상(임상증상)

- 위장계통의 장애(소화기장애)
  - ① 복부팽만감, 급성복부 선통
  - ② 권태감, 불면증, 안면창백, 노이로제
  - ③ 연선(Lead line)이 잇몸에 생김
- 신경, 근육 계통의 장애
  - ① 손처짐, 팔과 손의 마비
  - ② 근육통, 관절통
  - ③ 근육의 피로로 인한 납경련

4.2 수은

4.2.1 개요

- 수은은 인간의 연금술, 의약품 분야에서 가장 오래 사용해 왔던 중금속의 하나이며 로마시대에는 수은광산에서 수은중독 사망이 발생하였음
- 우리나라에서는 형광등 제조업체 근무하던 문송면 군에게 직업병을 야기시킨 원인인자
- 수은은 금속 중 증기를 발생시켜 산업중독을 일으킴
- 17세기 유럽에서 신사용 중절모자를 제조하는 데 사용함으로써 근육경련을 일으킨 기록이 있음

4.2.2 발생원

1) 무기수은(금속수은)

- 형광등, 수은온도계 제조
- 체온계, 혈압계, 기압계 제조
- 수은전지 제조
- 아말감 제조
- 페인트, 농약, 살균제 제조
- 모자용 모피 및 벨트 제조

2) 유기수은

- 의약, 농약 제조
- 종자소독
- 펄프제조
- 농약살포
- 가성소다 제조

4.2.3 성상

- 원자량 200.61 g, 비중 13.546, 원자번호 80의 은백색을 띠며, 아무 무거운 금속
- 상온에서 액체상태의 유일한 금속이며, 수은 합금(아말감)을 만드는 특징이 있음
- 수은중독의 위험성이 높은 작업은 수은광산과 수은 추출작업으로, 수은중독자는 대부분 수은 증기에 폭로되어 발생
- 유기수은 중 알킬수은 화합물의 독성은 무기수은 화합물의 독성보다 매우 강함
- 무기수은 화합물 : 철, 니켈, 알루니늄, 백금 이외에 대부분의 금속과 화합하여 아말감을 만듦
- 유기수은 화합물 : 아릴수은 화합물과 알칼수은 화합물, 페닐수은, 에틸수은 등

4.2.4 인체 내 축적 및 제거

1) 흡수

① 금속수은 : 주로 증기가 기도를 통해서 흡수되고 일부는 피부로 흡수되며, 소화관으로는 2~7% 정도 소량 흡수됨

② 무기수은 : 무기수은염류는 호흡기나 경구적 어느 경로라도 흡수되며 주로 기도,

피부를 통해 흡수되지만 금속수은보다 흡수율은 낮음

③ 유기수은

- 대표적 메틸수은, 에틸수은은 모든 경로로 흡수가 잘되고 특히 수화관으로부터 흡수는 100% 정도
- 페닐수은은 약 50% 정도가 소화관으로부터 흡수

- 수은에 폭로되지 않더라도 인간은 음식물을 통하여 약 하루에 5~20 μg의 수은을 섭취함
- 흡수된 증기의 약 80%는 폐포에서 빨리 흡수됨

2) 축적

- 신장 및 간에 고농도 축적 현상이 일반적임
  - ⓐ 금속수은은 뇌, 혈액, 심근 등에 분포
  - ⓑ 무기수은은 신장, 간장, 비장, 갑상선 등에 주로 분포
  - ⓒ 알킬수은은 간장, 신장, 뇌 등에 분포
- 뇌에서 가장 강한 친화력을 가진 수은화합물은 메틸수은
- 혈액 내 수은 존재 시 약 90%는 적혈구 내에서 발견됨

3) 배설

- 금속수은(무기수은 화합물) : 대변보다 소변으로 배설이 잘됨
- 유기수은화합물
  - ⓐ 대변으로 주로 배설되고 일부는 땀으로 배설됨
  - ⓑ 알킬수은은 대부분 담즙을 통해 소화관으로 배설되지만 소화관에서 재흡수도 일어남
- 무기수은화합물: 생물학적 반감기는 약 6주

4.2.5 수은에 의한 건강장해

- 수은중독의 특정적인 증상은 구내염, 근육진전, 정신증상으로 분류됨
- 수족신경마비, 시신경장애, 정신이상, 보행장애 등의 장애가 나타남
- 만성 노출 시 식욕부진, 신기능부전, 구내염을 발생시킴
- 치은부에는 황화수은의 청회색 침전물이 침착됨
- 혀나 손가락의 근육이 떨림(수전증)

- 전신증상으로는 중추신경계통, 특히 뇌조직에 심한 증상이 나타나 정신기능이 상실될 수 있음(정신장애)
- 유기수은(알칼수은) 중 메틸수은은 미나마타(minamata)병을 발생시킴

4.3 카드뮴

4.3.1 개요

- 1945년 일본에서 '이타이이타이'병이란 중독사건이 생겨 수많은 환자가 발생한 사례가 있으며, 우리나라에서는 1988년 한 도금업체에서 카드뮴 노출에 의한 사망 중독사건이 발표되었으나 정확한 원인규명은 하지 못했음
- 이타이이타이병은 생축적, 먹이사슬의 축적에 의한 카드뮴 폭로와 비타민 D의 결핍에 의한 것

4.3.2 발생원

- 납광물이나 아연제련 시 부산물
- 주로 전기도금, 알루미늄과 합금에 이용
- 축전기 전극
- 도자기, 페인트의 안료
- 니켈카드뮴 배터리 및 살균제

4.3.3 성상

- 원자량 112.4, 비중 8.6인 청색을 띤 은백색의 금속으로, 부드럽고 연성이 있는 금속임
- 아연, 동, 연 등의 광석에 소량 섞여 있으며, 특히 아연광물이나 납광물 제련 시 부산물로 얻어짐
- 물에는 잘 녹지 않고 산에는 잘 녹으며, 가열 시 쉽게 증기화함
- 산소와 결합 시 흄을 만들며, 흄이 많이 발생할 때에는 갈색의 연기처럼 보임
- 내식성이 강함

4.3.4 인체 내 축적 및 제거

1) 흡수

- 인체에 대한 노출경로는 주로 호흡기이며, 소화관에서는 별로 흡수되지 않음

- 칼슘 결핍 시 장 내에서 칼슘 결합 단백질의 생성이 촉진되어 카드뮴의 흡수가 증가함
- 경구흡수율은 5~8%로 호흡기 흡수율보다 적으나 단백질이 적은 식사를 할 경우 흡수율이 증가됨

2) 축적

- 체내에 흡수된 카드뮴은 혈액을 거쳐 2/3는 간과 신장으로 이동함
- 체내에 축적된 카드뮴의 50~75%는 간과 신장에 축적되고 일부는 장관벽에 축적됨
- 반감기는 약 수년에서 30년까지
- 흡수된 카드뮴은 혈장단백질과 결합하여 최종적으로 신장에 축적됨

3) 배설

- 체내로부터 카드뮴이 배설되는 것은 대단히 느림
- 소변 속의 카드뮴 배설량은 카드뮴 흡수를 나타내는 지표가 됨

4.3.5 카드뮴의 건강장해(만성독성)

1) 신장기능 장애

- 저분자 단백뇨 다량배설, 신석증 유발
- 칼슘대사에 장애를 주어 신결석을 동반한 신증후군이 나타남

2) 골격계 장애

- 다량의 칼슘배설(칼슘대사장애)이 일어나 뼈의 통증, 골연화증 및 골수공증 유발
- 철분결핍성 빈혈증 나타남

3) 폐기능 장애

- 폐활량 감소, 잔기량 증가 및 호흡곤란의 폐증세가 나타나며, 이 증세는 노출기간과 노출농도에 의해 좌우됨
- 폐기종, 만성 폐기능 장애 일으킴
- 기도 저항이 늘어나고 폐의 가스교환 기능 저하
- 고환의 기능 쇠퇴

4.4 크롬

4.4.1 개요

- 금속 크롬, 여러 형태로 산화화합물로 존재하며 2가 크롬은 매우 불안정하고, 3가

크롬은 매우 안정된 상태, 6가 크롬은 비용해성으로 산화제, 색소로서 산업장에서 널리 사용됨

- 비중격연골에 천공이 대표적 증상이며 근래에 와서는 직업성 피부질환도 다량 발생하는 경향있음
- 3가 크롬은 피부흡수가 어려우나 6가 크롬은 쉽게 피부를 통과하여 6가 크롬이 더 해로움

4.4.2 발생원

- 전기도금 공장
- 가죽, 피혁제조
- 염색, 안료제조
- 방부제, 약품제조

4.4.3 성상

- 원자량 52.01, 비중 7.18, 비점 2,200℃의 은백색의 금속
- 자연 중에는 주로 3가 형태로 존재하고 6가 크롬은 적음
- 인체에 유해한 것은 6가 크롬(중크롬산)이며, 부식작용과 산화작용이 있음
- 3가 크롬보다 6가 크롬이 체내흡수가 많이 됨
- 세포막을 통과한 6가 크롬은 세포 내에서 수 분 내지 수 시간 만에 체내에서 발암성을 가진 3가 형태로 환원됨
- 6가에서 3가로의 환원이 세포질에서 일어나면 독성이 적으나 DNA의 근위부에서 일어나면 강한 변이원성을 나타냄
- 크롬은 생체에 필수적인 금속으로 결핍 시에는 인슐린의 저하로 인한 대사장애를 일으킴

4.4.4 인체 내 축적 및 제거

1) 흡수

- 호흡기, 소화기 및 피부를 통하여 체내에 흡수되며 호흡기가 가장 중요함
- 화합물의 용해도에 따라 3가 크롬(0.2~3%)과 6가 크롬(1~10%)이 구강을 통해 체내에 흡수됨
- 6가 크롬은 독성이 강하고 발암성도 크며 6가 크롬이 3가 크롬보다 체내흡수가 많이 됨

- 3가 크롬은 정상적으로 피부흡수가 안 되지만, 피부의 진피가 소실된 경우에는 가능함

2) 축적
- 6가 크롬은 생체막을 통해 세포 내에서 3가로 환원되어 간, 신장, 부갑상선, 폐, 골수에 축적됨

3) 배설
- 대부분 소변을 통해 배설됨

4.4.5 크롬에 의한 건강장해(만성중독)

1) 점막장애
- 점막이 충혈되어 화농성 비염이 되고 차례로 깊이 들어가서 궤양이 되고, 코 점막의 염증, 비중격천공 증상

2) 피부장애
- 피부궤양을 야기(둥근 형태의 궤양)
- 수용성 6가 크롬은 저농도에서도 피부염 야기
- 손톱주위, 손 및 전박부에 잘 발생

3) 발암작용
- 장기간 흡입에 의한 기관지암, 폐암, 비강암(6가 크롬) 발생
- 크롬 취급자가 폐암에 의한 사망률이 정상인보다 상당히 높음

4.5 비소

4.5.1 개요
- 은빛 광택을 내는 비금속으로서 가열하면 녹지 않고 승화됨
- 피부 특히 겨드랑이나 국부 등에 습진형 피부염이 생기며 피부암이 유발되는 물질임
- 우리나라에서는 사약으로도 사용된 바 있음

4.5.2 발생원
- 토양의 광석 등 자연계에 널리 분포
- 벽지, 조화, 색소 등의 제조

- 살충제, 구충제, 목재 보본제 등에 많이 이용
- 베어링 제조
- 유리의 착색제, 피혁 및 동물의 박제에 방부제로 사용

4.5.3 성상

- 원자량 74.92, 비중 5.72(결정체 고체)의 은빛 광택이 나는 유사금속(metaled)
- 공기 중에서 400℃로 가열하면 녹지 않고 승화되어 삼산화비소가 생성됨
- 자연계에서는 3가 및 5가의 원소로서 삼산화비소, 오산화비소의 형태로 존재하며 독성작용은 5가보다는 3가의 비소화합물이 강하다. 특히 물에 녹아 아비산을 생성하는 삼산화비소가 가장 강력함

4.5.4 인체 내 축적 및 제거

1) 흡수

- 비소의 분진과 증기는 호흡기를 통해 체내에 흡수되며, 작업현장에서의 호흡기 노출이 가장 문제가 됨
- 비소화합물이 상처에 접촉됨으로써 피부를 통하여 흡수될 수 있음
- 체내에 침입된 3가 비소가 5가 비소 상태로 산화되며 반대현상도 나타날 수 있음

2) 축적

- 주로 뼈, 모발, 손톱 등에 축적되며 간장, 신장, 폐, 소화관벽, 비장 등에도 축적됨
- 골조직(뼈) 및 피부는 비소의 주요한 축적장기임
- 뼈에는 비산칼륨 형태로 축적

3) 배설

- 대부분 뇨 중으로 배출되고, 일부는 대변으로 배출되며 극히 일부는 모발, 피부를 통해서 배설됨

4.5.5 비소에 의한 건강장해

1) 만성중독

- 피부의 색소침착(흑피증), 각질화가 심하면 피부암이 나타남
- 다발성 신경염 등의 말초신경장애로 인한 질환, 빈혈, 심혈관계, 간장장애 등이 나타남. 특히, 지각마비 및 근무력증이 생김

2) 분말(고형) 비소화합물의 중독

- 분진에 의해 피부, 겨드랑이 등 습한 부위에 낭창형 또는 습진형의 피부염이 발생하며, 피부염이 심하면 피부암을 유발함
- 비중격궤양을 유발
- 폐암을 유발
- 생식독성 원인물질로 작용할 수 있음

5 관리대책

5.1 작업환경관리

1) 유해인자가 주로 작업 환경에 의해 발생

노출 경로 차단 및 관리

2) 작업환경에 존재하는 유해인자

제거 또는 제어(산업환기)

3) 근로자의 직업병 예방

- 작업환경 측정 및 위험성 평가 실시
- 측정 및 평가 결과에 따른 개선 대책수립 및 추진

5.2 작업관리

1) 근로자의 작업방법이나 조건의 변경

공학적 개선이 어려운 경우

2) 작업 자세, 방법 등 표준화, 근로시간 단축, 교대 근무 등을 통한 노출량 감소

- 개인보호구 사용(최후 수단)
- 근로자 보건교육

5.3 건강관리

일반건강진단 및 특수건강진단 실시

5.4 작업환경 개선원칙

- 작업장에서 일어날 수 있는 잠재적인 건강장애에 대한 사전인지, 작업공정의 위험 및 유해성 평가, 대책수립 및 실천을 통하여 근로자의 건강증진을 도모하기 위한 것
- 개선원칙의 4단계

현장을 정확하게 파악 ▶ 문제점 도출 ▶ 실현 가능한 개선대책 선정 ▶ 개선대책 실행 및 개선효과의 확인

5.5 개선원칙 종류

1) 공학적 대책

- 대체 : 물질의 변경, 공정의 변경, 시설의 변경
- 격리 : 유해물질 발생장소와 작업공간 격리
- 환기 : 전체환기, 국소배기장치, 밀폐설비 환기

2) 관리적 대책

- 근무시간의 변경 : 노출시간 단축
- 순환근무 : 근골격계질환예방을 위하여 동일 근육 사용 최소화
- 교육/훈련 : 유해물질 유해성 주지 및 작업표준 교육

3) 개인 보호구

- 방독마스크 : 유기화합물, 산 및 알칼리류, 가스상태물질
- 방진마스크 : 분진 · 금속류
- 귀마개 : 소음

요약

1. 입자상 물질의 제거기전

① 점액섬모운동에 의한 정화 ② 대식세포에 의한 정화

2. 진폐증

- 폐에 먼지가 쌓이게 되는 경우 폐의 석회화(섬유화반응)가 일어나고 폐포가 굳게 되는 등의 건강상의 장애

- 석탄광산에서 광부가 광석을 캐면서 마시는 먼지로 인한 석탄광부 진폐증
- 암석을 채석하는 근로자들에게서 유리규산으로 인한 규폐증
- 석면으로 인한 석면폐증
- 용접흄으로 인한 용접공폐증
- 면먼지로 인한 면폐증

3. 유기용제의 독성과 반응기전

1) 중추신경계(CNS)의 억제작용(활성 억제)
   - 유기용제의 공통적인 비특이적인 독성작용은 중추신경계의 활성 억제작용임
   - 중추신경계(CNS) 억제제는 마취제와 같이 뇌 및 척추의 활동 억제, 중추신경 억제, 작업자를 자극하여 의식이 없거나 혼수상태로 되게 함
   - 유기용제와 같은 지용성 화학물질은 지질(지방)에 대한 친화력은 높지만 물에 대한 친화력이 낮아 신체조직의 지방, 지질부분에 축적성이 높음
   - 신경세포의 지질막에 축적되어 흥분성을 떨어뜨려 정상적인 신경전달을 방해함

2) 중추신경계에 대한 독성기전
   - 탄소사슬의 길이가 길수록 유기화합물질의 중추신경 억제효과는 증가함
   - 유기분자의 중추신경 억제특성은 할로겐화하면 크게 증가하고 알코올 작용기에 의하여 다소 증가함
   - 탄소사슬의 길이가 증가하면 수용성은 감소하고 반면 지용성은 증가함
   - 불포화화합물은 포화화합물보다 더욱 강력한 중추신경 억제물질임

4. 금속의 독성작용기전

1) 효소억제 : 효소구조 및 효소기능을 변화시킴
2) 간접영향 : 세포성분의 역할을 변화시킴
3) 필수금속 성분의 대체 : 생물학적 과정들이 민감하게 변화됨
4) 필수금속 평형의 파괴 : 필수금속성분의 농도를 변화시킴

참고문헌

원정일, 이승길, 송영호, 작업환경관리 실무, 지우북스, 2017
서영민, 산업위생관리 기사 및 산업기사, 성안당, 2019

제 4 장 생물학적 유해인자

1 서론

1900년대 초반 몇몇 고고사학자들이 이집트 문화 유적을 탐사하기 위해 지하 동굴 속을 조사하는 중 사망하는 사건이 발생했다. 사망 원인에 대해 처음에는 산소 부족으로 인한 질식사로 판정했으나, 부검결과 정체모를 치명적 미생물에 의한 공기 감염으로 최종 진단을 내리게 되었는데 이것이 바이오에어로졸 노출에 의한 건강 피해 사건의 학계 최초 보고라 할 수 있다. 이후 1976년 미국 필라델피아 재향 군인회관에서 레지오넬라균에 의해 221명이 집단 감염되고 이 중 34명이 사망하는 사건, 1980년대 이후에는 병원을 방문하는 외부 출입자들이 공기 감염 경로를 통해 새로운 질환을 얻게 되는 이른바 병원성 감염(noscomial infection)이 사회적으로 큰 관심과 파장을 일으키게 되었다. 최근에는 중동전쟁에서 활용된 세균전(biowarfare)이나 생화학 테러(bioterrorism)에 이용된 탄저균, SARS로 인한 인체의 치명적 영향, 천식이나 비염 등의 호흡기계 질환의 주요 발병 원인으로 지목되면서 바이오에어로졸에 대한 공중보건학적 관심은 최고조에 이르게 되었다. 또한 바이오에어로졸의 악영향은 인간의 건강 뿐 아니라 조류독감이나 구제역 바이러스 등의 공기 전파로 인해 동물의 건강에도 위협을 주는 요인으로 작용하여 안전한 축산물 생산을 방해받게 되어 동시에 인간의 안전한 식단 또한 보장 받지 못하는 실정에 이른 것이 엄연한 사실이라 할 수 있다.

바이오에어로졸을 설명하기 위해서는 물리학과 미생물학 등 연관 기초 학문을 근거로 해야 하나 이러할 경우 대상 범위가 너무 확대되는 관계로, 본 장에서는 산업위생학적 관점에서 바이오에어로졸에 대한 개념, 시료 채취 및 분석 방법, 향후 연구 방향에 대해 중점적으로 논의하고자 한다.

2 정의

바이오에어로졸과 관련하여 외국의 공인 인증기관으로부터 공식적으로 내린 정의는 다음과 같다. 미국 산업위생전문가협의회(ACGIH, American Conference of Governmental Industrial Hygienists)에 따르면 "살아있거나, 살아있는 생물체를 포함하거나 또는 살아있는 생물체로부터 방출된 0.01~100 μm 입경 범위의 부유 입자, 거대 분자 또는 휘발성 성분"이라 하였고, 미국 국립산업안전보건연구원(NIOSH, National Institute for Occupational Safety and Health)은 분석적인 측면에서 "바이오에어로졸 모니터링이란 작업장, 사무실, 주거공간 등의 실내 지역과 일반 실외 지역에서 공기 중에 살아있거나(배양 혹은 배양 불가능) 혹은 살아있지 않은 미생물들을 측정하는 행위"라 정의를 내리고 있다.

上記 내용들에 근거하여 이해하기 쉽게 정리하면, 바이오에어로졸이란 단어에서 근원하듯이 "Bio(=살아있는)"와 "Aerosol(=공기 중에 부유하고 있는 고체 또는 액체 상태의 입자)"의 합성어임을 알 수 있다. 여기서 "Bio"가 가지고 있는 본래의 의미를 "살아있는 생물체", "죽은 생물체", "생물체에서 유래된 물질"로 확장해서 고찰하면 "살아있거나 죽은 생물체 또는 생물체에서 유래된 물질이 고체 또는 액체 상태로 공기 중에 부유하고 있는 입자"로 바이오에어로졸의 개념을 명확히 할 수 있을 것이라 판단된다.

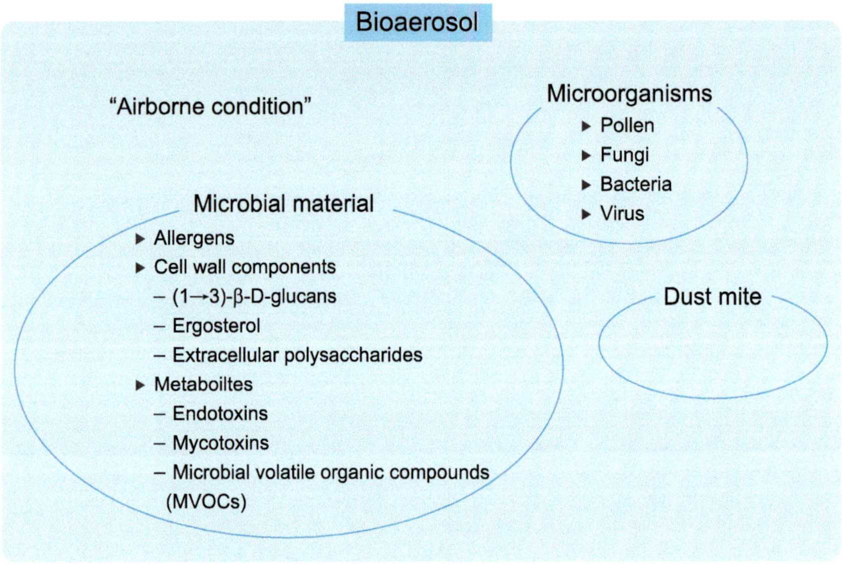

그림 4-1 바이오에어로졸의 개념 모식도

현재까지 바이오에어로졸 영역에 포함된 생물체로는 수분(pollen), 곰팡이(fungi), 세균(bacteria), 바이러스(virus)의 미생물 범주, 이들로부터 유래되는 다양한 종류의 항원(allergen), 세포벽 구성 성분(cell wall components), 대사물질(metabolites), 그리고 최근 들어 사회적 문제시되고 있는 집진드기(dust mite)도 하나의 범주로 자리잡고 있다(그림 4-1 참조).

분류 측면에서 부유 미생물을 입경 크기에 따라 살펴보면 평균적으로 수분은 10~100 μm, 곰팡이(포자)는 1~50 μm, 박테리아는 0.5~5 μm, 바이러스는 0.01~0.5 μm 범위에 해당된다(그림 4-2 참조). 최근 들어 1μm 이하의 극미세 분진에 대한 건강 위해성 평가가 활발히 진행됨에 따라 이 범위에 해당되는 부유 미생물 또한 인간에게 노출시 호흡기계 질환 등의 발병을 유발할 것이라 예측되어 이에 대한 연구들이 국외에서는 수행 중에 있다.

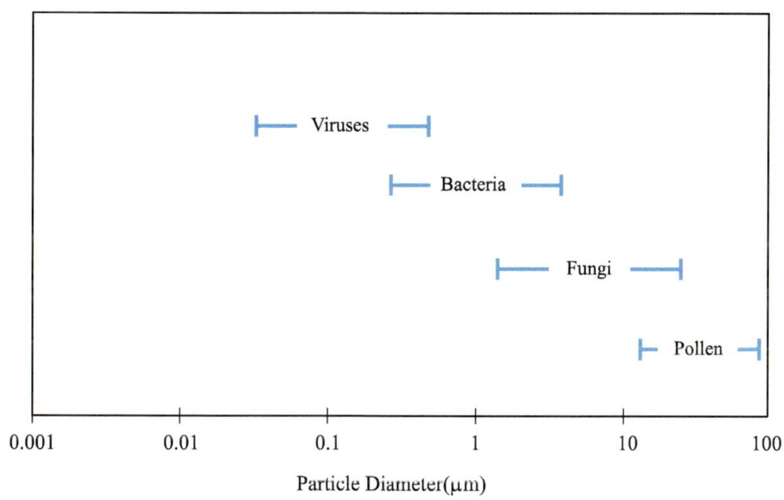

그림 4-2 부유 미생물의 입경 크기 범위

3 건강 장해

최근 들어 삶의 질에 대한 현대인들의 욕구가 증대됨에 따라 청결치 못한 실내 주거 공간으로 인해 두통, 현기증, 메스꺼움, 졸음, 눈의 자극, 집중력 감소 등의 "새집증후군"이나 "빌딩증후군(Sick Building Symptoms, SBS)"을 호소하는 사람들이 증가하고 있는데, 실내 공기 중에 부유하고 있는 세균, 곰팡이, 바이러스 등의 생물학적 오염물질도 어느 정도 기여하는 바가 있다(김 등, 2002). 또한 이러한 물질들이 인간의 호흡을 통해 체내에 흡입되면 호흡기 질환, 폐질환, 기관지 질환, 폐암을 비롯한 각종 질병을 유발시킬 수 있으며(정 등, 2001), 기회감염균이 공기를 매체로 하여 폐 및 기타 기관에 전달되면 전염성 질환 및 알레르기 질환을 유발시키기도 하며 심한 경우 사망에 이르게 할 수도 있다(Macher and First, 1984). 바이오에어로졸 노출에 따른 건강 장해에 대한 상세한 내용은 표 4-1과 같다.

표 4-1 바이오에어로졸 노출에 의한 증상 종류

Infectious disease(감염성 질환)	- Anthracnose (탄저병) - Aspergillosis - Cryptococcosis - Histoplasmosis - Legionnaire's disease - Tuberculosis (결핵)
Hypersensitivity disease(과민성 질환)	- Asthma (천식) - Bronchitis (기관지염) - Pneumonia (폐렴) - Rhinitis (비염)
Disease by toxin(독소 질환)	- Disease by exposure to endotoxin, (1 → 3)-β-D-glucan and mycotoxin

4 측정 및 분석

4.1 시료 포집 방법

바이오에어로졸을 채취하기 위한 방법으로 크게 공기 포집 펌프를 이용하지 않는 자연 낙하 원리에 의한 중력침강법과 멸균 면봉이나 조각천에 의한 고체표면 채취법 등의 수동법(passive flow monitoring)과 공기 포집 펌프를 이용하는 능동법(active flow monitoring)으로 구분할 수 있다. 전자의 경우 공기 포집량을 구할 수 없기 때문에 농도 개념을 적용할 수 없는 단점이 있어 본 내용에서는 능동법의 경우만을 살펴보기로 한다.

4.1.1 흡수법(Impingement)

임핀저에 일정량의 흡수액을 넣어 바이오에어로졸을 채취하는 방법으로 경제적이고 이용하기 편하며 채취된 흡수액을 일정 비율로 희석한 후 평판 배지에 도말할 수 있기 때문에 다양한 농도 범위의 생물학상 오염물질을 채취할 수 있다는 장점을 가지고 있어 1950년대부터 지금까지 여러 연구자들에 의해 이용되어 왔다(Shipe et al., 1959; Tyler et al., 1959; Lembke et al., 1981; Henningson et al., 1988; White, 1990; Terzieva et al., 1996; Duchaine et al., 2001). 그러나, 시료 채취시 흡수액의 증발이나 교반(Muilenberg, 1989), 흡수액과의 충돌(Tyler and Shipe, 1959; Juozaitis et al., 1994), 삼투압에 의한 탈수 현상(Cox, 1987)으로 인해 채취 효율이 낮아질 수 있는 단점과 이로 인해 30분 이하의 짧은 시간 동안만 시료 포집이 가능하다는 한계성(Thorne et al., 1992)을 가지고 있다. 이러한 문제점을 해결하기 위해 기존의 AGI-30 형태의 임핀저를 변형한 Biosampler가 개발되어 실용화되고 있는데(Lin et al., 1999; Mainelis et al., 2002; Sivasubramani et al., 2004), 그림 4-3에서 보여지는 바와 같이 흡수액과 air inlet이 접한 부분에 얇은 유리판을 설치하여 시료 채취시 발생되는 증발 현상을 억제한다.

또한 흡수액 종류에 따라 시료 채취효율이 상이할 수 있는데, 현재 흡수액으로 이용되고 있는 멸균 증류수, 펩톤 용액(0.2% & 1.0%), 인산 완충 용액을 대상으로 부유 박테리아와 곰팡이의 채취 효율을 비교 평가한 김기연 등(2004)의 연구 결과에 의하면 시료 채취 직후 초기 농도의 경우 박테리아와 곰팡이 모두 증류수나 인산 완충 용액보다는 펩톤이 첨가된 흡수액에서 높은 채취 효율을 보였으나 통계적 유의성은 없는 것으로 보고하고 있다. 또한 저장 시간에 따른 각 흡수액의 부유 미생물 재현 효율성 평가에서는 박테리아의 경우 저장 시간이 경과함에 따라 집락 수가 증류수는 계속 감소하고 펩톤

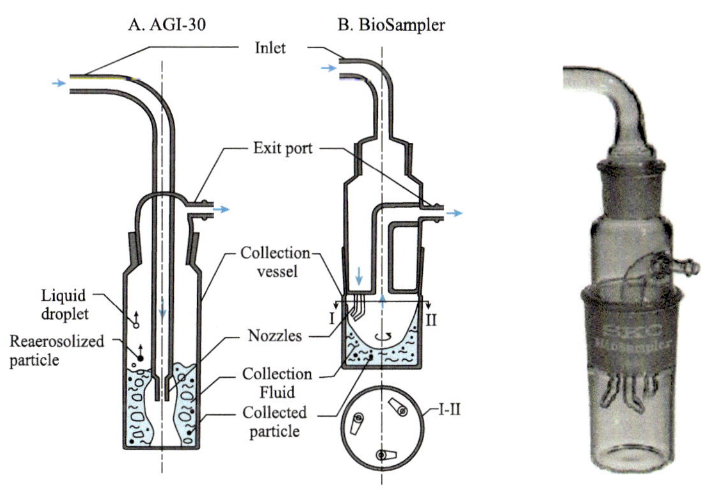

그림 4-3 AGI-30 impinger와 Biosampler의 비교(左)와 Biosampler의 실물 사진(右)

용액은 증가하는 경향을 보인 반면, 상대적으로 인산 완충 용액은 최대 36시간까지 초기 농도와 유사한 수치를 나타내는 것으로 분석되었다(그림 4-4 참조). 연구 결과에 근거하여 그들은 결론적으로 실내 환경내 부유하고 있는 박테리아 분석시 시료 채취 후 빠른 시간 내에 배양 가능한 경우에는 펩톤 용액을, 장기간 저장할 경우에는 인산 완충 용액을 적용할 것을 권고하고 있다. 그러나, 곰팡이의 경우 일반적으로 대부분 소수성(hydrophobicity)을 가지고 있어 액상 조건에서 포자의 배양 및 증식 능력을 쉽게 상실하기 때문에(Li and Lin, 2001) 흡수법의 채취 효율이 다른 분석 방법에 비해 상대적으로 낮고 장

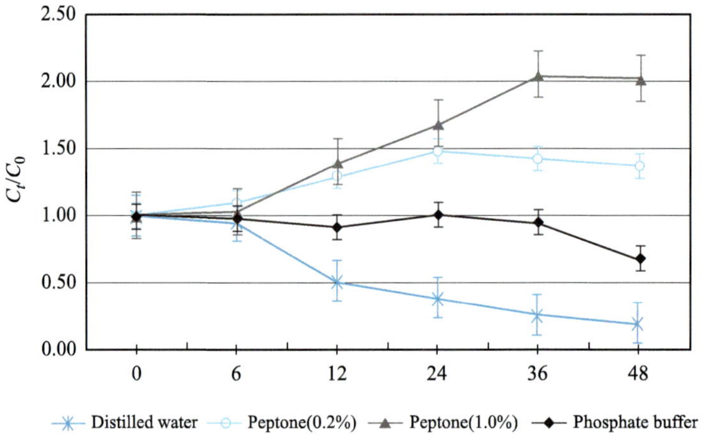

(a) 부유 박테리아

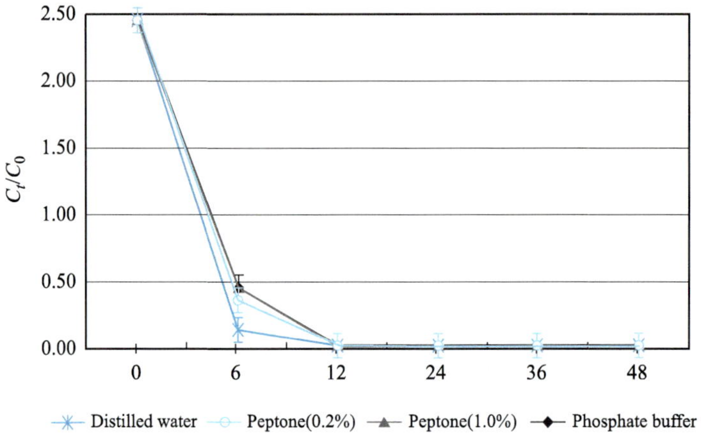

(b) 부유 곰팡이

– C_0 : 초기 농도, C_t : 저장시간 이후 농도 –

그림 4-4 저장 시간에 따른 평가대상 흡수액의 부유 미생물 재현 효율성 평가

기간 저장 시 집락이 검출되지 않으므로 다른 시료 포집 방법을 적용할 것을 제안하고 있다.

4.1.2 필터법(Filtration)

필터지를 이용하여 바이오에어로졸을 채취하는 방법으로 0.1 μm 이하의 입자도 거의 100%에 가깝게 채취할 수 있어 부유 바이러스의 포집에도 적용될 수 있고(Chatigny et al., 1989) 흡수법과 마찬가지로 이용 방법이 간편하나(Eduard et al., 1990), 부유 미생물들이 건조화된 필터지에 포집되기 때문에 탈수 현상으로 인한 생물학적 활동성이 저하되어 사멸하게 될 가능성도 제기되고 있다(DeCosemo et al., 1992; Nevalainen et al., 1993). 최근 연구 결과에 의하면 여러 종류의 필터지 중 gelatin 필터가 부유 미생물의 채취 효율이 가장 높은 것으로 보고되고 있으나(Li and Lin, 2001; Tseng and Li, 2005), 구입 가격이 상대적으로 고가이고 필터지 자체 특성상 잘 깨지기 때문에 취급시 특별한 주의를 기울여야 한다는 단점을 가지고 있다.

4.1.3 충돌법(Impaction)

"충돌"이란 일반적으로 입자의 관성력에 의해 공기 흐름으로부터 입자를 분리하는 데 이용되는 원리를 말한다. 충돌기는 원형 또는 슬롯 형태의 공기 유입구와 들어오는 입자의 cutoff size에 따라 각 단계별로 채취되는 plate로 구성되어 있다(NIOSH, 1998)(그림 4-5 참조). 특정 공기역학적 직경보다 큰 입자들은 채취 plate 표면에 침착되는 반면 작은 입자들은 외부로 배출된다(Hinds, 1982). 충돌기를 통해 바이오에어로졸을 채취하는 장비의 대표적인 경우는 Andersen(1958)에 의해 처음 개발된 "Andersen Microbial Sampler(AMS)"이다. 처음 개발 이후 지금까지 많은 연구자들에 의해 장비 디자인 측면(May, 1964)과 colony 계수 기술 측면(Peto and Powell, 1970; Leopold, 1988; Macher, 1989)에서 많은 향상을 가져왔다. 또한 Solomon(1975)과 Jones 등(1985)은 6단계 AMS를 개발하여 현재 1, 2, 6단계 AMS가 시중에 판매되어 널리 이용되고 있다.

본 측정법은 흡수법과 필터법과는 달리 한천 배지를 충돌기에 넣어 전처리 과정 없이 직접 부유 미생물을 포집하기 때문에 채취 효율이 상대적으로 높아 최근 들어 가장 많이 이용되고 있으나, 장비의 가격이 고가이며 장기간 시료 채취시 배지에 과포집되어 미생물의 군락을 계수할 수 없는 경우도 발생한다(Thorne et al., 1992). 또한 시료 포집시 미생물의 응집화(Lembke et al., 1981)와 플라스틱 한천 배지와의 충돌 및 정전기적 인력 발생

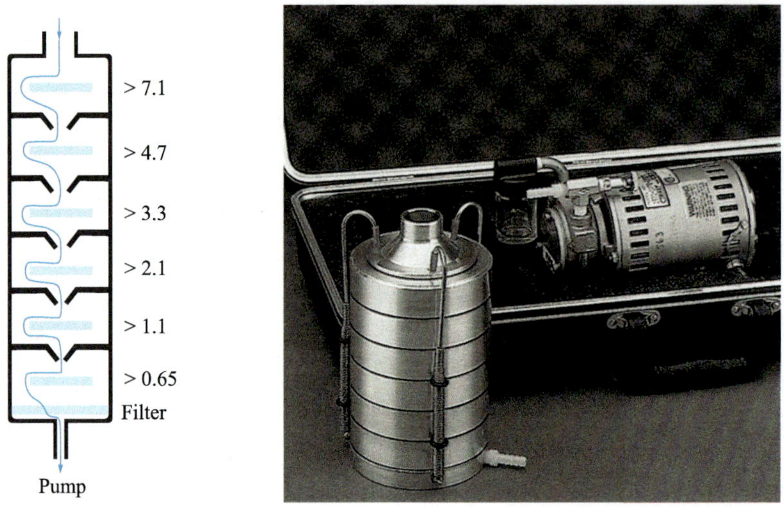

그림 4-5 Six stage Andersen Microbial Sampler의 측정 원리(左)와 실물 사진(佑)

으로 인한 포집 미생물의 stress(Andersen, 1958)를 단점으로 들 수 있다.

4.2 배양 조건

시료 채취 후 부유 박테리아와 곰팡이를 배양하기 위한 배지 및 온도 조건은 표 4-2와 같다.

표 4-2 부유 박테리와 곰팡이의 배지 및 배양 조건

	Bacteria	Fungi
Media(배지)	- Tryptic soy agar(TSA) - Nutrient agar (NA) - Casein soy peptone agar (CSPA)	- Sabouraud dextrose agar (SDA) - Malt extract agar(MEA) - Rose bengal agar(RBA)
Incubation condition (배양조건)	37℃ 1-2 days	25℃ 3-5 days

4.3 동정

배양된 부유 미생물의 동정을 하기 위한 방법으로는 Bergey's manual에 근거한 생화학적 검출 방법, 사멸된 미생물까지 동정할 수 있는 현미경 관찰법, 그리고 최근 들어서는 분자생물학적 기술을 접목한 방법까지 제안되고 있으며 이에 대한 자세한 내용은 표 4-3과 같다.

| 표 4-3 | 부유 미생물의 동정을 위해 이용되고 있는 분자생물학적 방법들

방법	측정 내용
형광항체법	- 항원/항체 반응의 특이성을 이용한 방법
유전자 탐침법	- 전체 미생물 중 10% 이상 미생물 검출시 이용 - Probe 설계에 따라 종, 속, 과 별로 구분 측정 가능
PCR 방법	- 극소량 존재 미생물을 특이적으로 검출 - 레지오넬라균, 결핵균 등의 신속 검출가능
균체 세포막의 지방산 분석법	- 가스 크로마토그래피(Gas Chromatography)법

4.4 포집시 부유 미생물의 생존에 영향을 주는 인자

4.4.1 온도와 상대습도

부유 미생물은 불포화된 공기에 노출될 경우 쉽게 탈수화된다. 부유 미생물을 구성하고 있는 세포는 외부 환경으로부터 받는 스트레스 정도와 세포내 함수율의 증발율은 공기 중 상대습도가 낮아지고 온도가 높아질수록 감소하는 경향이 있다(Marthi and Lightart, 1990). Walter 등(1990)은 현장 조사를 통해 부유 박테리아의 공기 중 생존율은 상대습도 40% 보다 80%인 경우에 35-65배 더 높다고 보고하였다. 반면 Cox(1968)는 lab test를 통해 상대적으로 낮은 상대습도에서 공기 중 생존율이 높고 80% 이상이 되면 감소한다고 보고하였다. 부유 미생물의 공기 중 생존율과 온도와의 연관성에 대해 보고한 연구는 극히 제한적이나, 예전 Salvin(1949)은 공기 중 온도가 부유 곰팡이의 형태학적 변화를 유도하는 원인이라 보고한 사례가 있다.

4.4.2 전기 전하

대부분의 입자들처럼 바이오에어로졸 역시 전기적으로 쉽게 전하가 된다. 실제 작업 현장에서 발생되는 바이오에어로졸의 전기적 변화에 관해 발표된 연구는 상대적으로 적다(Johnston et al., 1985). 일반적으로 바이오에어로졸에 대한 전기 전하의 영향은 간과시 되어 왔고, 그 결과 채취 효율성 측면에서도 불확실성이 부여된 것도 극명한 사실이다. 다만 몇몇 연구 자료에 의하면 70% 이상의 상대습도 하에서 바이오에어로졸에 대한 전기적 파장 현상은 최소화된다고 제시되고 있다(Hinds, 1982; Cox, 1987).

4.4.3 기타 다른 요인들

바이오에어로졸을 포집하기 위해 개발된 다양한 장비들의 시료 채취와 재현 효율성은 많은 인자들에 의해 달라질 수 있다. 이러한 인자들에는 cut size(Marple and Willeke, 1976; Nevalainen et al., 1992; Marple et al., 1993), 공기 유입구(Grinshpun et al., 1994), 시료 포집 기간 동안 건조화 정도(Cox, 1966; Hatch and Wolochow, 1969; Thompson et al., 1994), 그리고 부유 미생물의 군락을 은폐화(masking) 할 수 있는 여러 외부 환경 요인(Chang et al., 1994) 등을 들 수 있다.

5 실내 공간 내에서의 분포 현황

바이오에어로졸의 실내 규제 기준과 관련하여 현재 우리나라는 의료기관(연면적 2000 m^2 이상 또는 병상수 100개 이상), 유치원 등의 국공립 보육시설(연면적 1000 m^2 이상), 국공립 또는 유료 노인전문요양시설과 노인전문병원(연면적 1000 m^2 이상), 그리고 산후조리원(연면적 500 m^2 이상)을 대상으로 하여 총부유세균 800 cfu/m^3을 적용하고 있다. 이러한 이유로 인해 국내에서도 최근 실내 공간내 분포하고 있는 바이오에어로졸의 분포 현황을 조사한 현장 조사 연구들이 많이 보고 되고 있다. 다양한 실내 공간 내에서 부유 박테리아와 곰팡이의 일반 농도 수준 및 우점하고 있는 종류를 국내 연구자료에 근거하여 제시하면 표 4-4와 같다.

표 4-4에서 제시하는 바와 같이 양돈 작업장에서의 부유 박테리아와 곰팡이의 실내 농도가 10^2-10^8배 정도 높음을 알 수 있으며, 다중이용시설로 규제되고 있는 4곳의 경우 한 곳에서 조사된 유치원의 경우를 제외하고는 모두 총부유세균 규제기준 800 cfu/m^3를 초과하지 않는 것으로 조사되었다. 부유 미생물의 우점종 분포 경향은 실내 시설의 종류에 관계없이 일반적으로 박테리아의 경우 *Staphylococcus spp.*, *Micrococcus spp.*, *Bacillus spp.*, *Corynebacterium spp.*, 곰팡이의 경우 *Penicillium spp.*, *Cladosporium spp.*, *Aspergillus spp.*가 상대적으로 많이 관찰되는 것으로 분석되었다.

이렇게 실내 공간에 따라 부유 미생물의 농도 및 종류에 차이가 나타나는 주된 이유로는 외부 계절적 영향(Reponen, 1989), 온도, 습도, 환기상태 등의 측정 당시 주변 환경

| 표 4-4 | 국내 실내 공간내 부유 미생물의 분포 현황

	부유 박테리아		부유 곰팡이	
	농도 범위 (cfu/m^3)	우점종	농도 범위 (cfu/m^3)	우점종
병원	250 - 720	*Staphylococcus spp.* *Micrococcus spp.* *Bacillus spp.*	270 - 480	*Penicillium spp.* *Cladosporium spp.* *Aspergillus spp.*
유치원	330 - 1,560	*Micrococcus spp.* *Staphylococcus spp.* *Corynebacterium spp*	210 - 580	*Cladosporium spp.* *Penicillium spp.* *Aspergillus spp.*
노인복지시설	200 - 410	*Micrococcus spp.* *Staphylococcus spp.* *Bacillus spp.*	150 - 430	*Penicillium spp.* *Cladosporium spp.* *Aspergillus spp.*
산후조리원	310 - 830	*Staphylococcus spp.* *Micrococcus spp.* *Bacillus spp.*	170 - 400	*Penicillium spp.* *Cladosporium spp.* *Aspergillus spp.*
지하철(객실)	120 - 200	*Staphylococcus spp.* *Micrococcus spp.* *Bacillus spp.*	70 - 110	*Penicillium spp.* *Cladosporium spp.* *Aspergillus spp.*
양돈 작업장	10^4 - 10^{10}	-	10^2 - 10^6	-

* 출처 : 김 등(2004), 박 등(2006), 김 등(2006)

조건(Aylor and Paw, 1980; Nevalainen et al., 1993), 주거하는 사람들의 실내 활동성의 차이(Otten and Burge, 1999; Pastuszka et al., 2000)에 근거하여 고찰할 수 있다.

6 국내외 생물학적 유해인자 관리기준

6.1 국내

현재 우리나라는 환경부 실내공기질관리법에 의해 다중이용시설 중 병원, 유치원(어린이집), 노인복지시설, 산후조리원을 대상으로 총부유세균은 800 cfu/m^3, 총부유진균은 500 cfu/m^3의 유지기준을 설정해 관리하고 있다. 또한 고용노동부 산업안전보건법의 "사무실에서의 건강장해 예방" 규칙에서 총부유세균에 대해 800 cfu/m^3으로 설정해 관리하고 있다.

6.2 국외

6.2.1 세계보건기구 (World Health Organization, WHO)

공기 중 총부유진균의 권고치로 150 CFU/m^3 이하를 권고하고 있다.

6.2.2 미국

공기 중 생균은 대부분 단일개체가 아니고, 각 생균에 따른 반응의 개인차가 크고 단일방법으로 모든 생균을 포집하여 평가할 수 없으므로 공기 중 생균농도의 TLV는 정할 수 없지만 기회감염의 가능성이 있는 병원성균(Pathogen)의 농도를 감소시키기 위해 노출관리를 할 필요가 있다고만 명시하고 있다. 실내 공기의 미생물 오염을 의심할 수 있는 기준을 1,000 CFU/m^3 제시하고 있고, 호흡을 통한 공기 중 생균 개체의 건강 위해성 평가의 어려움으로 실질적으로 호흡기계 유해한 영향을 주는 생균의 대사물질(예, endotoxin과 (1 → 3)-β-D-glucan)의 화학적 정량화 방법을 통해 노출기준 설정을 시도하고 있다.

6.2.3 핀란드

핀란드 보건복지부(Ministry of Social Affairs and Health)에서는 총부유진균의 농도가 100 CFU/m^{3}가 넘고 오염의 지표가 되는 미생물 종이 발견되면 측정과 상관없이 오염원에 대해 공학적 대책을 세워야 한다 보고하고 있다(Rhame et al., 194).

6.2.4 홍콩

홍콩 환경 보호부(Hong Kong Environmental Protection Department)에서는 1998년도에 작업장을 대상으로 바이오에어로졸 관련 실내공기기준을 1,000 CFU/m^{3}로 권고하고 있다.

6.2.5 동유럽 국가들

흡입성 입경 범위로 바이오에어로졸에 대한 실내공기기준을 작업장 노출기준(Occupational Exposure Limits, OEL)과 일반 거주 환경 노출기준(Residential Limit Values, RLV)로 권고하고 있다(표 4-5 참조).

표 4-5 동유럽 국가들의 생물학적 유해인자들의 관리 기준

거주 유형 및 생물학적 유해인자의 종류	제안된 OEL과 RLV
유기분진으로 오염된 산업시설	OEL
- 총부유진균	50×10^3 CFU/m^3
- 총부유세균	100×10^3 CFU/m^3
- 그람음성세균	20×10^3 CFU/m^3
- 호열성 방선균	20×10^3 CFU/m^3
- 엔도톡신(Endotoxin)	200 ng/m^3(2,000 EU)
일반 거주 시설	RLV
- 총부유진균	5×10^3 CFU/m^3
- 총부유세균	5×10^3 CFU/m^3
- 엔도톡신(Endotoxin)	5 ng/m^3(50 EU)

* 호흡성 입경 범위의 경우 上記 기준의 반값을 적용할 것을 권고

7 향후 연구 방향

산업위생 분야 측면에서 바이오에어로졸과 관련한 향후 연구 방향은 다음과 같이 정리할 수 있다.

첫째, 객관적이고도 과학적인 노출기준의 설정이다. 현재 분석 가능한 생물학적 인자만을 대상으로 노출기준을 설정한다는 것은 불가능하고, 순간채취(grab sample)만 가능하여 장기간 노출기준의 산정에 어려움이 있으며, 노출농도와 건강상의 영향과의 관계가 대부분 통계적 비유의성을 나타내고 있다. 또한 공인된 측정방법의 부재 및 분석 가능 항목이 적고, 개인의 감수성 차이에 따라 노출 반응 양상도 상이하며, 시료 포집 장비의 한계성로 인해 대부분 지역 시료 채취로만 수행되고 있는 문제점도 있다.

둘째, 작업자의 건강에 영향을 미치는 바이오에어로졸의 인자 규명이다. 현재 다중이용시설 규제기준은 총부유세균 항목으로 여기에는 실제 인체에 해로운 효과를 주지 않는 비병원성 세균까지 내포하고 있음을 추정할 수 있다. 따라서 부유 곰팡이를 포함하여 실제 인체 유해 영향을 주는 병원성 미생물만을 대상으로 규제 기준을 설정해야 할 것이며, 동시에 미생물에서 유래되는 endotoxin, (1 → 3)-β-D-glucan, mycotoxin, total spore 등의 독소나 세포벽 구성 물질도 분석하여 환경성 질환의 유발 가능성 여부를 판단해야 할 것이다.

셋째, 지속적인 모니터링을 통한 background data의 확보이다. 현재 바이오에어로졸

과 관련한 국내 연구 동향을 살펴보면 짧은 기간내 측정한 일시적인 분석치로 대표하는 것을 알 수 있다. 우리나라의 경우 엄연히 사계절이 존재하기 때문에 계절에 따라 실외 바이오에어로졸 농도가 상이함을 추론할 수 있고, 또한 실외에서 발생되는 바이오에어로졸이 창문을 통한 자연 환기 형태이건 환기시스템에 의한 강제 환기 형태이건 분명 공기 흐름에 의해 유입되어 실내 공간의 농도에 부가적인 영향을 주는 것은 자명한 사실이다. 따라서 1-2달 기간 동안의 현장 조사가 아닌 계절적 영향을 모두 고려할 수 있는 연 단위의 통합적 연구 계획의 설정이 요구되는 바이다.

참고문헌

Andersen, A. A. 1958. New sampler for the collection, sizing, and enumeration of viable airborne particles. Journal of Bacteriology. 76:471-484.

Aylor, D. E. and Paw, U. K. T. 1980. The role of electrostatics in spore liberation by *Drechslera turcica*. Mycologia. 72:1213-1219.

Chang, C. W., Hwang, Y. H., Grinsphun, S. A., Macher, J. A., and Willeke, K. 1994. Evaluation of counting error due to colony masking in bioaerosol sampling. Applied and Environmental Microbiology. 60:3732-3738.

Chatigny, M. A., Macher, J. M., Burge, H. A., and Solomon, W. R. 1989. Sampling airborne microorganisms and aeroallergens, p. 199-210. In Hering, S. V. (ed.), Air sampling instruments. American Conference of Governmental Industrial Hygienists, Cincinnati.

Cox, C. S. 1966. The survival of Escherichia coli sprayed into air and into nitrogen from distilled water and from solutions of protecting agents as a function of relative humidity. Journal of Genetic Microbiology. 43:383-399.

Cox, C. S. 1968. The aerosol survival of *Escherichia coli B* in nitrogen, argon and helium atmospheres and the influence of relative humidity. Journal of Genetic Microbiology. 50(1):139-147.

Cox, C. S. 1987. The Aerobiological Pathway of Microorganisms, John Wiley & Sons, New York.

DeCosemo, G. A. L., Stewart, I. W., Griffiths, W. D., and Deans, J. S. 1992. The assessment of airborne microorganisms. Journal of Aerosol Science. 23:5683-5686.

Duchaine, C., Thorne, P. S., Meriaux, A., Grimard, Y., Whitten, P., and Cormier, Y. 2001. Comparison of endotoxin exposure assessment by bioaerosol impinger and filter-sampling methods. Applied and Environmental Microbiology. 67:2775-2780.

Grinsphun, S. A., Chang, C. W., Nevalainen, A., and Willeke, K. 1994. Inlet characteristics of bioaerosol samplers. Journal of Aerosol Science. 25:1503-1522.

Hatch, M. T. and Wolochow, H. 1969. Bacterial survival: consequences of the airborne state, p. 267-295. In: An introduction to experimental aerobiology. Dimmick, R. L. and Akers, A. B. eds. Wiley-Interscience, New York.

Henningson, E. W. and Ahlberg, M. S. 1994. Evaluation of microbiological aerosol samplers: a review. Journal of Aerosol Science. 25:1459-1492.

Hinds, W. C. 1982. Aerosol Technology. New York: John Willey & Sons.

Johnston, A. M., Vincent, J. H., Jones, A. D. 1985. Measurements of electric charge for workplace aerosols. Annals of Occupational Hygiene. 29(2):271-284.

Jones, W. G., Morring, K., Morey, P., and Sorenson, W. 1985. Evaluation of the Andersen viable impactor for single stage sampling. American Industrial Hygiene Association Journal. 46:294-298.

Juozaitis, A., Willeke, K., Grinshpun, S. A., and Donnelly, J. 1994. Impaction onto a glass slide or agar versus impingement into a liquid for the collection and recovery of airborne microorganisms. Applied and Environmental Microbiology. 60(3):861-870.

Lembke, L. L., Kniseley, R. N., Van Nostrand, R. C., and Hale, M. D. 1981. Precision of the all-glass impinger and the Andersen microbial impactor for air sampling in solid waste handling facilities. Applied and Environmental Microbiology. 42:222-225.

Leopold, S. S. 1988. "Positive hole" statistical adjustment for a two stage, 200-hole- per-stage Andersen air sampler. American Industrial Hygiene Association Journal. 49: A88-A90.

Li, C. S. and Lin, Y. C. 2001. Storage effects on bacterial concentration: determination of impinger and filter samples. The Science of the Total Environment. 278:231-237.

Lin, X., Reponen, T., Willeke, K., Grinshpun, S. A., Foarde, K. K., and Ensor, D. S. 1999. Long-term sampling of airborne bacteria and fungi into a non-evaporating liquid Atmospheric Environment. 33:4291-4298.

Lundholm, M. 1981. Airborne gram-negative bacteria in cotton mills and sewage plants: environmental sampling and exposure related effects, p. 13-21. Ph.D. thesis, Department of Environmental Hygiene and Department of Clinical Bacteriology, University of Goteborg, Goteborg, Sweden.

Macher, J. M. 1989. Positive-hole correction of multiple-jet impactors for collecting viable microorganisms. American Industrial Hygiene Association Journal. 50:561-568.

Macher, J. M. and First, M. W. 1984. Personal air sampler for measuring occupational exposures to biological hazards. American Industrial Hygiene Association Journal. 45:76-83.

Mainelis, G., Adhikare, A., Willeke, K., Lee, S. A., Reponen, T., and Grinshpun, S. A.

2002. Collection of airborne microorganisms by a new electrostatic precipitator. Journal of Aerosol Science. 33:1417-1432.

Marple, V. A. and Willeke, K. 1976. Impactor design. Atmospheric Environment. 10: 891-896.

Marple, V. A., Rubow, K. L., and Olson, B. A. 1993. Inertial, gravitational, centrifugal, and termal collection techniques, p. 206-232. In: Aerosol measurement: principles, techniques and application. Willeke, K. and Baron, P. A. eds. Van Nostrand Reinhold, New York.

Marthi, B. and Lighthart, B. 1990. Effects of betaine on the enumeration of airborne bacteria. Applied and Environmental Microbiology. 56:1286-1289.

May, K. R. 1964. Calibration of a modified Andersen bacterial aerosol sampler. Applied Microbiology. 12:37-43.

Muilenberg, M. L. 1989. Aeroallergen assessment by microscopy and culture. Immunological Allergy Clinics North America. 9:245-268.

Nevalainen, A., Pastuszka, J., Liebhaber, F., and Willeke, K. 1992. Performance of bioaerosol samplers: collection characteristics and sampler design considerations. Atmospheric Environment. 26:531-540.

Nevalainen, A., Willeke, K., Liebhaber, F., Pastuszka, J., Burge, H., and Henningson, E. 1993. Bioaerosol sampling, p. 471-492. In: Willeke, K. and Baron, P. A. eds. Aerosol measurement: principles, techniques, and applications. Van Nostrand Reinhold, New York.

NIOSH. 1998. Sampling and characterization of bioaerosols. In: Manual of Analytical Method. Paul, A. J. and Schafer, M. P. eds. Cincinnati, Ohio, USA.

Otten, J. A. and Burge, H. A. 1999. Bacteria. In: Macher, J. (Ed.), Bioaerosols, Assessment and control. ACGIH, Cincinnati, OH, pp. 200-214.

Pastuszka, J. S., Paw, U. K. T., Lis, D. O., Wlazlo, A., and Ulfig, K. 2000. Bacterial and fungal aerosol in indoor environment in Upper Silesia, Poland. Atmospheric Environment. 34:3833-3842.

Peto, S. and Powell, E. O. 1970. The assessment of aerosol contamination by menas of the Andersen sampler. Journal of Applied Bacteriology. 33:582-598.

Reponen, T. 1989. Bioaerosol and particle mass levels and ventilation in Finish homes. Environment International. 15:203-208.

Salvin, S. B. 1949. Cysteine and related compounds in the growth of the yeastlike phase of *Hisoplasma capsulatum*. Journal of Infectious Disease. 84:275-283.

Shipe, E. L., Tyler, M. E., and Chapman, D. N. 1959. Bacterial aerosol samplers. II. Development and evaluation of the Shipe sampler. Applied Microbiology. 7:349-354.

Sivasubramani, S. K., Niemeier, R. T., Reponen, T., and Grinshpun, S. A. 2004. Fungal spore source strength tester: laboratory evaluation of a new concept. Science of The Total Environment. 329:75-86.

Solomon, W. R. 1975. Assessing fungus prevalence in domestic interior. Journal of Allergy Clinical Immunology. 56:235-242.

Terzieva, S., Donnelly, J., Ulevicius, V., Grinshpun, S. A., Willeke, K., Stelma, G. N., and Brenner, K. P. 1996. Comparison of methods for detection and enumeration of airborne microorganisms collected by liquid impingement. Applied and Environmental Microbiology. 62:2264-2272.

Thompson, M. W., Donnelly, J., Grinsphun, S. A., Juozaitis, A., and Willeke, K. 1994. Method and test system for evaluation of bioaerosol samplers. Journal of Aerosol Science. 25:1579-1593.

Thorne, P. S., Niekhaefer, M. S., Whitten, P., and Donham, K. J. 1992. Comparison of bioaerosol sampling methods in barns housing swine. Applied and Environmental Microbiology. Aug, p. 2543-2551.

Tseng, C. C. and Li, C. S. 2005. Collection efficiencies of aerosol samplers for virus-containing aerosols. Journal of Aerosol Science. 36:593-607.

Tyler, M. E. and Shipe, E. L. 1959. Bacterial aerosol samplers. I. Development and evaluation of the all-glass impinger. Applied Microbiology. 7:337-349.

Tyler, M. E., Shipe, E. L., and Painter, R. B. 1959. Bacterial aerosol samplers. III. Comparison of biological and physical effects in liquid impinger samplers. Applied Microbiology. 7:355-362.

Walter, M. V., Marthi, B., Fieland, V. P., and Ganio, L. M. 1990. Effect of aerosolization on subsequent bacterial survival. Applied and Environmental Microbiology. 56:3468-3472.

White, W. C. 1990. An overview of the role of microorganisms in "building-related illness". Developmental and Industrial Microbiology. 31:227-229.

김기연, 고한종, 이경종. 2004. 임핀저 흡수액 조성에 따른 돈사 작업장내 바이오에어로졸 포집 효율 평가. 한국산업위생학회지. 14:111-116.

김기연, 박재범, 김치년, 이경종. 2006. 서울시 일부 지하철역 내 부유 진균, 입자상 물질, 이산화탄소의 분포 양상. 대한예방의학회지. 39:325-330.

김기연, 박재범, 김치년, 이경종. 2006. 서울시 일부 지하철역 내 분포하는 부유 세균 및 입자상 오염 물질 평가. 한국환경보건학회지. 32:254-261.

김기연, 이경종, 박재범, 김치년. 2004. 돈사 작업장 유형에 따른 생물학상 오염 물질들의 실내농도 및 발생량에 관한 현장 조사. 한국산업위생학회지. 14:283-289.

김기연, 장규엽, 박재범, 김치년, 이경종. 2006. 규제대상 다중이용시설내 부유세균의 분포 특성에 관한 현장 조사. 한국산업위생학회지. 16:1-10.
김윤신, 이은규, 엽무종, 김기연. 2002. 다중이용시설에서의 실내공기중 미생물 분포에 관한 연구. 한국환경위생학회지. 28:85-92.
박재범, 김기연, 장규엽, 김치년, 이경종. 2006. 다중이용시설 내부에 분포하는 부유진균의 입경별 농도 특성. 한국환경보건학회지. 32:36-45.
정윤희, 홍준배, 장윤희. 2001. 생활환경과 실내 공기의 미생물학적 오염에 관한 연구. 한국환경위생학회지. 27(2):1-9.

제 5 장

근골격계 질환 및 인간공학평가

직업관련성 근골격계질환(Work-related Musculoskeletal Disorders, WMSDs, 이하 WMSDs로 설명)의 업무상 질병 증가, 생산성 감소 등 사회적 비용이 증가하고 있어 중요한 사회적 문제로 대두되고 있다. 근골격계 질환 예방 및 관리를 위해서 중요한 두 가지는 첫째, 근골격계 증상조사, 근골격계부담작업 및 유해요인조사 그리고 다양한 작업공정과 직업에 따라 적절한 인간공학 평가 방법의 적용 둘째, 부위별로 많이 발생할 수 있는 근골격계 질환의 원인, 증상 그리고 이학적 검진에 대한 이해는 근로자 건강관리에 필수적인 요소이다.

근골격계질환 예방 및 관리를 위해 다양한 법으로 규정하여 제도적으로 관리하고 있어 주로 고용노동부, 한국산업안전보건공단 그리고 근로복지공단의 자료를 인용하였다.

1 근골격계 구조 및 직업관련성 근골격계 질환의 정의

1.1 근골격계 구조

근골격계는 근육과 뼈, 힘줄(건), 인대, 관절, 신경 등의 조직으로 구성되어 있으며 관절은 뼈와 뼈가 연결되는 부분으로 대개 가동관절(윤활관절)을 의미하며 연골은 연골세포와 연골기질로 구성된 조직으로 대개 관절의 일부를 구성하고 있다.

힘줄(건)은 근육을 뼈에 부착시키는 섬유성 조직이며 인대는 뼈와 뼈 사이를 연결하는 강한 섬유성 결합조직 그리고 윤활낭은 점액이 들어 있는 주머니 모양의 조직으로 뼈와 접촉하는 관절의 마찰을 적게 하는 역할을 한다.

1.2 근골격계의 주요 손상

긴장(Strain)은 근육, 인대, 건의 염좌는 정상 관절 구동 범위를 넘어서는 힘에 의해 밀리거나 늘어날 때 발생하며 염좌(Sprain)는 인대가 한계 이상으로 늘어난 손상을 의미한다. 힘줄, 건초, 윤활낭 그리고 근육에 생기는 염증을 힘줄염(건염, Tendinitis), 건초염(Tenosynovitis), 윤활낭염(Bursitis) 그리고 근염(Myositis)으로 정의한다.

1.3 직업관련성 근골격계질환의 정의

근골격계질환에 대한 용어는 누적외상성 질환(Cumulative Trauma Disorder: CTD), 반복성 긴장 상해(Repetitive Strain Injury: RSI), 직업성 과사용증후군(Occupational Overuse Syndrome: OOS), 영상표시단말기(Visual Display Terminal: VDT) 증후군, 경견완증후군(Shoulder-arm Syndrome) 등의 용어로 혼용되어 사용되고 있었으나, 최근에는 직업관련성 근골격계질환(Work-related Musculoskeletal Disorders: WMSDs)으로 명명하고 있다.

직업관련성 근골격계질환(WMSDs)은 작업과 관련하여 특정한 신체 부위의 반복 작업과 불편하고 부자연스러운 작업 자세, 강한 노동강도, 과도한 힘, 불충분한 휴식, 추운 작업 환경, 진동 등이 원인이 되어 목, 어깨, 팔꿈치, 손목, 손가락, 허리, 다리 등 주로 관절 부위를 중심으로 근육과 혈관, 신경 등에 미세한 손상이 생겨 결국 통증과 감각 이상을 호소하는 근육 및 골격계의 만성적인 건강장해로 알려져 있다(Erdil & Dickerson, 1997).

손, 손목, 팔, 허리, 목, 어때, 다리 등을 포함한 상지 및 하지, 허리 등 근골격계 및 신경계에 발생하는 장애로서 장시간에 걸쳐 반복적으로 움직이는 동작, 과도한 힘을 요구하는 작업, 국소 및 전신의 진동, 부자연스러운 자세, 기계적인 압박 및 기타 인간공학적 요인 등에 의해 발생하는 것으로 정의한다(미국산업안전보건청(OSHA, Occupational Safety and Health Administration)).

"근골격계 질병"이란 특정 신체부위에 부담을 주는 업무로 그 업무와 관련이 있는 근육, 인대, 힘줄, 추간판, 연골, 뼈 또는 이와 관련된 신경 및 혈관에 미세한 손상이 누적되어 통증이나 기능 저하가 초래되는 급성 또는 만성질환을 말한다(고용노동부 고시).

"근골격계질환"이란 반복적인 동작, 부적절한 작업자세, 무리한 힘의 사용, 날카로운 면과의 신체접촉, 진동 및 온도 등의 요인에 의하여 발생하는 건강장해로서 목, 어깨, 허리, 팔·다리의 신경·근육 및 그 주변 신체조직 등에 나타나는 질환을 말한다(산업안전보건법 656조).

1.4 근골격계 질환의 증상

근골격계 징후(signs)와 증상(symptoms)은 근육, 신경, 건, 인대, 관절, 연골, 척추디스크 등에 나타나는 상해 또는 질환을 포함한다(미국산업안전보건청(OSHA(2000)).

| 표 5-1 | 미국산업안전보건청(OSHA): 근골격계질환의 징후와 증상

신체부위	징후(signs)	증상(symptoms)
• 근육(muscles) • 신경(nerves) • 건(tendons) • 인대(ligaments) • 관절(joints) • 연골(cartilage) • 척추디스크(spinal discs)	• 기형(deformity) • 악력저하 (decreased grip strength) • 행동반경 축소 (decreased range of motion) • 기능손실(loss of function)	• 감각의 마비(numbness) • 따끔거림(tingling) • 통증(pain) • 화끈거림(burning) • 뻣뻣함(stiffness) • 경련(cramping)

1.5 근골격계 질환의 발생 단계

직업관련성 근골격계질환(WMSDs)의 증상은 매우 다양하고 구분하기가 애매한 경우가 많으며, 특히 통증, 민감함, 쇠약함, 부어오름, 무감각함 등의 증세를 보이게 되는데, 이러한 증세는 일반적으로 다음 세 단계로 분류할 수 있다.

- 1단계 : 작업시간 동안에 통증이나 피로를 호소한다. 그러나, 하룻밤을 지내거나 휴식을 취하게 되면 좋아진다. 작업 능력의 저하가 발생하지는 않는다. 이러한 상황은 몇 주, 몇 달 동안 계속될 수 있으며 다시 회복할 수 있다.
- 2단계 : 작업시간 초기부터 발생하는데 하룻밤이 지나도 통증이 계속된다. 통증 때문에 수면 장애가 있으며 반복된 작업을 수행하는 능력이 저하되고, 몇 달 동안 계속된다.
- 3단계 : 휴식을 할 때에도 계속 통증을 느끼게 되며, 반복되는 움직임이 아닌 경우에도 발생하게 된다. 잠을 잘 수 없을 정도로 통증이 계속되며 낮에도 작업을 수행할 수가 없어 다른 일에도 어려움을 겪게 된다.

2 근골격계질환의 위험요인(인자) 및 직업성 인정기준

2.1 근골격계질환의 위험요인

근골격계질환의 위험요인은 크게 3가지로 구조적 요인, 작업관련 요인 그리고 개인적인 요인으로 구분할 수 있다.

2.1.1 구조적 요인

노동강도 증가, 작업조직, 생산방식, 사회경제적 변화 등

2.1.2 작업관련 요인

- 작업자세, 힘, 반복성 등 물리적 요인
  - 빠른 작업 속도 · 반복적인 동작을 계속적으로 수행하는 작업
  - 무리한 힘을 쓰는 작업
  - 부자연스러운 작업 자세를 요구하는 작업(잘못된 작업구조)
  - 팔이나 팔꿈치, 손바닥 등이 날카로운 면에 접촉하는 작업
  - 과도한 진동이 손이나 팔 등에 전달되는 작업
- 그 밖에 특정 신체 부위에 부담되는 상태에서 하는 업무

2.1.3 개인적 요인

- 성별, 연령, 병력, 체중 등
- 운동, 취미생활, 생활습관 등

2.2 근골격계 질병의 업무상 질병 인정기준

'산재보험법 시행령'에 의하면 업무에 종사한 기간과 시간, 업무의 양과 강도, 업무수행 자세와 속도, 업무수행 장소의 구조 등이 근골격계에 부담을 주는 업무(이하 "신체부담업무"라 함)로서 다음의 어느 하나에 해당하는 업무에 종사한 경력이 있는 근로자의 팔 · 다리 또는 허리 부분의 근골격계 질병이 발생하거나 악화된 경우에는 업무상 질병으로 본다. 다만, 업무와 관련이 없는 다른 원인으로 발병한 경우에는 업무상 질병으로 보지 않으며 근골격계에 부담을 주는 업무는 반복 동작이 많은 업무, 무리한 힘을 가해야 하는 업무, 부적절한 자세를 유지하는 업무, 진동 작업 그리고 그 밖에 특정 신체 부위에 부담이 되는 상태에서 하는 업무로 규정하고 있다(근로복지공단. 근골격계질병 업무상 질병 조사 및 판정 지침. 2021).

3 직업성 근골격계 질환의 범위 및 종류

3.1 근골격계 질병 범위

'고용노동부 고시'에서 근골격계 질병은 팔, 다리 및 허리 부분으로 구분하는데 「뇌혈관 질병 또는 심장 질병 및 근골격계 질병의 업무상 질병 인정 여부 결정에 필요한 사항」에서 "팔 부분"은 목, 어깨, 등, 위팔, 아래팔, 팔꿈치, 손목, 손 및 손가락의 부위를 말하며, 대표적 질병으로는 경추염좌, 경추간판탈출증, 회전근개건염, 팔꿈치의 내(외)상과염, 수부의 건염 및 건초염, 수근관증후군, "다리 부분"은 둔부, 대퇴부, 무릎, 다리, 발목, 발 및 발가락의 부위를 말하며, 대표적 질병으로는 무릎의 반월상 연골손상, 슬개대퇴부 통증증후군, 발바닥의 근막염, 발과 발목의 건염 그리고 "허리 부분"은 요추 및 주변의 조직을 지칭하며 대표적 질병으로는 요부염좌, 요추간판탈출증 등으로 정의하였다 (근로복지공단. 근골격계질병 업무상 질병 조사 및 판정 지침. 2021).

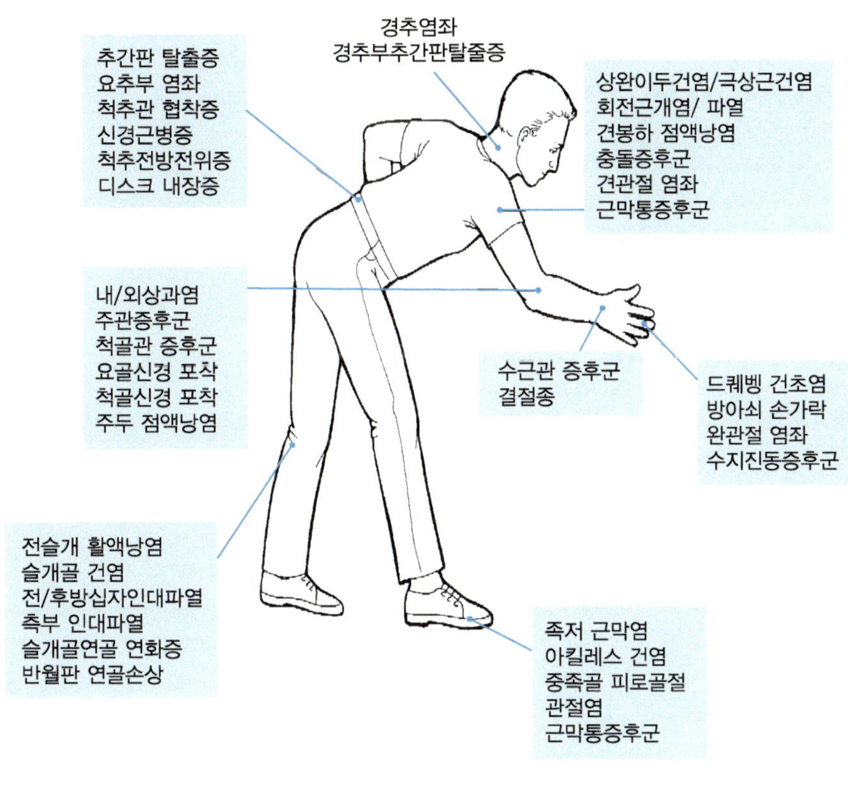

그림 5-1 주요 부위별 직업관련성 질환[출처: 한국산업안전보건공단 이동경]

3.2 부위별 근골격계 질환의 종류

고용노동부(근로복지공단)의 '근골격계질병 업무상 질병조사 및 판정 지침'을 바탕으로 한 작업장에서 많이 발생하는 질환의 정의, 원인(직업관련성으로 한정), 고위험직업군 그리고 증상 및 이학적 검진 등 근골격계 질환 예방을 위해서 필수적인 질환을 중심으로 기술하였다(근로복지공단. 근골격계질병 업무상 질병 조사 및 판정 지침. 2021).

3.2.1 팔 부분(상지)

1) 손 · 손목 부위의 근골격계질병

1. 자(척골)신경병터(Guyon 골관에서의 척골신경 포착신경병증)
2. 노뼈붓돌기힘줄 윤활막염(드퀘르벵, DeQuervain' dz)
3. 팔목터널(수근관, 손목굴) 증후군
4. 제1 손목손허리관절(수근중수관절)의 관절증
5. 손(수부)의 관절증
6. 방아쇠 손가락증(엄지 및 다른 손가락)
7. 결절종(Ganglion)
8. 손 · 손목의 건(초)염 · 윤활막염

가. 팔목터널(수근관, 손목굴) 증후군(Carpal Tunnel Syndrome)

① 정의

손목에서 횡으로 넓게 분포하고 있는 횡수근 인대 내부에 9개의 손가락 굴근 인대와 정중신경이 지나가는 것을 손목굴(수근관)이라고 하며 손목의 굴곡근아래 정중신경이 압박을 받아 발생하는 증후군이다.

② 원인

반복적이고 지속적으로 강력한 힘을 필요로 하는 쥐기 동작, 손목의 굴곡 및 신전이 상당한 상태에서 쥐기 작업, 요골 및 척골 편향 동작의 반복, 손가락 집기 작업시 발생할 수 있다.

③ 고위험 직업군

건설업(용접공, 석공, 미장공, 형틀목공), 조선업(용접공, 도장공, 취부공), 자동차(정비공, 의장조립공), 제조업 용접공, 정육원, 조리사, 급식조리원, 주방보조원, 음식서비스 종사원, 객실청소원

④ 증상

정중신경이 지배하는 엄지, 검지, 중지 및 손바닥 부위의 통증, 타는 느낌, 저림 등의 이상감각 및 정중신경 지배 근육의 위축이 발생한다.

⑤ 이학적 검진

팔렌 검사(Phalen's test), 역팔렌 검사(Reveverse Phalen's test), 티넬증후(Tinel's sign)

나. 노뼈붓돌기힘줄 윤활막염(드퀘르벵, DeQuervain' dz)

① 정의

손목에서 엄지손가락으로 이어지는 힘줄(손목의 노쪽(요측)에서 노뼈(요골)와 후방 손목(수근)인대에 의해 형성되는 골섬유관의 제 1구획을 통과하는 근육에 협착성 건막염)에 염증이 발생하는 질환이다.

② 원인

손을 이용한 강력한 잡기, 손목의 비틂, 손목의 신전 동작이 엄지방향 편향상태에서 반복되는 동작시 발생할 수 있다.

③ 직업군

자동차(의장조립공, 부품조립공), 조리원, 급식조리원, 제빵원

④ 증상

손목의 엄지손가락 부분(긴엄지외향근과 짧은엄지외향근)에 통증이 발생한다.

⑤ 이학적 검진

핀켈스타인검사(Finkelstein's test)

다. 방아쇠 손가락증(엄지 및 다른 손가락), 방아쇠수지(Trigger Finger)

① 정의

손가락 굽힘힘줄(굴곡건)에 결절 또는 종창이 생기거나 손등뼈 골두 손바닥 쪽에 위치한 도르래가 두꺼워져, 도르래 아래로 힘줄이 어렵게 통과하기 때문에 발생하는 질환이다.

② 원인

딱딱하거나 날카로운 도구를 잡은 채 작업을 하거나, 빈번하고, 강력하며, 부자연스런 자세로 딱딱한 물체 쥐기 작업시 발생할 수 있다.

③ 증상

손가락이 굽혀진 상태에서 잘 움직이지 않으며 손가락을 움직일 때 힘줄(건)의 통과 시 심한 마찰이 느껴지다가 어느 순간 갑자기 용이하게 통과하여 손가락이 딸깍거리는 느낌이나 마치 방아쇠를 당길 때의 느낌과 비슷하다 하여 '방아쇠 수지'로 명명 하였다.

④ 이학적 검진 및 징후

힘줄(건)이 걸렸다가 풀리는 순간에 탄발음(snapping sound or crepitus)을 느끼거나 들을 수 있다.

라. 결절종(Ganglion)

① 정의

관절액이나 건막의 활액이 새어 나와 고여서 또는 연부조직의 유점액성 변성이 되어 물혹이 생기는 질환이다.

② 원인

반복적인 손이나 손목 작업시 발생할 수 있다.

③ 증상

손과 손목에 자라는 물혹처럼 생긴 낭포(물혹)성 덩어리이다.

2) 팔꿈치 · 아래팔 부위의 근골격계질병

1. 외측 상과염(바깥쪽 위관절융기염)
2. 내측 상과염(안쪽 위관절융기염)
3. 팔꿈치머리 윤활낭염(주두 점액낭염)
4. 아래팔(전완부)에서의 노(요골)신경 병터(포착 신경병증)
5. 아래팔(전완부)에서의 정중신경 병터(포착 신경병증)
6. 팔꿈치 부위에서의 자(척골)신경 병터(포착 신경병증)
7. 아래팔(전완부) 근육의 근육통(근막동통증후군)
8. 기타 팔꿈치 · 아래팔(전완) 부위의 건(초)염 · 윤활막염

가. 안쪽 위관절융기염(내측 상과염, 골프엘보, Medial epicondylitis, Golfer's elbow) 및 바깥쪽 위관절융기염(외측 상과염, 테니스엘보, Lateral epicondylitis, Tennis elbow)

① 정의 및 증상

ⓐ 안쪽 위관절융기염(내측 상과염)–팔꿈치 안쪽(내측)면 내상과 부위의 통증

ⓑ 바깥쪽 위관절융기염(외측 상과염)-팔꿈치 바깥쪽(외측)면에 외상과 부위의 통증

② 원인

ⓐ 안쪽 위관절융기염(내측 상과염)-손목을 굽히거나 비튼 상태에서 반복적/강력한 전완부 회전 작업, 강력한 손가락집기 작업시 발생할 수 있다.

ⓑ 바깥쪽 위관절융기염(외측 상과염)-손목을 굽히거나 비튼 상태에서 반복적/강력한 전완부 회전 작업시 발생할 수 있다.

③ 내상과염 고위험 직업군

건설업(용접공, 형틀목공, 철근공), 조선업(용접공, 취부공, 사상공, 도장공), 자동차(부품조립원, 의장조립공), 타이어(가류공, 정련공, 성형공. 압출공, 검사원), 조리원, 제조업 용점공, 급식조리원, 음식서비스 종사원, 정육원, 쓰레기수거원(재활용 포함), 건물청소원

④ 이학적 검진

ⓐ 안쪽 위관절융기염(내측 상과염)-골프 엘보검사(Golfer's elbow test)

ⓑ 바깥쪽 위관절융기염(외측 상과염)-코젠 검사(Cozen's test), 밀 검사(Mill's test)

3) 위팔 부위의 근골격계질병

1. 위팔어깨관절(상완와관절)의 관절증
2. 이두근 힘줄염(위팔 두갈래근 건(막)염)
3. 위팔(상완부) 근육의 근육통(근막동통증후군) 부위: 어깨 세모근(삼각근), 위팔두갈래근(이두박근), 위팔 세갈래근(삼두박근 등)]

4) 어깨(견갑골) 부위의 근골격계질병

1. 봉우리빗장관절(견쇄관절) 부위의 관절증
2. 근육둘레띠 증후군(회전근개건염)(충돌 증후군, 가시위증후군, 가시위 파열 등을 포함, Rotator Cuff Tendinitis)
3. 동결어깨(유착성 관절낭염, Adhesive Capsulitis)
4. 흉곽하구증후군(가슴아래문증후군, Thoracic Outlet Syndrome), 목갈비뼈(경늑골) 증후군, 전사각근 증후군, 갈비빗장(늑쇄)증후군 및 과벌림(과외전)증후군 등을 포함)

5. 어깨(어깨 세모근(삼각근)하, 부리돌기밑(오구돌기하), 봉우리밑(견봉하), 견갑하 등)의 윤활낭염(점액낭염)
6. 기타 어깨관절 부위의 건(초)염 · 윤활막염
7. 어깨(견갑부) 근육의 근육통(근막통증 증후군) 〔부위: 가시위근(극상근), 가시아래근(극하근), 작은원근(소원근), 넓은 등근(광배근), 마름근(능형근)〕

어깨는 어깨뼈, 근육 그리고 관절로 구성되어 있다. 어깨뼈는 위팔뼈(상완골), 어깨뼈(견갑골) 그리고 빗장뼈(쇄골)로 구성되어 있고, 어깨관절은 어깨가슴관절(scapulothoracic joint), 오목위팔관절(glenohumeral joint), 복장빗장관절(sternoclavicular joint), 봉우리빗장관절(acromioclavicular joint)로 구성되어 있다. 또한 어깨 관절의 움직임에 매우 중요한 근육 둘레띠(회전근개, rotator cuff)는 4개의 근육인 가시위근(극상근), 가시아래근(극하근), 어깨밑근(견갑하근), 작은원근(소원근)으로 구성되어 있다.

4-1) 어깨 질환

가. 동결어깨(유착성 관절낭염, Adhesive Capsulitis, 동결견 증후군, Frozen Shoulder Syndrome)

① 정의

유착성관절낭염(adhesive capsulitis)은 동결견(frozen shoulder), 오십견으로도 명명된 병명으로 어깨를 감싸는 관절주머니(관절낭)에 섬유화와 염증이 생기면서 어깨가 굳고 이로 인해 어깨통증과 어깨관절의 움직임에 제한이 있는 질환이다.

② 증상

어깨 관절 회전시 어깨통증이 심해지면서 팔을 돌리기가 어렵고 어깨에 힘을 주기가 불편하며 진행하면 일상생활에서 머리 빗기, 세수하기, 뒷머리를 감거나 팔을 뻗어 물건을 잡는 것이 어렵다.

나. 근육둘레띠 증후군(회전근개건염)(충돌 증후군, 가시위증후군, 가시위 파열 등을 포함, Rotator Cuff Tendinitis)

① 정의

어깨 충돌 증후군(impingement syndrome)은 뼈와 근육이 부딪혀 염증이 발생하는 질환으로 팔을 들어 올리거나 벌릴 때 어깨뼈 봉우리 밑 공간(subacromial arch)이 좁아져 돌림근띠(회전근개, rotator cuff) 힘줄에 부종이나 염증을 유발하여 통증이 발생한다. 어깨

충돌 증후군은 진단명이라기보다는 다양한 증후들이다.

② 원인

반복적으로 팔을 어깨 위로 드는 작업, 어깨를 반복적으로 사용하는 동작, 중량물을 운반하거나 당기는 경우에 발생할 수 있다.

③ 증상

어깨관절의 통증과 운동 장애가 발생하는 질환으로 회전근개 질환의 가장 흔한 증상은 어깨 통증이며 팔을 들거나 손을 등 뒤로 했을 때 통증이 심해진다.

④ 이학적 검진

통증 호 검사(Painful arc test), 캔비우기검사(Empty can test), 니어충돌검사(Neer Walsh (impingement) test), 하우킨스케네디충돌검사(Hawkins-kennedy impingement test)

다. 근육둘레띠(회전근개) 파열

① 정의

어깨 관절의 움직임에 매우 중요한 근육둘레띠(회전근개, rotator cuff)는 4개의 근육인 가시위근(극상근), 가시아래근(극하근), 어깨밑근(견갑하근), 작은원근(소원근)으로 구성되어 있으며 팔을 안으로 또는 바깥으로 돌리는 회전 기능을 하기 때문에 회전근이라 부른다. 어깨를 과도하게 사용하거나 반복작업을 수행할 경우 처음에는 힘줄(건)에 부종이 있다가 점차 지속적인 염증반응과 섬유화 및 퇴행성 변화로 근육둘레띠(회전근개)가 파열되어 통증이 생기는 질환이다.

② 증상

주요 증상은 어깨 통증으로 흔한 부위는 어깨 외측과 앞쪽이며, 팔을 들어 올리거나 무거운 물건을 들 때 통증이 심해지며 뻗는 자세를 하기가 어렵고, 어깨 안에서 뭔가 걸리는 느낌이 나타날 수 있으며 야간에 악화되는 양상을 보이기도 한다. 근력약화에 따른 어깨관절의 기능 저하도 흔히 나타난다.

③ 고위험 직업군

건설업(배관공, 형틀목공, 도장공, 미장공, 석공, 경량철골공, 새시조립 및 설치공, 철근공, 인테리어공, 용접공, 전기공, 토목공, 조경공, 조적공, 타일공, 견출공, 터널공, 관로공, 도배공), 조선업(용접공, 취부공, 배관공, 도장공, 비계공, 사상공, 기계조립공, 전장공, 의장설치공), 자동차(의장조립공, 정비공, 도장공, 부품조립공, 엔진조립공), 타이어(성형공, 압출공, 정련공, 재단공, 비드공, 검사원), 주류 및 음료 배달원, 쓰레기수거원(재활용 포함), 급식조리원,제조업 용접공, 가구제조원(배달 포함), 정육원, 마트 판매원, 항만하역원, 이사작업원

④ 이학적 검진(근육둘레띠(회전근개, rotator cuff))

ⓐ 가시위근(극상근)검사 : 캔 비우기검사(Empty can test), 팔 떨어뜨리기 검사(Drop arm test)

ⓑ 어깨밑근(견갑하근)검사 : 등 떼기 검사(Lift-off test), 복부 압박 검사(Press belly tes)

ⓒ 가시아래근(극하근), 작은원근(소원근)검사 : 저항성 외회전 검사(Resisted External rotation(Patte test))

라. 흉곽하구증후군(가슴아래문증후군, Thoracic Outlet Syndrome)

① 정의

흉곽 위쪽 구조물에 의하여 쇄골(빗장뼈) 아래의 혈관 및 팔신경얼기가 눌려서 양팔이 아프고 감각이 떨어지며 저리고, 팔과 손이 붓고 피부색에 변화가 나타나는 질환이다.

② 원인

어깨 위로 중량물 이동하는 경우와 팔을 신전한 채로 중량물 이동하는 경우에 발생할 수 있다.

③ 직업군

타이피스트, 컨베이어 작업종사자, 미용사, 이용사 등 상지를 장시간 사용하거나 상지를 거상 위치로 고정하는 작업

④ 증상

통증 및 감각 이상이 흔한 증상으로 대부분 자(척골)신경이 지배하는 팔, 손, 다섯째 손가락의 안쪽과 넷째 손가락의 바깥쪽에서 지각 이상 그리고 팔과 어깨, 목에 통증이 있다.

⑤ 이학적 검진

애드손 검사(Adson's test), 알렌검사(Allen test)

3.2.2 목 부위의 근골격계질병

1. 목의 통증(경부통), (경부 긴장/염좌 Cervical strain/sprain)
2. 목(경부)의 관절증
3. 목뼈 원판 장애(경부 추간판장애)
4. 목(경부) 근육의 근육통(근막통증 증후군)(부위: 척추옆근(경추 주위근), 등세모근(승모근))

가. 경추부 추간판탈출증(Herniations of intervertebral disc)

① 정의

경추부 척추사이원반(추간판)이 후방으로 탈출하여 신경근이나 척수를 압박하는 연성 추간판(soft disc)과 골극에 의해 척수나 신경근을 압박하는 경성 추간판(hard disc) 탈출로 구분할 수 있다.

② 원인

NISOH 연구에서 목의 자세와 반복성, 힘, 진동 등 4가지 요인을 중심으로 평가한 결과, 목의 자세는 증거가 충분하며 반복성과 힘은 증거가 있으며, 진동 요인은 증거가 불충분한 것으로 평가하였다. 위험요인 중 목의 자세가 가장 중요하며 특히 목의 굽힘 자세와 목의 정적 자세가 주요한 원인이다.

③ 고위험 직업군

건설업(용접공, 배관공, 형틀목공, 도장공, 전기공, 미장공, 경량철골공), 조선업(용접공, 취부공, 배관공, 사상공, 도장공), 자동차(정비공), 제조업 용접공

④ 증상

증상은 다양하며 초기 증상은 경추부 동통과 강직으로 소실과 재발을 반복하다가 어깨(견)관절 동통, 어깨뼈(견갑골) 내측을 따라 방사되는 통증, 팔이나 손의 근력 약화 및 감각저하 또는 저린감이 발생할 수 있다. 경추부 추간판탈출증은 제5-6번 경추간(C5-C6), 제6-7번 경추간(C6-C7)에서 가장 많이 발생한다.

⑤ 이학적검진

ⓐ 추간공 압박검사(Spurling's test), 잭슨 압박검사(Jackson's compression test) : 머리를 수직으로 눌러 추간공을 좁혀주면(hard compression) 증상이 악화되고, 머리를 견인하면(head distraction) 증상이 완화된다. 머리를 누른 상태에서 이환된 쪽으로 돌리면 통증이나 저린감 등의 증상이 나타난다(Spurling's test).

3.2.3 다리 부분(하지)

1. 반월상 연골손상(반달연골의 이상)
2. 슬개대퇴부 통증 증후군(무릎뼈 연골연화증)
3. 전무릎뼈(슬개골) 윤활낭염(Prepatellar Bursitis)
4. 발바닥 근막염(Plantar Fasciitis)
5. 무릎뼈 힘줄염(슬개건염, Patellar Tendinitis)
6. 발목과 발의 힘줄(건)염(Ankle or Foot Tendinitis)

가. 반월상 연골손상(반달연골의 이상) : 파열 포함

① 정의

반월상 연골은 무릎의 표면을 감싸고 넙다리뼈(대퇴골)와 경강뼈(경골) 사이에서 무릎의 굴곡과 신전을 부드럽게 하여 충격을 완화하는 역할을 한다. 넙다리뼈와 정강뼈 사이에서 있는 'C'자형의 반달모양의 연골에 손상이 발생하는 것으로 정의한다.

② 원인

갑작스런 무릎의 회전, 무릎에 충격 그리고 자주 구부리는 작업을 할 경우 발생할 수 있다.

③ 증상

동통 및 압통, 운동 제한, 무릎(슬)관절 운동 중 굽힘(굴곡)시 갑자기 폄(신전)이 되지 않는 잠김(locking) 현상, 그리고 계단을 내려갈 때 무릎에 힘이 빠지는 주저앉음(giving away)이 나타날 수 있으며 반월상 연골 파열이 진행하면 넙다리네갈래근(대퇴사두근)의 위축이 생길 수 있다.

④ 고위험 직업군

건설업(형틀목공, 석공, 미장공, 배관공, 철근공, 용접공, 전기공, 비계공), 조선업(용접공, 사상공, 도장공, 취부공, 배관공, 의장조립공, 심출공, 철목·전장공, 절단공, 보온공, 비계공, 선박정비공), 제조업 용접공, 택배원, 이사작업원, 쓰레기수거원, 어린이집 보육교사

⑤ 이학적 검진

맥머리 검사(McMurray test), 아프레이 검사(Apley's test)

나. 슬개대퇴부 통증 증후군(무릎뼈 연골연화증)

① 정의

무릎에서 무릎뼈(슬개골(patella)) 뒤의 관절 연골(물렁뼈)에 연화 현상(단단해야 할 연골이 부드러워지는 것, 약해지는 것)이 발생하고 진행하면 벗겨져 나가는 퇴행성 변화를 보이는 질환이다.

② 원인

외상이나 인대 손상 등이 주요한 원인이며 무릎의 과도한 반복적 사용, 오랫동안 무릎을 굽히는 자세에서도 발생할 수 있다.

③ 증상

가장 흔한 증상은 무릎 앞쪽이 뻐근하게 아프며, 무릎을 꿇거나 쪼그리고 오래 앉아 있으면 아프고 특히 계단을 오르내릴 때 통증이 있다. 통증이 심해지고 무릎 운동시 사각거리는 소리(염발음)가 날 수 있다.

④ 이학적 검진

슬개압박검사(patella compression test)

다. 발바닥 근막염(Plantar Fasciitis)

① 정의

발바닥에 있는 근막 조직(발바닥 근육을 감싸고 두껍고 강한 섬유띠)에 염증이 생겨 발뒤꿈치나 발바닥에 통증을 유발하는 질환이다.

② 원인

바닥이 딱딱한 곳에서 장시간 일할 때, 작업자의 신발이 충격 흡수력이 떨어지거나 딱딱한 경우 그리고 높은 곳에서 떨어지는 외상에 의해서도 발생할 수 있다.

③ 증상

발뒤꿈치 바닥의 안쪽에 발생하는 경우가 대부분이고 발바닥의 안쪽 경계를 따라 발바닥 중앙으로 연장될 수 있으며 발뒤꿈치뼈 전내측 종골 결절 부위를 누르면 통증이 발생하기도 한다. 아침에 일어나서 첫 발을 디딜 때 아프거나 갑자기 일서서서 걷기 시작할 때 통증이 심하면 족저 근막염의 진단에 중요한 단서가 된다.

3.2.4 허리 부분

1. 아래허리통증(요통), (요부 긴장/염좌, Low Back strain/Sprain)
2. 퇴행성 척추탈위증(Degenerative Spondylolisthesis)
3. 요부(허리) 퇴행성 추간판질환(Lumbar Degenerative Disk Disease)
4. 요추간판탈출(전위)(Lumbar Disc Herniation)
5. 요추간판탈출(전위)과 척수병증이 있을 때(Lumbar disc herniation with Myelopathy)
6. 요추간판탈출(전위)과 신경근병증이 있을 때(Lumbar disc herniation with Radiculopathy)
7. 외상성 추간판 팽윤, 요추부 염좌
8. 외상성 요추부 추간판탈출(파열)

가. 아래허리통증(요통), (요부 긴장/염좌, Low Back strain/Sprain)

① 정의

요추부 염좌는 외상, 불안정한 자세에서 중량물 취급시 생기는 증상으로 요추(허리뼈)부위의 뼈와 뼈를 이어주는 섬유조직인 인대 손상이나 건조직의 과신전 또는 파열로 통증이 생기는 상태로 정의한다.

② 증상

주 증상은 허리통증으로 급성기에는 근육경직 때문에 심한 통증이 발생하여 요추 및 하지의 운동 제한이 있으며 만성기에는 급성기보다 경미한 통증을 호소하나, 재발하여 오래 지속될 수 있다.

나. 요추부 추간판탈출증(Lumbar Disc Herniation)

① 정의

요추부 척추사이원반(추간판)이 후방으로 탈출하여 신경근이나 척수를 압박하여 요통과 좌골신경통(sciatica)을 유발하는 질환으로 추간판이 탈출한 정도에 따라 팽윤(Bulging Disc), 돌출(Protruded Disc), 탈출형(Extruded Disc), 부골화(Sequestrated Disc)로 나눌 수 있다.

② 원인

NIOSH 연구에서 들기 및 힘든 동작(밀기, 당기기 등 물체를 움직이는 동작 등)과 전신 진동 은 증거가 충분하며 과도한 육체 작업, 부적절한 자세 요인은 증거가 있으며, 정적 작업자세는 증거가 불충분한 것으로 평가하였다.

위험요인 중 중량물 취급 여부가 가장 중요하며 부적절한 자세 작업, 요추부를 굽히는 자세, 굽힌 상태에서 들기, 비트는 자세 그리고 쪼그려 앉은 자세는 요추부 질환의 위험 요인이다.

③ 고위험 직업군

건설업(용접공, 배관공, 중기운전원, 형틀목공, 석공, 전기공, 철골공), 조선업(용접공, 배관공, 취부공, 도장공, 사상공), 자동차 정비공, 타이어 성형공, 제조업 용접공, 쓰레기 수거원(재활용 포함), 열차 정비공 등

④ 증상

요추부 추간판 탈출증의 주요한 증상은 요통과 함께 다리가 아프고 저린 방사통이다. 처음에 나타나는 증상은 요통으로 점차 하지에 저린감 및 이상감각, 근력저하를 유발한다. 제4-5번 요추간(L4-L5)과 제5요추-제1번 천추간(L5-S1)에서 많이 발생한다.

⑤ 이학적 검진

하지 적거상 검사(straight leg raising test(Lasegue's Test))는 천장을 보고 똑바로 누운 자세에서 무릎을 펴고 통증이 느껴지는 쪽 다리를 천천히 올려 통증(방사통)이 생기는 점을 확인하며 고관절이 90도 될 때까지 들어 올리는 검사이다. 90도까지 올릴 때, 그 이내에서 통증이 나타나면 양성이라 진단한다.

다. 퇴행성

① 정의

척추전방전위증, 척추탈위증, 척추일출증, 척추앞전위증, 척추처짐증으로 명명하며 척추가 여기에 인접하는 밑의 척추에 비해 정상적인 정렬을 이루지 못하고 위 척추뼈가 아래 척추뼈보다 앞으로 밀려 나가는 질환이다.

② 증상

주 증상은 요통이며 신경이 눌려지면 하지 저림과 통증, 이상감각이 나타나며 심한 경우는 자세 이상이 생겨 허리가 굽어지고 정상적인 보행이 힘들어 진다.

4 유해요인 조사, 근골격계 증상조사 및 인간공학 평가

근골격계 질환 예방을 위해 근골격계 증상조사, 근골격계부담작업의 범위 및 유해요인조사 그리고 필요시 인간공학 평가 등을 수행하여 종합적으로 관리해야 한다. 이 장에서는 고용노동부고시, 산업안전보건기준에 관한 규칙 그리고 산업안전보건공단 'H-9-2018 근골격계부담작업 유해요인조사 지침' 및 '근골격계질환 평가기법'을 참고하여 작성하였다.

4.1 법적 근거

산업안전보건기준에 관한 규칙 제12장 근골격계부담작업으로 인한 건강장해의 예방 및 고용노동부고시 제2018-13호(근골격계부담작업의 범위 및 유해요인조사 방법에 관한 고시)의 규정에 따라 근골격계부담작업의 유해요인조사 목적, 시기, 방법, 내용, 조사자, 개선과 사후조치 등을 제시함을 목적으로 한다.

4.1.1 유해요인 조사 시기

① 사업주는 근로자가 근골격계부담작업을 하는 경우에 3년마다 유해요인조사를 하여야 한다. 다만, 신설되는 사업장의 경우에는 신설일부터 1년 이내에 최초의 유해요인 조사를 하여야 한다.

- 설비 · 작업공정 · 작업량 · 작업속도 등 작업장 상황
- 작업시간 · 작업자세 · 작업방법 등 작업조건
- 작업과 관련된 근골격계질환 징후와 증상 유무 등

② 사업주는 지체없이 유해요인 조사를 하여야 한다.

- 근골격계질환자가 발생하였거나, 근로자가 근골격계질환으로 업무상 질병으로 인정받은 경우
- 근골격계부담작업에 해당하는 새로운 작업 · 설비를 도입한 경우
- 근골격계부담작업에 해당하는 업무의 양과 작업공정 등 작업환경을 변경한 경우

③ 사업주는 유해요인 조사에 근로자 대표 또는 해당 작업 근로자를 참여시켜야 한다.

4.1.2 유해요인 조사 방법

사업주는 유해요인 조사를 하는 경우에 근로자와의 면담, 증상 설문조사, 인간공학적 측면을 고려한 조사 등 적절한 방법으로 하여야 한다.

1) 유해요인조사는 그림 5-2와 같이 근골격계부담작업을 보유하거나 업무상 근골격계 질환자가 발생 · 인정된 경우 실시하며, 근로자와의 면담, 증상설문조사, 인간공학적 측면을 고려하여 조사한다.

2) 유해요인 조사 도구

유해요인 조사는 유해요인 기본조사, 근골격계질환 증상 설문조사 그리고 필요시 정밀평가(작업분석 · 평가도구)를 실시한다.

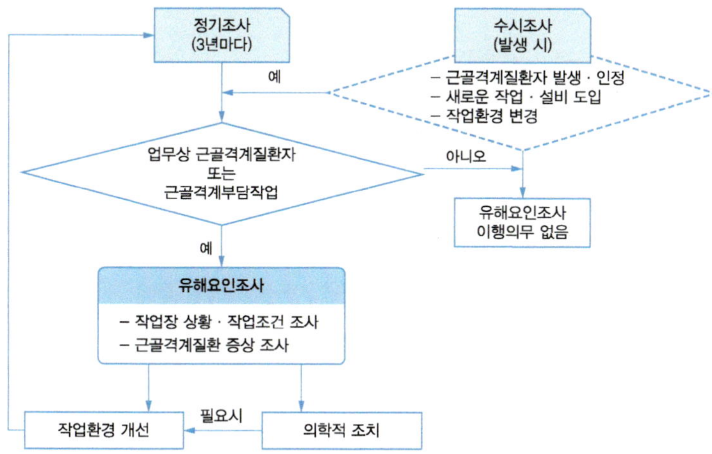

그림 5-2 유해요인조사 흐름도[출처: 한국산업안전보건공단]

3) 유해요인 조사 내용

유해요인조사는 작업장 상황조사, 작업조건 조사, 증상 설문조사로 구성된다.

㈎ 작업장 상황조사 항목은 다음 내용을 포함한다.

① 작업공정

② 작업설비

③ 작업량

④ 작업속도 및 최근 업무의 변화 등

㈏ 작업조건조사 항목은 다음 내용을 포함한다.

① 반복동작

② 부적절한 자세

③ 과도한 힘

④ 접촉스트레스

⑤ 진동

⑥ 기타 요인(예, 극저온, 직무스트레스)

㈐ 증상 설문조사 항목은 다음 내용을 포함한다.

① 증상과 징후

② 직업력(근무력)

③ 근무형태(교대제 여부 등)

④ 취미활동

⑤ 과거질병력 등

4.2 근골격계부담작업의 범위 및 유해요인조사

4.2.1 근골격계 부담작업(11개)의 범위

「산업안전보건법」 제39조(보건조치) 제1항 제5호 단순반복작업 또는 인체에 과도한 부담을 주는 작업에 의한 건강장해 조치 및 「산업안전보건기준에 관한 규칙」제656조 제1호에 따른 근골격계부담작업은 총 11개(①~⑪)의 항목으로 이루어져 있으며 크게 부자연스런 자세, 과도한 손의 힘, 반복 동작, 반복 충격, 무겁고, 자주 또는 부자연스런 들기 작업으로 구분된다. 11개의 근골격계부담작업 항목은 아래와 같다(근골격계부담작업의 범위 및 유해요인조사 방법에 관한 고시(제2020-12호).

① 하루에 4시간 이상 집중적으로 자료입력 등을 위해 키보드 또는 마우스를 조작하는 작업
② 하루에 총 2시간 이상 목, 어깨, 팔꿈치, 손목 또는 손을 사용하여 같은 동작을 반복하는 작업
③ 하루에 총 2시간 이상 머리 위에 손이 있거나, 팔꿈치가 어깨위에 있거나, 팔꿈치를 몸통으로부터 들거나, 팔꿈치를 몸통뒤쪽에 위치하도록 하는 상태에서 이루어지는 작업
④ 지지되지 않은 상태이거나 임의로 자세를 바꿀 수 없는 조건에서, 하루에 총 2시간 이상 목이나 허리를 구부리거나 트는 상태에서 이루어지는 작업
⑤ 하루에 총 2시간 이상 쪼그리고 앉거나 무릎을 굽힌 자세에서 이루어지는 작업
⑥ 하루에 총 2시간 이상 지지되지 않은 상태에서 1 kg 이상의 물건을 한손의 손가락으로 집어 옮기거나, 2 kg 이상에 상응하는 힘을 가하여 한손의 손가락으로 물건을 쥐는 작업
⑦ 하루에 총 2시간 이상 지지되지 않은 상태에서 4.5 kg 이상의 물건을 한 손으로 들거나 동일한 힘으로 쥐는 작업
⑧ 하루에 10회 이상 25 kg 이상의 물체를 드는 작업
⑨ 하루에 25회 이상 10 kg 이상의 물체를 무릎 아래에서 들거나, 어깨 위에서 들거나, 팔을 뻗은 상태에서 드는 작업
⑩ 하루에 총 2시간 이상, 분당 2회 이상 4.5 kg 이상의 물체를 드는 작업
⑪ 하루에 총 2시간 이상 시간당 10회 이상 손 또는 무릎을 사용하여 반복적으로 충격을 가하는 작업

근골격계부담작업 체크리스트

사업장명		조사일지		조사자	
공정명		공정내용			

구분				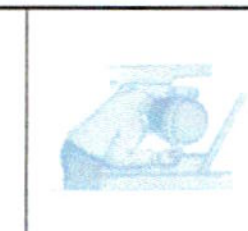		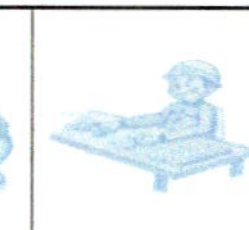			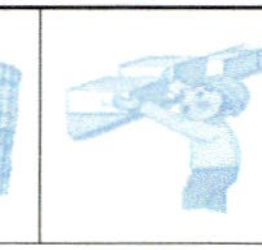		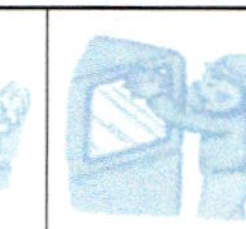
노출시간	하루에 총 4시간 이상	하루에 총 2시간 이상	하루에 총 2시간 이상	하루에 총 2시간 이상	하루에 총 2시간 이상	하루에 총 2시간 이상	하루에 총 2시간 이상	–		하루에 총 2시간 이상	하루에 총 2시간 이상
노출빈도	–							하루에 총 10회 이상	하루에 총 25회 이상	분당 2회 이상	시간당 10회 이상
신체부위	손, 손가락	목, 어깨, 손목, 손, 팔꿈치	어깨, 팔	목, 허리	다리, 무릎	손가락	손	허리	손, 무릎	허리	손, 무릎, 팔꿈치
작업자세 및 내용	집중적인 자료 입력 작업 (마우스, 키보드 사용)	같은 동작 반복작업	• 머리 위의 손 • 팔꿈치가 몸통으로부터 들림 • 팔꿈치를 몸통 뒤쪽에 위치	구부리거나 비틂	쪼그리고 앉거나 무릎을 굽힘	한 손가락 집기작업	물건을 잡는 작업	물건을 드는 작업	• 어깨 위에서 들기 • 팔을 뻗은 상태에서 물건을 드는 작업	물건을 드는 작업	반복적인 충격
무게	–					• 1 kg 이상의 물건 • 2 kg 이상에 상응하는 힘	• 4.5 kg 이상의 물건 • 동일한 무게의 힘	25 kg 이상	10 kg 이상	–	
단위작업명											

한국산업안전공단

그림 5-3 근골격계부담작업 체크리스트

4.2.2 유해요인조사

유해요인은 반복동작, 부적절한 자세, 과도한 힘, 접촉 스트레스, 진동, 기타로 구분하여 기재한다. '유해요인의 발생원인 또는 노출특징'은 해당 유해 요인별로 작성한다.

유해요인	내용 설명
반복동작	근육, 힘줄, 인대 또는 관절을 사용하여 반복 수행되는 동일한 유형의 동작으로서 그 유해 정도는 반복 횟수, 빠르기, 관련되는 근육군의 수, 사용되는 힘에 따라 다름 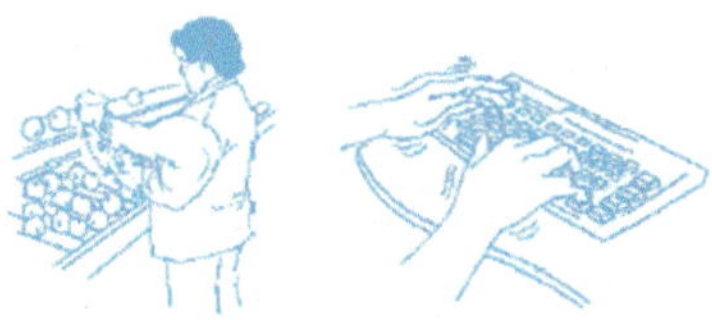
부적절한 자세	각 신체 부위가 취할 수 있는 중립자세를 벗어나는 자세를 말하며, 예를들어 손가락 집기, 손목 좌우 돌리기, 손목 굽히거나 뒤로 젖히기, 팔꿈치 들기, 팔 비틀기, 목 젖히거나 숙이기, 허리 돌리기·구부리기·비틀기, 무릎꿇기·쪼그려 앉기, 한발로 서기, 장시간 서서 일하는 동작, 정적인 자세등의 자세를 일컬음 
과도한 힘	들거나 내리기, 밀거나 당기기, 운반하기, 지탱하기 등으로 물체, 환자 등을 취급할 때 이루어지는 무리한 힘이나 동작을 말함 
접촉스트레스	작업대 모서리, 키보드, 작업공구, 가위 사용 등으로 인해 손목, 손바닥, 팔 등이 지속적으로 눌리거나 손바닥 또는 무릎 등을 사용하여 반복적으로 물체에 압력을 가함으로써 해당 신체부위가 받는 충격 또는 접촉부담을 말함 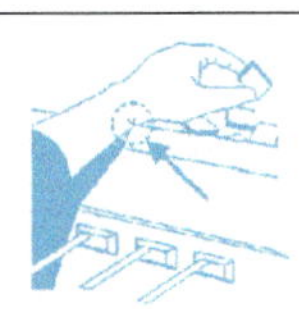
진동	신체부위가 동력기구, 장비와 같이 진동하는 물체와 접촉하여 영향을 받게되는 진동으로서 버스, 트럭 등 운전으로 인한 전신진동과 착암기, 임팩트등 사용으로 인한 손, 팔부위의 국소진동으로 구분함 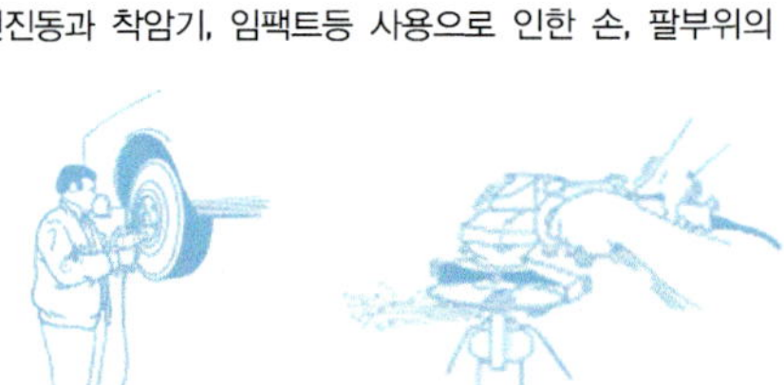
기타요인	극저온 또는 고온, 직무스트레스 등

그림 5-4 유해요인 종류

4.2.3 근골격계 질환 증상조사

1) 근골격계질환 증상조사표 구성

미국 국립산업안전보건연구원(NIOSH)에서 사용하는 표준화된 설문과 미국 국립 표준과학 연구원(ANSI)에서 만든 증상조사표를 기초로 하여 한국산업안전보건공단 에서 재구성한 KOSHA(Korea Occupational Safety and Health Agency) code(H-30-2008)의 '근골격계 부담 작업 유해요인조사 지침'을 기본으로 하여 설문지를 구성하였다.

설문의 문항은 손/손가락/손목, 팔/팔꿈치, 어깨, 목, 허리, 다리/발 중 어느 한 부위라도 작업과 관련하여 통증이나 불편함(통증, 쑤시는 느낌, 뻣뻣함, 화끈거리는 느낌, 무감각 혹은 찌릿찌릿함) 등의 증상에 대한 발생 빈도, 발생 기간, 통증의 강도 등을 조사하고 이외에도 규칙적인 여가 및 취미활동, 가사노동시간, 질병에 대해 진단, 운동 중 혹은 사고, 일의 육체적 부담 정도를 기록한다.

특히 통증의 강도는 '약한 통증'(약간 불편한 정도이나 작업에 열중할 때는 못 느낀다), '중간 통증'(작업 중 통증이 있으나 귀가 후 휴식을 취하면 괜찮다) 그리고 '심한 통증'(작업 중 통증이 비교적 심하고 귀가 후에도 통증이 계속된다) 및 '매우 심한 통증'(통증 때문에 작업은 물론 일상생활을 하기가 어렵다) 등 4가지 척도로 구분하였다.

2) 근골격계질환 증상 진단기준

① 미국 국립산업안전보건연구원(NIOSH, 1989)에서 근골격계질환에 대한 증상 기준(symptom guideline)은 "적어도 1주일 이상 또는 과거 1년간 적어도 한 달에 한번 이상 상지의 관절 부위(목, 어깨, 팔꿈치 및 손목)에서 지속되는 하나 이상의 증상들(통증, 쑤시는 느낌, 뻣뻣함, 화끈거리는 느낌, 무감각 또는 찌릿찌릿함)이 존재하고, 동일한 신체부위에 유사 질병과 사고 병력이 없어야 하고 증상은 현재의 작업으로부터 시작되어야 한다."로 정의하였다.

② 관리대상자와 통증호소자 구분

신체부위 평가 기준은 'NIOSH Symptom Survey' 적용하여 '관리대상자'는 통증기간이 적어도 1주일 이상 지속되거나(OR), 통증 빈도는 1달에 한번 이상 통증이 발생되고 통증 강도는 '중간 정도'인 경우로 정의하고 '통증 호소자'는 통증 기간이 적어도 1주일 이상 지속되고(AND), 통증 빈도는 1달에 한번 이상 통증이 발생되고 통증 강도는 '심한 통증' 또는 '매우 심한 통증'인 경우로 구분하여 관리해야 한다.

근골격계질환에 대한 증상은 미국 국립산업안전보건연구원(NIOSH) 근골격계질환 자각증상 기준(기준 1)과, 증상의 중증도 정도를 파악하기 위해 송동빈(1997)의 직업병 예방연구 용역 및 노동환경건강연구소(2000)의 기준(기준 2, 기준 3, 기준 4)을 제시한다.

증상 유병률에 대한 기준은 다음과 같다.

- 기준 1 : 증상이 적어도 1주일 이상 지속되거나 혹은 지난 1년간 1달에 1번 이상 증상이 발생하는 경우(미국 국립산업안전보건연구원 기준)
- 기준 2 : 증상이 적어도 1주일 이상 지속되거나 혹은 지난 1년간 1달에 1번 이상 증상이 발생하는 경우 + 증상의 정도는 '중간 통증' 이상
- 기준 3 : 증상이 적어도 1주일 이상 지속되거나 혹은 지난 1년간 1달에 1번 이상 증상이 발생하는 경우 + 증상의 정도는 '심한 통증'
- 기준 4 : 증상이 적어도 1주일 이상 지속되거나 혹은 지난 1년간 1달에 1번 이상 증상이 발생하는 경우 + 증상의 정도는 '매우 심한 통증'이 있는 경우로 구분한다.

③ 근골격계질환 증상조사표

근골격계질환 증상조사표

I. 아래 사항을 직접 기입해 주시기 바랍니다.

성 명		연 령	만 ______세
성 별	□ 남 □ 여	현 직장경력	____년 ____개월째 근무 중
작업부서	______부 ________라인 ________작업(수행작업)	결혼여부	□ 기혼 □ 미혼
현재하고 있는 작업 (구체적으로)	작업내용 : ____________ 작업기간 : ______년 ________개월째 하고 있음		
1일 근무시간	시간 근무 중 휴식시간(식사시간 제외) 분씩 회 휴식		
현작업을 하기 전에 했던 작업	작업내용 : ____________ 작업기간 : ______년 ________개월 동안 했음		

1. 규칙적인(한번에 30분 이상, 1주일에 적어도 2-3회 이상) 여가 및 취미활동을 하고 계시는 곳에 표시(∨)하여 주십시오.

☐ 게임 등 컴퓨터 관련 활동 ☐ 피아노, 드럼펫 등 악기연주

☐ 뜨개질, 붓글씨 등 ☐ 테니스, 축구, 농구, 골프 등 스포츠 활동

☐ 해당사항 없음

2. 귀하의 하루 평균 가사노동시간(밥하기, 빨래하기, 청소하기, 2살 미만의 아이 돌보기 등)은 얼마나 됩니까?

☐ 거의 하지 않는다 ☐ 1시간 미만 ☐ 1-2시간 미만

☐ 2-3시간 미만 ☐ 3시간 이상

3. 귀하는 의사로부터 다음과 같은 질병에 대해 진단을 받은 적이 있습니까?(해당 질병에 체크)

(보기: ☐ 류머티스 관절염 ☐ 당뇨병 ☐ 루프스병 ☐ 통풍 ☐ 알코올중독)

☐ 아니오 ☐ 예('예'인 경우 현재 상태는 ? ☐ 완치 ☐ 치료나 관찰 중)

4. 과거에 운동 중 혹은 사고(교통사고, 넘어짐, 추락 등)로 인해 손/손가락/손목, 팔/팔꿈치, 어깨, 목, 허리, 다리/발 부위를 다친 적인 있습니까?

☐ 아니오 ☐ 예

('예'인 경우 상해 부위는? ☐ 손/손가락/손목 ☐ 팔/팔꿈치 ☐ 어깨

☐ 목 ☐ 허리 ☐ 다리/발)

5. 현재 하시는 일의 육체적 부담 정도는 어느 정도라고 생각합니까?

☐ 전혀 힘들지 않음 ☐ 견딜만 함 ☐ 약간 힘듦 ☐ 힘듦 ☐ 매우 힘듦

II. 지난 1년 동안 손/손가락/손목, 팔/팔꿈치, 어깨, 목, 허리, 다리/발 중 어느 한 부위에서라도 귀하의 작업과 관련하여 통증이나 불편함(통증, 쑤시는 느낌, 뻣뻣함, 화끈거리는 느낌, 무감각 혹은 찌릿찌릿함 등)을 느끼신 적이 있습니까?

☐ 아니오(수고하셨습니다. 설문을 다 마치셨습니다.)

☐ 예("예"라고 답하신 분은 아래 표의 통증부위에 체크(∨)하고, 해당 통증부위의 세로줄로 내려가며 해당사항에 체크(∨)해 주십시오)

통증 부위	목 ( )	어깨 ( )	팔/팔꿈치 ( )	손/손목/손가락 ( )	허리 ( )	다리/발 ( )
1. 통증의 구체적 부위는?		☐ 오른쪽 ☐ 왼쪽 ☐ 양쪽 모두	☐ 오른쪽 ☐ 왼쪽 ☐ 양쪽 모두	☐ 오른쪽 ☐ 왼쪽 ☐ 양쪽 모두		☐ 오른쪽 ☐ 왼쪽 ☐ 양쪽 모두
2. 한번 아프기 시작하면 통증 기간은 얼마 동안 지속 됩니까?	☐ 1일 미만 ☐ 1일 - 1주일 미만 ☐ 1주일 - 1달 미만 ☐ 1달 - 6개월 미만 ☐ 6개월 이상	☐ 1일 미만 ☐ 1일 - 1주일 미만 ☐ 1주일 - 1달 미만 ☐ 1달 - 6개월 미만 ☐ 6개월 이상	☐ 1일 미만 ☐ 1일 - 1주일 미만 ☐ 1주일 - 1달 미만 ☐ 1달 - 6개월 미만 ☐ 6개월 이상	☐ 1일 미만 ☐ 1일 - 1주일 미만 ☐ 1주일 - 1달 미만 ☐ 1달 - 6개월 미만 ☐ 6개월 이상	☐ 1일 미만 ☐ 1일 - 1주일 미만 ☐ 1주일 - 1달 미만 ☐ 1달 - 6개월 미만 ☐ 6개월 이상	☐ 1일 미만 ☐ 1일 - 1주일 미만 ☐ 1주일 - 1달 미만 ☐ 1달 - 6개월 미만 ☐ 6개월 이상
3. 그때의 아픈 정도는 어느 정도입니까? (보기 참조)	☐ 약한 통증 ☐ 중간 통증 ☐ 심한 통증 ☐ 매우 심한 통증	☐ 약한 통증 ☐ 중간 통증 ☐ 심한 통증 ☐ 매우 심한 통증	☐ 약한 통증 ☐ 중간 통증 ☐ 심한 통증 ☐ 매우 심한 통증	☐ 약한 통증 ☐ 중간 통증 ☐ 심한 통증 ☐ 매우 심한 통증	☐ 약한 통증 ☐ 중간 통증 ☐ 심한 통증 ☐ 매우 심한 통증	☐ 약한 통증 ☐ 중간 통증 ☐ 심한 통증 ☐ 매우 심한 통증
	<보기>	약한 통증 : 약간 불편한 정도이나 작업에 열중할 때는 못 느낀다 중간 통증 : 작업 중 통증이 있으나 귀가 후 휴식을 취하면 괜찮다 심한 통증 : 작업 중 통증이 비교적 심하고 귀가 후에도 통증이 계속된다 매우 심한 통증 : 통증 때문에 작업은 물론 일상생활을 하기가 어렵다				
4. 지난 1년 동안 이러한 증상을 얼마나 자주 경험하셨습니까?	☐ 6개월에 1번 ☐ 2-3달에 1번 ☐ 1달에 1번 ☐ 1주일에 1번 ☐ 매일	☐ 6개월에 1번 ☐ 2-3달에 1번 ☐ 1달에 1번 ☐ 1주일에 1번 ☐ 매일	☐ 6개월에 1번 ☐ 2-3달에 1번 ☐ 1달에 1번 ☐ 1주일에 1번 ☐ 매일	☐ 6개월에 1번 ☐ 2-3달에 1번 ☐ 1달에 1번 ☐ 1주일에 1번 ☐ 매일	☐ 6개월에 1번 ☐ 2-3달에 1번 ☐ 1달에 1번 ☐ 1주일에 1번 ☐ 매일	☐ 6개월에 1번 ☐ 2-3달에 1번 ☐ 1달에 1번 ☐ 1주일에 1번 ☐ 매일
5. 지난 1주일 동안에도 이러한 증상이 있었습니까?	☐ 아니오 ☐ 예	☐ 아니오 ☐ 예	☐ 아니오 ☐ 예	☐ 아니오 ☐ 예	☐ 아니오 ☐ 예	☐ 아니오 ☐ 예
6. 지난 1년 동안 이러한 통증으로 인해 어떤 일이 있었습니까?	☐ 병원·한의원 치료 ☐ 약국치료 ☐ 병가, 산재 ☐ 작업 전환 ☐ 해당사항 없음 ☐ 기타 ( )	☐ 병원·한의원 치료 ☐ 약국치료 ☐ 병가, 산재 ☐ 작업 전환 ☐ 해당사항 없음 ☐ 기타 ( )	☐ 병원·한의원 치료 ☐ 약국치료 ☐ 병가, 산재 ☐ 작업 전환 ☐ 해당사항 없음 ☐ 기타 ( )	☐ 병원·한의원 치료 ☐ 약국치료 ☐ 병가, 산재 ☐ 작업 전환 ☐ 해당사항 없음 ☐ 기타 ( )	☐ 병원·한의원 치료 ☐ 약국치료 ☐ 병가, 산재 ☐ 작업 전환 ☐ 해당사항 없음 ☐ 기타 ( )	☐ 병원·한의원 치료 ☐ 약국치료 ☐ 병가, 산재 ☐ 작업 전환 ☐ 해당사항 없음 ☐ 기타 ( )

유의사항

- 부담작업을 수행하는 근로자가 직접 읽어보고 문항을 체크합니다.
- 증상조사표를 작성할 경우 증상을 과대 또는 과소 평가 해서는 안됩니다.
- 증상조사 결과는 근골격계질환의 이환을 부정 또는 입증하는 근거나 반증자료로 활용할 수 없습니다.

4.3 인간공학 평가도구

인간공학 평가도구의 개발 목적은 작업자들의 위험도를 분석하여 작업 공정 개선과 부적절한 작업자세를 교정하여 근골격계 질환의 감소 및 예방하기 위함이다. 많은 인간공학평가 도구들이 개발되어 있으며 이러한 도구들을 사용할 시 주의해야 할 점은 부적절한 평가도구 사용시 다양하고 복잡한 공정에서 그 위험도를 잘 반영할 수 없어 위험요인을 평가하는데 제한적일 수도 있다. 따라서 작업방법에 따라 적절한 평가도구를 사용해야 한다.

근골격계 질환 예방을 위한 조사 과정은 유해요인 기본조사 적용 후, 체크리스트로는 ANSI Z-365나 QEC 등이 추천된다. 체크리스트를 통해 어느 정도 문제가 있다고 판단되는 작업이 있으면, 작업 자세 위주의 평가 기법인 OWAS, RULA, REBA 등을 적용하고 상지 중심 작업은 RULA, 전신작업은 REBA, 작업자세의 변화가 심한 경우는 OWAS를 이용하는 대신 샘플링을 많이 해 평균값으로 평가하는 것이 좋을 것이다. 작업자세 위주의 평가를 마치면, 수동물자 취급작업인지, 상지 중심적 수작업인지, 진동공구 사용 여부에 따라 적합한 평가 방법을 사용하는 것이 좋을 것이다(박재희, 2010).

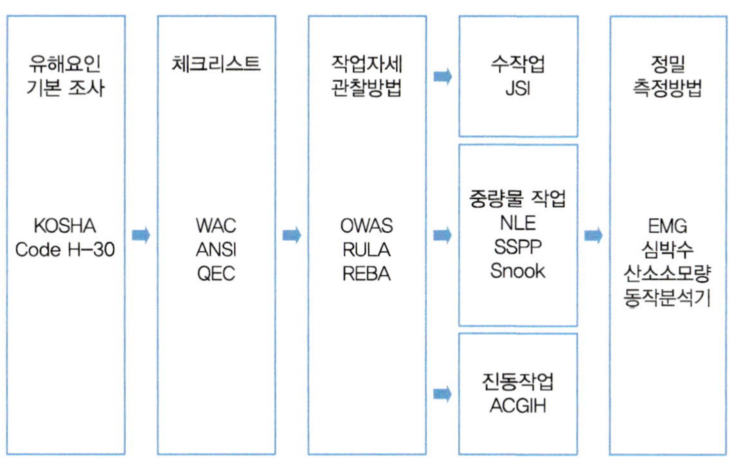

그림 5-5 유해요인 조사 및 인간공학평가 순서[출처 : 국립한경대학교 박재희, 2010]

인간공학 평가 방법에는 다양한 방법들이 있으며 작업부하 평가도구의 구분은 다음과 같으며 평가도구는 일반적으로 많이 사용하는 평가방법을 중심으로 기술하였다(박재희, 2010). 또한, 인간공학 평가는 각 도구의 원문을 기본으로 하여 한국산업안전보건공단의 근골격계질환 평가기법(김대성, 2008년)을 중심으로 기술하였다.

- **체크리스트 방법** : WAC 296-62-05105와 WAC 296-62-05174(미국 워싱턴주의 규정(Washington Action Code; WAC)), ANSI Z-365 Quick Checklist(American National Standard Institute, Management of Work Related Musculoskeletal Disorders), QEC (Quick Exposure Check), GM-UAW(미국 GM 사의 노동조합: Union of Auto Workers)
- **작업자세 평가방법** : OWAS(Ovako Working Posture Analysis System), RULA(Rapid Upper Limb Assessment), REBA(Rapid Entire Body Assessment), JSI(Job Strain Index)
- **중량물 취급작업 평가방법** : NLE(NIOSH Lifting Equation), Snook table, MAC (Manual Handling Assessment Charts, 영국 산업보건안전연구원(HSL; Health and Safety Laboratory)), 3D SSPP(Static Strength Prediction Program)
- **진동작업 평가방법** : ACGIH 진동기준(ACGIH의 hand/arm vibration)

4.3.1 체크리스트(Checklist) 평가방법

한성대학교 인간공학연구실에서 연구, 제작한 EXCEL을 이용한 JSI, OWAS, RULA, REBA 등의 분석은 각 항목에 따른 코드를 기록하여 조치 수준을 쉽게 평가할 수 있다. 이 프로그램은 한국 안전보건공단 홈페이지와 한성대학교 IT 공과대학 산업공학트랙 산업경영공학과 정병용 교수님 홈페이지에서도 확인할 수 있다. 또한, Thomas E. Bernard가 EXCEL로 제작한 다양한 인간공학적 평가도구들(Ergonomic tools)도 홈페이지(https://health.usf.edu/publichealth/tbernard/ergotools)에서 다운로드하여 사용할 수 있다.

1) ANSI 체크리스트(ANSI Z-365 Quick Checklist)

① 개발

미국표준연구원(ANSI)에서 제정한 ANSI-Z365: Management of work related musculo- skeletal disorders(1995) 체크리스트이다

② 평가 항목 및 평가 방법

하루 작업시간(8시간 기준) 동안 반복작업, 중량물 들기, 밀기/당기기, 중량물 이동(3 m 이상), 작업자세, 진동, 접촉스트레스, 정적자세, 작업환경, 키보드 계속작업, 작업부하 등 17개 항목을 체크하여 항목별 점수의 합계로 점수를 환산하여 평가한다.

③ 장점 및 단점

- 장점 : 쉬우면서 다양한 작업 형태를 평가할 수 있다.
- 단점 : 임계점수에 대한 근거는 부족하며 민감도는 낮고 특이도는 높다.

④ 적용영역

농업, 주로 상지를 자주 사용하는 라인화 작업장

⑤ 조치사항(위험군 분류)

ANSI Z-365 Quick Checklist에 따른 점수와 위험분류는 다음과 같다. 점수가 10미만이면 정상 작업군, 10~15점은 저 위험성 초과작업(계속적인 추가관찰 필요) 그리고 16점 이상은 위험성 초과 작업(적극적인 관리 필요)으로 분류한다.

| 표 5-2 | ANSI 조치사항

점수	위험분류
0~9점	정상 작업군
10~15점	저 위험성 초과작업(계속적인 추가관찰 필요)
16점 이상	위험성 초과 작업(적극적인 관리필요)

2) QEC(Quick Exposure Check)

① 개발

The QEC system은 Li and Buckle에 의해 1999년에 개발되었다.

② 평가 항목 및 평가 방법

QEC는 작업시간, 부적절한 자세, 무리한 힘, 반복된 동작 같은 근골격계질환을 유발시키는 작업장 위험 요소를 평가하는데 평가 항목은 허리, 어깨/팔, 손/손목, 목 등의 각 신체 부위별 자세에 대한 문항 8개와 중량물 무게, 작업시간, 손의 하중, 진동, 눈의 피로 정도, 작업수행의 어려움, 스트레스에 대한 문항 7개로 구성되어 있고, 각각의 가산점에 가중치를 부가하는 방식으로 신체 각 부위의 위험도를 계산점수가 높을수록 위험도가 큰 것을 의미한다. QEC는 분석자의 분석 결과와 작업자의 설문 결과를 조합하여 평가한다.

평가방법은 신체부위별 환산표를 이용하여 근로자용 체크리스트와 분석자용 체크리스트의 각 번호를 기입한 후 해당 점수를 구하고, 최종적으로 각 신체부위별 총점수를 계산한다. 해당 점수를 찾는 방법은 영문 소문자는 근로자용 체크리스트에서 값을 얻고, 영문 대문자는 분석자용 체크리스트에서 값을 얻어 서로 교차 체크하여 점수를 구한다.

- 근로자용 체크리스트를 해당 공정의 몇몇 작업자들에게 설문
- 해당 공정의 작업내용을 분석자용 체크리스트를 이용해 분석자가 작성

- QEC 노출점수 : 각 신체부위별 점수 합계(※ QEC 환산표를 이용)
- 해당작업 최대점수 : 중량물자 취급공정 최대 점수 = 176점
  기타 작업 최대 점수 = 162점
- 노출비율산정 : QEC 노출점수를 나누어 비율 산정

QEC 노출점수 / 해당작업최대점수 ×100= 노출 비율

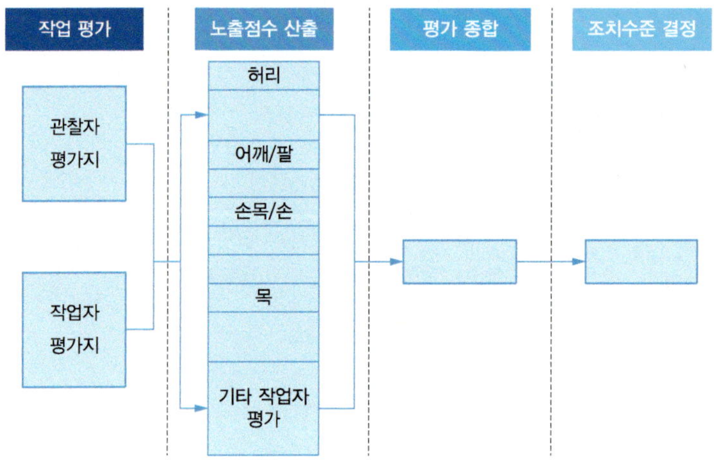

그림 5-6 QEC 평가 순서

③ 장점 및 단점

- 장점 : 분석자의 분석 결과와 작업자의 설문 결과를 조합하여 평가하므로 교차 평가가 가능하다.
- 단점 : 주관적인 비중이 클 수 있어 과소 또는 과대평가 가능성이 있다.

④ 적용영역

제조업, 서비스업

⑤ 조치사항(노출 비율에 따른 조치 수준)

QEC에 따른 점수와 조치단계(action level)와 조치사항(action)은 다음과 같다.

| 표 5-3 | QEC 조치사항

QEC 점수(노출비율)	조치단계(Action Level)	조치사항(ACTION)
40% 이하	1-2단계	적합(현행유지)
40-49%	3-4단계	지속적 관찰 필요함
50-69%	5-6단계	개선 필요함
70 이상	7단계	즉시 개선

4.3.2 작업자세 관찰방법 평가방법

1) OWAS(Ovako Working-posture Assessment System)

① 개발

핀란드 철강회사(Ovako)에서 근무하던 Karhu와 핀란드 노동 위생 연구소(Institute of Occupational Health)의 Kuorinka에 의해 개발(1973년) 되었으며 철강업에서 작업자들의 부적절한 작업 자세를 평가하기 위해 개발한 평가 방법으로 Stoffert(1985) 논문에서 자세 분류 및 평가법까지 자세한 기술 하였으며 측정자 간의 자세 판별의 일치율은 90% 이상으로 높았다.

② 평가 항목 및 평가 방법

허리, 팔, 다리 세 신체 부위의 작업 자세를 분류하고 있으며 작업 자세 이외에 취급하는 작업물의 하중 및 힘(Effort)도 고려하고 있다. 이 기준에 의하여 작업자세를 모두 84가지이며 하중/힘 조건 3가지를 고려하면 모두 252개의 조합이 된다.

평가 방법은 허리, 팔, 다리, 그리고 하중/힘에 해당하는 OWAS 코드를 기록하며 분석은 두 가지로 나뉜다. 첫째, 신체부위별로 각 코드의 비율을 조사한다. 이는 각 신체부위별로 자세의 특성을 파악하기 위한 것이며, 이를 바탕으로 작업부하에 영향이 큰 신체부위를 판단할 수 있다. 둘째, 각 작업자세를 표 AC 판정표에 따라 4가지 작업수준을 결정한다.

- 1단계 : 작업자세 코드 점수(허리, 팔, 다리로 구분하여 각 부위의 자세를 점수화)
- 2단계 : 작업시간 비율에 따른 점수
  작업자세에 따라 결정된 점수는 작업시간 중 특정 자세를 취하는 시간 비율에 따라 수정한다.
- 3단계 : 작업자세에 따른 점수 결정
  OWAS 점수수정표에서 작업시간의 비율에 따라 점수로 환산되고, OWAS 활동 점수표에 의하여 최종 활동 점수를 계산한다.

③ 장점 및 단점

- 장점 : 특별한 기구 없이 배우기 쉽고, 관찰만으로 손쉽고 빠르게 평가할 수 있어 현장에 적용하기 쉽다.

- 단점 : 작업자세를 너무 단순화했기 때문에 정밀한 작업 자세 평가에는 어려움이 있다(민감도 낮음). 분석 결과가 구체적이지 못하고 작업 자세 특성에 대한 정성적인 분석만 가능하다.

④ 적용영역

전신 자세를 대상으로 분석하므로 중공업, 조선업에서 중량물 취급작업, 그 외 제조업, 의료, 어업, 건축업, 서비스업에도 적용이 가능하다.

⑤ 작업 자세 수준에 따른 조치사항

OWAS 점수에 따른 수준(action level)과 조치사항(action)은 다음과 같다.

표 5-4 OWAS 조치사항

수준(Action level)	조치사항(ACTION)
수준 1	• 근골격계에 특별한 해를 끼치지 않음 • 작업자세에 아무런 조치도 필요치 않음
수준 2	• 근골격계에 약간의 해를 끼침 • 가까운 시일내에 작업자세의 교정이 필요함
수준 3	• 근골격계에 직접적인 해를 끼침 • 가능한 빨리 작업자세를 교정해야 함
수준 4	• 근골격계에 매우 심각한 해를 끼침 • 즉각적인 작업자세의 교정이 필요함

2) RULA(Rapid Upper Limb Assessment)

① 개발

영국의 노팅험대학(University of Nottingham)에서 McAtamney와 Corlett이 개발(1993)한 것으로 어깨 팔목 손목 목 등 상지를 중점적으로 평가하기 위해 개발한 도구이다. OWAS 계통의 작업자세 평가기법과는 다르게 작업 자세 분류체계에 작업부하 수준을 정의하고, 분석하는 방법을 이용하고 있어 접근 방식이 합리적이다. EU의 영상표시 단말기(Visual Display Unit :VDU) 작업자의 최소안전 및 건강에 관한 요구 기준과 영국(UK)의 직업성 상지 질환 예방지침의 기준을 평가하는 보조도구로 사용되고 있다.

② 평가 항목 및 평가 방법

RULA의 주된 작업 요소는 작업 자세, 근육부하(몸의 정적 또는 반복적인 작업 여부), 힘 부하(작업을 수행하는데 필요한 힘의 크기)이다. 총 15단계로 평가하며 평가 방법은 다음과 같다.

- 신체를 그룹(Group) A와 그룹 B 부분으로 나누어 분석한다.
  - 그룹 A : 상완(Upper Arm), 전완(Lower Arm), 손목(Wrist)
  - 그룹 B : 목(Neck), 상체(Trunk), 다리(Legs)

  Group A의 종합 작업 부하는 Score A, Group B의 종합 부하는 Score B로 정의한다.
- Score A, Score B를 평가 후 근육부하(Muscle Use score)와 힘부하(Force score)를 고려하여 각각 Score C, Score D를 구한다.
  - Score C = Score A + 근육부하 및 힘부하 점수
  - Score D = Score B + 근육부하 및 힘부하 점수
- Score C와 Score D를 합하여 총괄적인 부하(Grand score)를 평가한다.

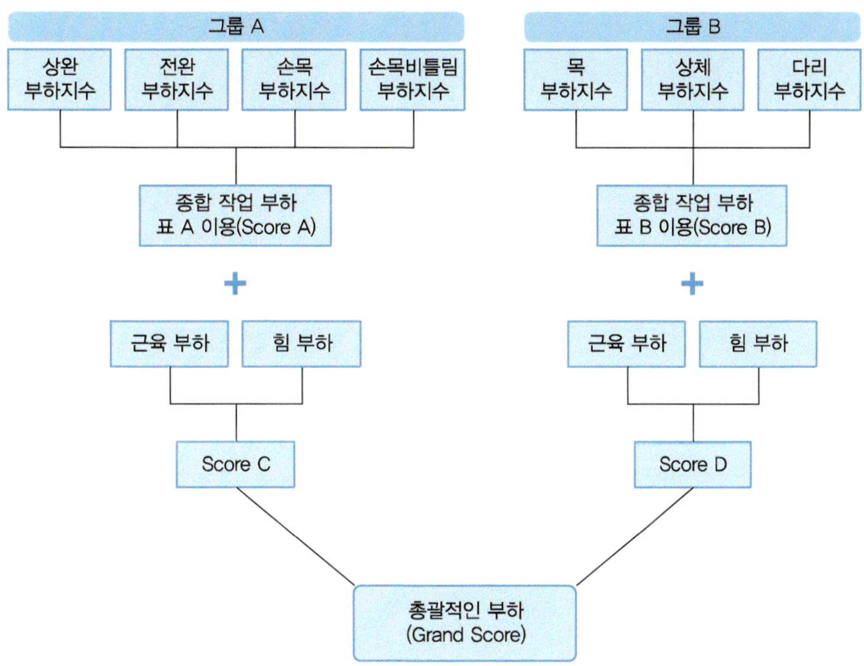

그림 5-7 RULA 평가 순서

③ 장점 및 단점

• 장점 : 상지(Upper Limb)와 상체의 자세를 측정하기 좋은 평가 방법이다.

- 단점 : 상지(Upper Limb) 중심 평가 방법으로 하지나 전신의 작업 자세 분석에는 한계가 있다.

④ 적용영역

영상표시 단말기 작업과 같은 정형 작업 분석, 컴퓨터 장기간 사용 작업, 의류업체, 조립작업, 생산 작업, 재봉업, 관리업, 정비업, 육류가공업, 식료품 출납원, 초음파기술자, 치과의사/치과 기술자

⑤ 작업자세 수준에 따른 조치사항

평가 결과 점수는 1에서 7점으로 조치 수준(Action Level)은 4단계로 평가한다. RULA 점수에 따른 조치 수준(action level)과 조치사항(action)은 다음과 같다.

| 표 5-5 | RULA 조치 사항

RULA 점수	조치수준(Action level)	조치사항(ACTION)
1-2	조치단계 1	수용가능한 작업
3-4	조치단계 2	계속 추적 관찰 요함
5-6	조치단계 3	계속적 관찰과 빠른 작업개선 요함
7	조치단계 4	정밀조사와 즉각적인 개선이 요구됨

3) REBA(Rapid Entire Body Assessment)

① 개발

RULA를 개발한 McAtamney가 전신 작업 평가를 위해 Sue Hignett(2000)와 개발하였으며 NIOSH의 들기공식(lifting equation), Borg의 주관적인 작업부하 평가(Rated perceived exertion), Ovako Working-posture Assessment System(OWAS), 신체 불편도 평가 설문조사(Body part discomfort survey) 그리고 Rapid Upper Limb Assessment(RULA)를 이용한 평가도구이다.

② 평가 항목 및 평가 방법

REBA 점수는 144개의 자세를 조합하였으며 중량물(무게/힘), 손잡이 형태와 활동 점수(Activity Scores)의 개념을 도입하였다. REBA는 신체 부위별 작업자세를 나타내는 부분과 4개의 배점표로 구성되어 있으며 평가 요소는 반복성, 정적작업, 힘, 작업 자세, 연속 작업 시간 등을 고려한다. 평가 방법은 크게 신체 부위별로 A와 B 그룹으로 나누고 A, B의 각 그룹별로 작업 자세 그리고 근육과 힘에 대한 평가로 이루어진다.

REBA 평가 방법은 다음과 같다.

- 그룹 A(몸통, 목, 다리) 평가
  - 그룹 A 점수 평가
  - 무게/힘 평가
- 그룹 B(윗팔, 아래팔, 손목)평가
  - 그룹 B 점수평가
  - 손잡이 평가
- 총괄적 작업 부하 결정(점수 C)

  점수 A와 점수 B를 경합하여 전체적인 수준을 구할 수 있는 점수 C를 산출한다.
- 행동점수 산출

  정적/반복성, 작업공간, 불안정한 하체 작업자세 등을 고려하여 행동점수를 결정한다.

  최종 REBA 점수 = 총괄 작업부하 점수(점수 C) + 행동점수

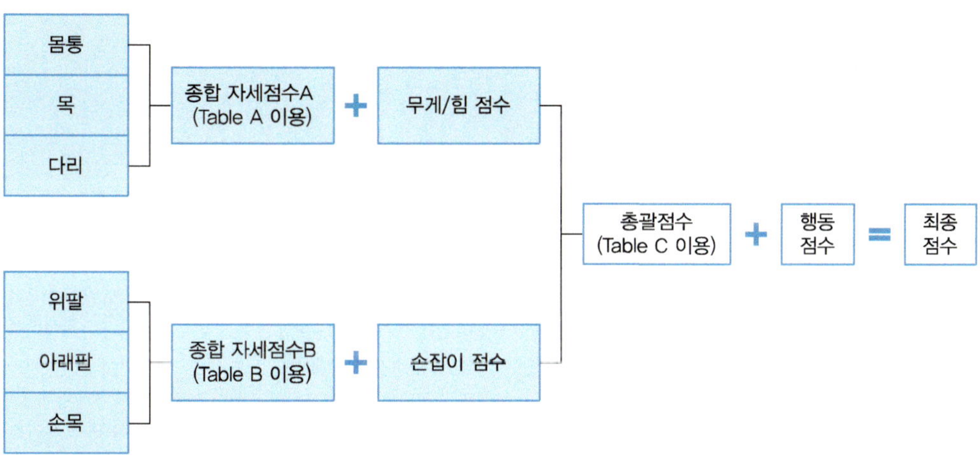

그림 5-8 REBA 평가체계

③ 장점 및 단점

- 장점 : 상지 작업을 중심으로 한 RULA의 단점을 보완하여 개발된 평가기법으로 하지 및 전체 자세를 평가하는 도구이다. 정적이거나 빠른 움직임 그리고 부자연스러운 자세 평가에 적합하며 무게도 고려하였다.

• 단점 : 다양한 측정 방법들을 종합하여 만든 평가방법으로 평가시 서로 다른 방법을 사용하는 상황이 발생할 수 있어 다양한 특성을 이해하고 평가해야한다.

④ 적용영역

의료업(환자를 들거나 이송하는 의료종사자, 치과의사/치위생사, 수의사), 관리업, 식료품 창고, 식료품 출납원

⑤ 작업 자세 수준에 따른 조치사항

평가 결과 점수는 1에서 15점으로 조치수준(Action Level)은 5단계(0-4)로 평가한다. REBA 점수에 따른 조치수준(action level), 위험수준 및 개선활동 조치사항은 다음과 같다.

표 5-6 REBA 조치 수준

REBA 점수	조치수준(Action level)	위험수준(Risk level)	개선활동(조치)
1	0	무시해도 좋음	필요 없음
2-3	1	낮음	필요할 지도 모름
4-7	2	중간	필요함
8-10	3	높음	곧 필요함
11-15	4	매우 높음	지금 즉시 필요함

4.3.3 수작업 평가방법

1) 작업긴장도(부하)지수(Job Stain Index: JSI)

① 개발

위스콘신대학 J.Steven MOOR(의과대학)와 Arun Garg(산업 시스템공학과)이 개발(1995년)하였다.

② 평가 항목 및 평가 방법

주로 상지(손, 손목, 팔꿈치)에 대한 평가 도구이며 작업을 세분화하여 정량적 평가와 동시에 질적 평가도 함께 고려한 도구이다.

평가는 힘을 발휘하는 강도(Intensity of Exertion: IE), 힘을 발휘하는 지속시간(Duration of Exertion: DE), 분당 힘의 발휘(Efforts per Minute: EM), 손/손목의 자세(Hand/Wrist Posture: HWP), 작업속도(Speed of Work: SW), 1일 작업의 지속시간(Duration of Task per Day: DD) 등 6가지 변수를 주요 위험 인자로 평가하는데 6개의 위험 요소를 곱한 값이 부하 지수이며, 이러한 요소들 중에서 '힘의 강도(Intensity of Exertion: IE)'가 가장 중요한

위험 요인으로 평가하고 있다.

JSI 부하지수 = IE*DE*EM*HWP*SW*DD

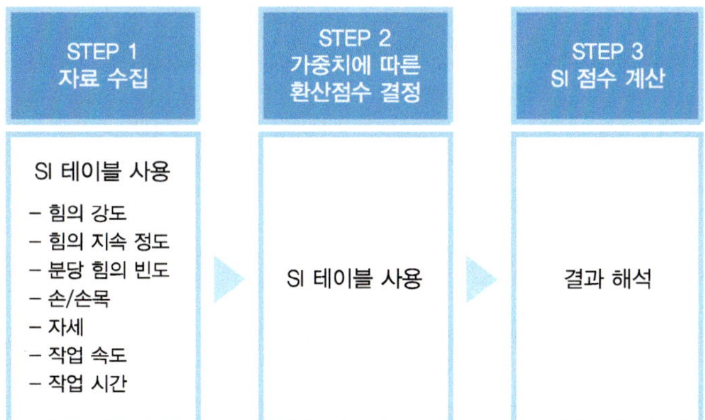

그림 5-9 JSI 평가체계

③ 장점 및 단점

- 장점 : 상지(손, 손목, 팔꿈치)를 주로 사용하는 작업에 대한 자세 평가 및 주요 노동량을 평가하는 도구이다.
- 단점 : 상지에 국한된 평가도구로 평가자의 주관적인 견해가 포함될 가능성이 있으며 손목의 특이적인 위험성만이 강조되었고 제한적인 작업에 의해서만 평가가 가능하다.

④ 적용영역

손가락, 손에 적용 가능하며 자료입력, 재봉, 포장업 등 손목의 움직임이 많은 직업 적용이 가능하다. 중소 제조업, 검사업, 재봉업, 육류가공업, 포장업, 자료입력, 자료처리 등 손목의 움직임이 많은 작업에 적용이 가능하다.

⑤ 작업 자세 수준에 따른 조치사항

조치사항은 문헌마다 상이하여 3단계(3 이하, 5 미만, 7 이상 또는 3 이하, 7 미만, 7 이상) 또는 4단계(3 이하, 3-5 미만, 5 이상-7 미만, 7 이상)로 분류하는데 이는 3~5 미만이 불확실성으로 평가하기 때문으로 판단되며 위험분류와 조치사항은 다음과 같다.

❙표 5-7❙ JSI 조치 수준

JSI 점수	위험분류	조치사항(Action)
0~3 이하	정상(safe)	안전한 작업
3~5 미만	불확실(uncertain)	
5 이상~7 미만	약간 위험(some risk)	상지질환 발생 관련성이 있음 (조사요구 및 개선필요)
7 이상	위험(Hazardous)	신속한 조치가 필요함

4.3.4 중량물 취급시 평가방법

1) NIOSH 들기지침: NLE(NIOSH Lifting Equation)

① 개발

미국 국립산업안전보건원(NIOSH)에서 들기작업의 위험요인을 평가하기 개발한 지침(1981)으로 비대칭자세의 들기 작업과 커플링(coupling)등을 포함한 수정된 NLE(NIOSH Lifting Equation, 1991)를 제시하였으며 들기 작업에서 권장무게한계(Recommended Weight Limit: RWL) 및 들기지수(Lifting Index: LI)를 산출하며 직업성 요통을 예방하기 위한 평가도구로 개발하였다.

② 평가 항목 및 평가 방법

평가 항목은 취급 중량과 취급 횟수, 중량물 취급 위치, 거리, 신체 비틀기, 중량물 들기 쉬움 정도 등 다양한 요인을 고려한다. 평가 방법은 작업 방법에 따라 단순들기작업과 복합들기작업 두 가지로 분석한다.

③ 권장무게(중량)한계(RWL) 및 들기지수(LI)

ⓐ 권장무게(중량)한계(RWL : Recommended Weight Limit)

'권고무게(중량)기준'으로 건강한 작업자가 요통의 위험 없이 작업시간(최대 8시간) 동안 들기 작업을 할 수 있는 무게의 한계로 정의한다.

평가방법은 수평, 수직 위치, 이동거리, 몸통 비대칭각도, 작업빈도, 결합계수, 부하상수를 구한 후 수평계수(HM : Horizontal Multiplier), 수직계수(VM : Vertical Multiplier), 거리계수(DM : Distance Multiplier), 비대칭계수(AM : Asymmetry Multiplier), 빈도계수(FM : Frequency Multiplier), 결합계수(CM : Coupling Multiplier), 부하상수(LC: Load Constant) 등의 승수를 계산한다.

권장무게(중량)한계(RWL) 값이 클수록 들기가 편함을 의미한다.

- 개정된 들기작업 공식

  권장무게(중량)한계(RWL) = HM*VM*DM*AM*FM*CM*23

- 변수의 정의는 다음과 같다.
  - **수평계수**(HM : Horizontal Multiplier) : 중량물의 수평위치 즉, 대상 중량물의 중심(중량물을 잡을 때 손의 위치)으로부터 두 발목의 중간 지점까지의 거리로 시작점과 종점 두 군데서 측정한다.
  - **수직계수**(VM : Vertical Multiplier) : 대상 중량물의 수직위치 즉, 바닥으로부터 중량물의 중심(중량물을 잡을 때 손의 위치)까지의 거리(cm)로 시작점과 종점 두 군데서 측정한다.
  - **거리계수**(DM : Distance Multiplier) : 수직으로 이동한 거리(cm)이다.
  - **비대칭계수**(AM : Asymmetry Multiplier) : 중량물을 들 때 허리가 비틀리는 정도를 나타내는 비대칭 각도는 중량물의 위치가 사람의 정중면에서 벗어난 각도로 시작점과 종점 두 군데서 측정한다.
  - **빈도계수**(FM : Frequency Multiplier) : 분당 드는 횟수(회/분)이다.
  - **결합계수**(CM : Coupling Multiplier) : 드는 물체와 손과의 연결 상태로 손잡이 상태이다.
  - **부하상수**(LC : Load Constant) : RWL 계산시 상수로 23 kg이다.

| 표 5-8 | NLE 계수

계수	계수 방법	계수 구하는 법
HM	수평 계수(Horizontal Multiplier)	25/H
VM	수직 계수(Vertical Multiplier)	1-(0.003|V-75|)
DM	거리 계수(Distance Multiplier)	0.82 + (4.5/D)
AM	비대칭 계수(Asymmetric Multiplier)	1-(0.0032A)
FM	빈도 계수(Frequency Multiplier)	빈도계수 표이용
CM	결합 계수(Coupling Multiplier)	결합계수 표이용
LC	부하상수(Load Constant)	23 kg

ⓑ 들기지수(Lifting Index: LI)

실제 작업 물체 무게와 권장무게(중량)한계(RWL)의 비(ratio)이며 LI값이 작을수록 요통 발생 위험도가 낮음을 의미한다.

- 들기지수(LI) = 실제 작업 물체 무게(kg) / RWL(권장무게(중량)한계(kg))
- 들기지수(LI) 조치사항

NIOSH는 들기지수가 1을 초과 할 경우 일부 작업자에서 3을 초과 할 경우 다수의 작업자에서 요통 발생의 위험 수준이 증가할 수 있어 직업 관련 요통을 예방하기 위해서는 인간공학 설계시 들기 지수를 1 이하로 줄이는 것을 제안하고 있다.

표 5-9 LI 조치 수준

LI값 범위	위험분류
LI ≤ 1	좋음
1 < LI ≤3	나쁨
3 < LI	아주 나쁨

④ NLE 중량물 취급기준은 다음과 같은 작업에는 적용할 수 없다(김유창 등. 2021).

- 한 손으로 물건을 취급하는 경우
- 8시간 이상 물건을 취급하는 작업을 계속하는 경우
- 앉거나 무릎을 굽힌 자세로 작업을 하는 경우
- 작업공간이 제약된 경우
- 균형이 맞지 않는 물건을 취급하는 경우
- 운반이나 밀거나 끌거나 하는 것 같은 작업에서의 중량물 취급
- 손수레나 운반카를 사용하는 작업에 따르는 중량물 취급
- 빠른 속도로 중량물을 취급하는 경우(약 75 cm/초를 넘어가는 것)
- 바닥면이 좋지 않은 경우(지면과의 마찰계수가 0.4 미만의 경우)
- 온도/습도 환경이 나쁜 경우(온도 19-26℃, 습도 35-50%의 범위에 속하지 않는 경우)

⑤ 들기작업 분석

작업 방법에 따라 단순들기작업과 복합들기작업 두 가지로 분석한다.

단순들기작업은 들기/내리기 작업을 수행하는 동안 드는 위치, 내려놓는 위치, 비대칭각도 등이 항상 일정한 작업이다. 복합 들기작업(composite task 혹은 complex lifting task)은 작업 수행 중 작업 대상물의 무게(L)나 형태가 일정하지 않은 경우, 물건을 드는 혹은 내려놓는 수평 위치(H) 혹은 수직 위치(V)가 달라지는 경우, 몸통의 비틀림 각도(A)가

달라지는 경우처럼 변수의 값들이 변하는 경우로 정의한다.

ⓐ 단순 들기작업

작업변수들에 해당하는 계수들(HM, VM, DM, AM, CM, FM)을 이용하여 권장무게(중량)한계(RWL) 및 들기지수(Lifting Index: LI)를 계산한다.

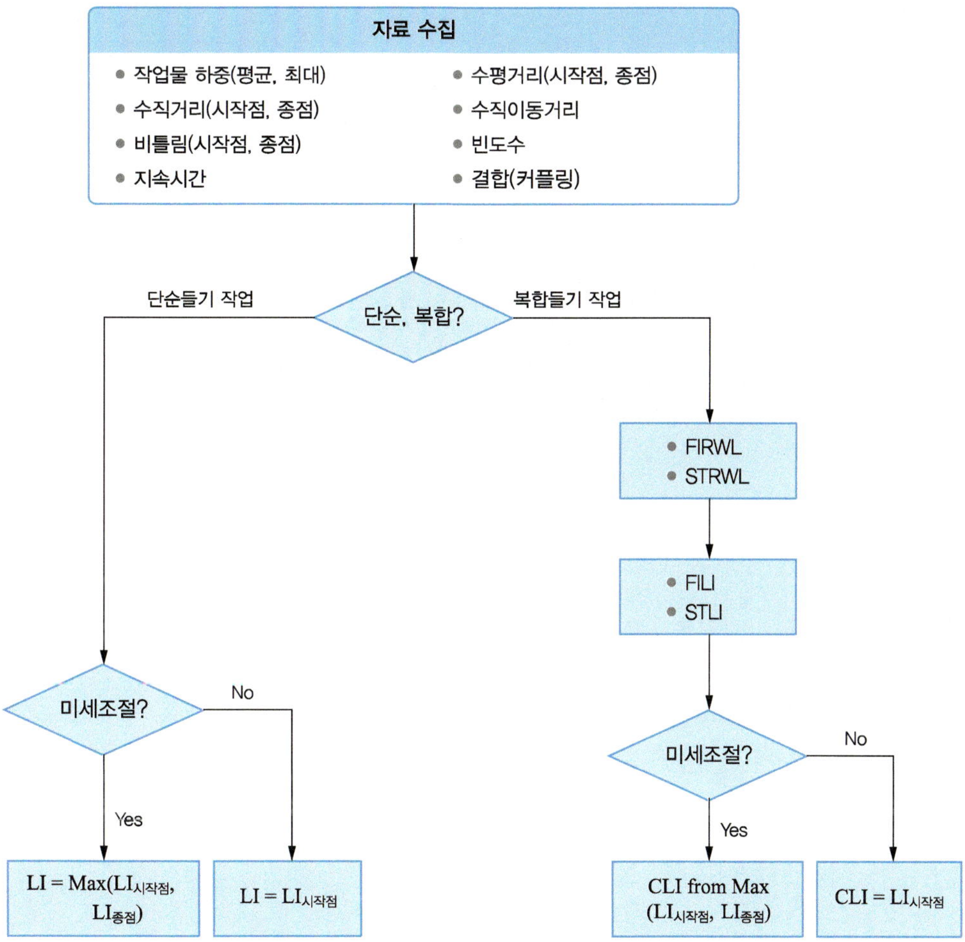

그림 5-10 NIOSH 들기작업지침에 의한 분석 절차

ⓑ 복합 들기작업

작업 변수에 해당하는 계수들(HM, VM, DM, AM, CM, FM)을 이용하여 빈도수를 고려하지 않은 권장무게(중량)한계(Frequency Independent Recommended Weight Limit : FIRWL), 단위 작업 권장하중한계(Single Task Recommended Weight Limit : STRWL)를 계산

하고 빈도수를 고려하지 않은 들기지수(Frequency Independent lifting Index : FILI), 단위 작업 들기지수(Single Task lifting Index : STLI)를 계산한다.

계산된 STLI를 기준으로 가장 높은 값을 1로 해서 STLI의 크기 순으로 번호를 부여한다. 최종적으로 미세조절 여부에 따라 복합 들기지수(Composite Lifting Index : CLI)를 계산한다. 즉, 복합들기를 단순들기로 분해한 후 그 가운데 가장 큰 LI(Lifting Index) 값을 STLI(Single Task Lifting Index)로 정의한다. 여기에 LI 값 증분의 합(Σ△LI)을 더해 복합들기 작업의 복합들기지수(Composite Lifting Index: CLI)를 구한다.

* 복합들기지수(CLI) = 단위작업 들기지수(STLI) + LI 값 증분의 합(Σ△LI)

NLE의 평가는 앱(application)으로 가능하다(NIOSH Lifting Equation App: NLE Calc-CDC(https://www.cdc.gov/niosh/topics/ergonomics/nlecalc.html)).

⑥ 장점 및 단점

- 장점 : 상대적으로 다른 평가 작업에 비해 다양한 작업변수를 고려하고 있어 결과의 신뢰성이 매우 높다.
- 단점 : 두손들기 작업에 국한되어 나르기, 밀기, 당기기, 끌기 등과 같은 작업에서는 평가가 어렵다. 복합들기 작업은 평가시 전문성이 요구된다.

⑦ 적용영역

중량물 취급업종, 포장물 배달, 음료 배달, 조립작업, 인력에 의한 중량물 취급작업, 무리한 힘이 요구되는 작업, 고정된 들기 작업

5 근골격계질환 예방관리

근골격계질환 예방관리를 위해서는 유해요인 조사, 작업환경 개선, 의학적 관리, 교육·훈련, 평가에 관한 사항 등이 포함된 종합적인 계획을 수립하여야 하며 예방 및 관리프로그램의 기본방향은 다음과 같다(그림 5-11)(한국산업안전보건공단. 근골격계부담작업 유해요인조사 지침. 2018).

(1) 근골격계질환 유발 가능성 분석

: 한국산업안전공단 유해요인 조사 지침

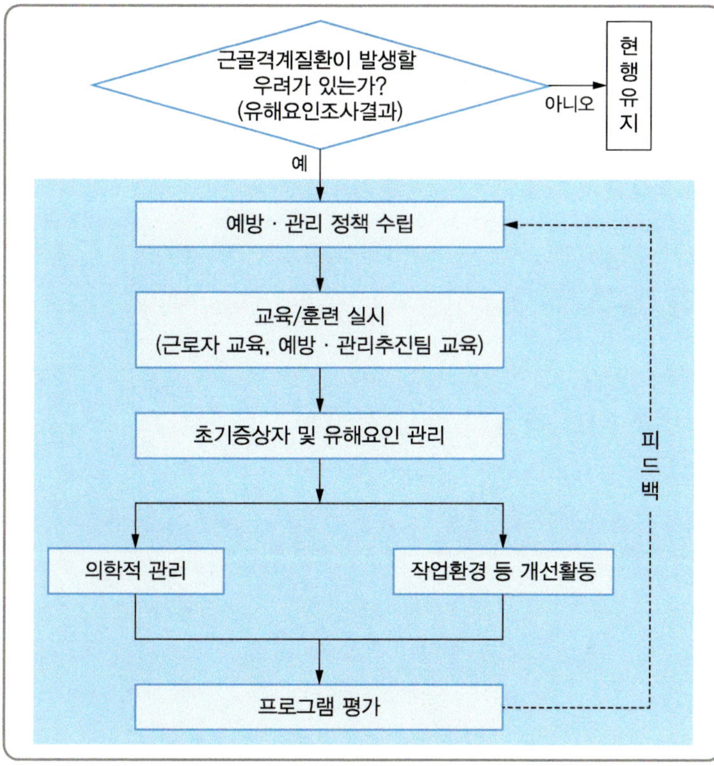

그림 5-11 예방 · 관리프로그램 흐름도

(KOSHA CODE-30, 31)에 따른 조사 유해요인 조사 결과 검토

(2) 예방·관리 정책 수립

- 사업주, 근로자, 예방 관리팀 등이 사내 정책 수립

(3) 교육·훈련 실시

- 대상: 근로자 교육 및 관리감독자
- 내용 : 근골격계 부담작업관련 유해요인, 작업시설사용방법, 증상 식별 및 보고방법, 질환 발생시 대처, 예방에 관한 교육 실시

(4) 초기 증상자 및 유해요인 개선

- 증상자 관리방안
- 유해요인 확인 및 분석 결과에 따른 공학적 개선(공구, 장비, 작업장등) 및 관리적 개선 실시

(5) 의학적 관리

- 증상호소자 조기 발견체제 구축,
- 증상에 따른 후속조처
- 질환자 관리
- 건강증진프로그램

(6) 작업환경 등 개선활동

(7) 예방 프로그램 평가

- 예방과 관리 프로그램 평가 후 유지 보수

의학적 관리는 그림 5-12에서 정하는 바와 같은 순서로 진행한다.

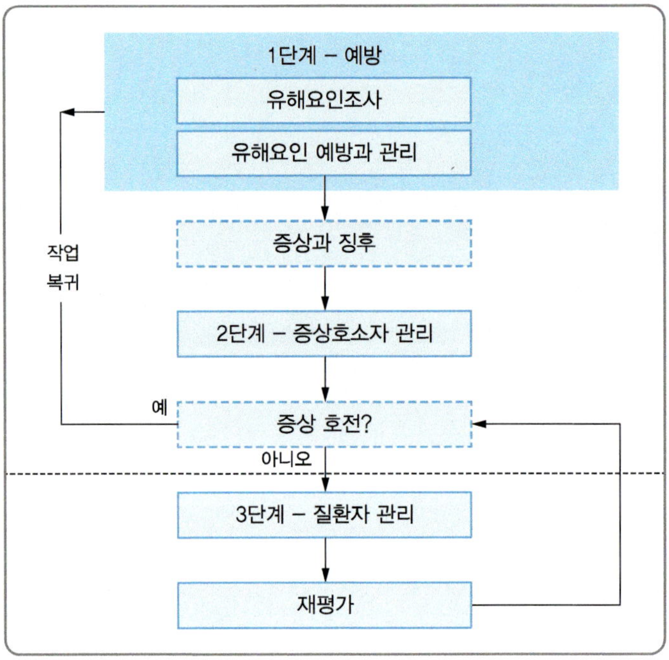

그림 5-12 의학적 관리업무 흐름도

참고문헌

American National Standards Institute, Control of Work-Related Cumulative Trauma Disorders. Part 1: Upper Extremities, by ANSI Accredited Committee Z-365: National Safety Council Chicago, IL., 1996.

Bernard BP, editor. Musculoskeletal disorders and workplace factors: a critical review of epidemiologic evidence for work-related musculoskeletal disorders of neck, upper extremity, and low back. Cincinnati(OH): National Institute for Occupational Safety and Health (NIOSH): p2-1-24, 1997.

David, G., Woods, V., Li., G. and Buckle P., The development of the Quick Exposure Check (QEC) for assessing exposure to risk factors for work-related musculoskeletal disorders, Applied Ergonomics, 39(1), 57-69, 2008.

Hignett, S. and McAtamney, L., "Rapid Entire Body Assessment(REBA)", Applied Ergonomics, 31(2), 201-205, 2000.

McAtamney, L. and Corlett, N., "RULA: a survey method for the investigation of work-related upper limb disorders", Applied Ergonomics, 24(2), 91-99, 1993.

Moore, J. S. and Garg, A., "The strain index: A proposed method to analyze jobs for risk of distal upper extremity disorders", America Industrial Hygiene Association Journal, 56, 443-458, 1995.

National Institute of Occupational Safety and Health, "Musculoskeletal disorders and work palce factors, A Cirtical review of epidemiologic evidence for work-related musculoskeletal disorders of neck, upper extremity and low back". 97-141, 1997.

Takala, E.-P.; Freund, J. (2000), OWAS revised: Biomechanical calculations and time aspects of loading, Proceedings of the IEA 2000/HFES 2000 Congress, Vol.5, 413-414

Thomas E. Bernard. Ergonomic tools. cited 22 January 2022. Available: https://health.usf.edu/publichealth/tbernard/ergotools.

Waters, T. R., Putz-Anderson, V., Garg, A.,"Applications Manual for the Revised NIOSH Lifting Equation", National Institute for Occupational Safety and Health, DHHS, NIOSH Publication, 94-110, 1994.

고용노동부. 뇌심혈관 및 근골격계 질병 업무상 질병 인정 고시 개정. 2022.

근로복지공단. 근골격계질병 업무상 질병 조사 및 판정 지침. 2021.

한국산업안전보건공단. 근골격계부담작업 유해요인조사 지침. 2018.

한국산업안전보건공단. 근골격계질환 평가기법(H-S-W04-06). 김대성. 2008년.

김영기 등. 척추의 근골격계질환(제3편 직업성질환), 직업환경의학. 계축문화사 2022.

김우진. 정병용. 유해요인조사용 위험성평가 프로그램 개발. 대한인간공학회 2012년 추계학술대회 1194-97, 2012.

김유창, 세이프티넷 인간공학기사/ 기술사 연구회. 인간공학기사- 필기편. 교문사 2021.
김정룡. 작업관련성 근골격계질환 예방을 위한 인간공학. 민영사 2004.
박재희. 작업평가방법론 및 현장 적용 고찰. 대한인간공학회지 29(4), 435-444, 2010
정병용. 한성대학교 IT 공과대학 산업공학트랙 산업경영공학과. OWAS, RULA, LEBA, NLE EXCEL 평가방법. 홈페이지(http://old.hansung.ac.kr/web/byjeong/503202)

제 6 장

직무스트레스 관리

1 직무스트레스 개요

스트레스란 우리에게 일어나는 일과 요구에 대한 내적 반응이다. 즉, 부과된 요구수준과 이 요구에 부응할 수 있는 자신의 능력 간에 어떤 불균형을 지각할 때 생리적, 정신적, 영적 반응을 뜻하는 것이다. 개인의 능력에 비해 환경의 요구가 지나칠 때 개인과 환경 간의 부조화에 의해 나타난다. 모든 사람은 삶에서 항상 어느 정도의 스트레스를 경험하며 삶의 과정에서 스트레스는 생존과 안녕에 필요한 역동적인 힘으로 작용하지만 감당하기 어려운 상태가 지속되면 개인의 안녕을 위협하고 질병을 유발한다.

스트레스는 긍정적인 측면인 유스트레스(eustress)와 부정적인 측면인 디스트레스(distress)로 구분하며 스트레스의 부하된 양에 따라 과도 스트레스(hyper-stress)와 과소 스트레스(hypo-stress)로 구분한다.

직무스트레스는 조직에서 직무와 관련하여 발생하는 스트레스로 직무수행과 관련하여 발생한다. 직무스트레스를 과도하게 느낄 때 업무량이 줄어들 뿐만 아리라 업무의 불만족도 높아지며 질병도 나타날 수 있다. 산업안전보건법 제5조 제1항에 따라 산업안전보건기준에 관한 규칙 제 669조에는 신체적 피로와 정신적 스트레스를 직무스트레스로 정의하고 있다. 근로자가 장시간 근로, 야간작업을 포함한 교대작업, 차량운전[전업(專業)으로 하는 경우에만 해당한다] 및 정밀기계 조작작업 등 신체적 피로와 정신적 스트레스 등이 높은 작업을 하는 경우 직무스트레스로 인한 건강장해 예방 조치를 취해야함을 규정하고 있다. 법에서 중점적으로 사업주 구체적 보건상의 조치를 의무화 하고 있는 작업은 장시간근로, 야간작업을 포함한 교대작업, 차량운전(전업으로 하는 경우에 한한다) 및 정밀기계 조작 작업 등의 직무스트레스가 높은 작업을 하는 경우이며 다음의 직무스트레스로 인한 건강장해 예방 조치를 취해야함을 규정하고 있다.

- 작업환경·작업내용·근로시간 등 직무스트레스 요인에 대하여 평가하고 근로시간 단축, 장·단기 순환작업 등의 개선대책을 마련하여 시행할 것
- 작업량·작업일정 등 작업계획 수립 시 해당 근로자의 의견을 반영할 것
- 작업과 휴식을 적절하게 배분하는 등 근로시간과 관련된 근로조건을 개선할 것
- 근로시간 외의 근로자 활동에 대한 복지 차원의 지원에 최선을 다할 것
- 건강진단 결과, 상담자료 등을 참고하여 적절하게 근로자를 배치하고 직무스트레스 요인, 건강문제 발생가능성 및 대비책 등에 대하여 해당 근로자에게 충분히 설명할 것
- 뇌혈관 및 심장질환 발병위험도를 평가하여 금연, 고혈압 관리 등 건강증진 프로그램을 시행할 것

현재 직무스트레스와 관련해서 작업관련성을 인정하는 질환은 뇌혈관 및 심질환(산업재해보상보험법시행규칙 별표1)인데, 고려하고 있는 직무요인으로 뇌혈관 또는 심장혈관의 정상적인 기능에 뚜렷한 영향을 줄 수 있는 정도의 과중부하를 줄 수 있는 급격한 작업환경의 변화와 근로자의 업무량과 업무시간이 발병 전 3일 이상 연속적으로 일상업무보다 30% 이상 증가되거나 발병 전 1주일 이내에 업무의 양·시간·강도·책임 및 작업환경 등이 일반인이 적응하기 어려운 정도의 만성적인 과로를 초래한 경우로 한정하고 있다. 이때 "과로"는 피로감이 단시간 휴식으로 회복되지 않고 몸의 상태가 나빠져 일의 능률저하가 지속되는 현상으로 일종의 피로축적 현상이라 볼 수 있다.

2 직무스트레스 요인

"직무스트레스 요인(Job stressor)"이라 함은 근로자의 능력이나 자원, 바램(요구)과 일치하지 않음으로써 근로자에게 유해한 신체적 또는 정서적 반응을 초래하는 업무적 요인을 말한다. 이는 개인의 삶을 파괴하기도 하지만 조직 내 인간관계의 악화 및 성과에 부정적 영향을 미쳐 조직 유효성에 악영향을 초래하기도 한다. 조직 내 직무의 특성과 관련된 스트레스요인으로 개인요인, 집단요인, 조직요인이 있다.

- **개인요인** : 업무량 과다, 역할 과중, 역할 모호성, 역할 갈등, 역할 과소, 책임감 등
- **집단요인** : 집단응집력 결여, 집단 내 또는 집단 간 갈등, 지위·신분상의 문제 등
- **조직요인** : 조직문화, 기술수준, 경영관리 스타일, 조직구조 및 설계, 인사정책 및 보당제도, 업무환경 및 조건 등

직무스트레스 요인을 일밚거 요인과 변형요인으로 구분하여 구체적으로 살펴볼 필요가 있다.

2.1 일반적 요인

① **시간적 압박, 업무시간표 및 속도**; 장시간 노동, 연장근무, 교대근무 업무시간 내내 자신이 업무를 통제하지 못하고 수동적인 행동을 강요받을 때, 일시적으로 자주 바뀌는 업무시간 스스로 업무속도를 조절할 수 있는지의 여부 등

② **업무구조**; 심리적 업무요구가 높고, 직무의 재량권이 낮은 업무, 업무조직의 변화, 부서이동, 좌천이나 승진, 업무의 예측가능성 등

③ **물리적 환경**; 부족한 조명, 과도한 소음, 비좁은 작업공간, 비위생적 환경, 사무직의 경우도 불편한 책상, 과밀, 부족한 환기와 추운 실내온도 등

④ **조직**; 업무요구사항이 명확하지 못하거나 업무에 대한 전망이 결여되고 책임범위가 명확하지 못하는 등의 역할모호성, 과도한 경쟁, 성별에 따른 차별, 역할 갈등, 직장내 관계갈등 등

⑤ **조직 외적인 스트레스 요인**; 직업안정성과 승진, 실업 및 자유시장경제와 전 지구적 경제상황에서의 고용안정과 관련된 사항, 직무안정성의 결여

⑥ **비직업성 스트레스 요인**; 업무 이외의 스트레스 요인들로 개인, 가족, 지역사회가 처한 환경 등

2.2 변형 요인

같은 스트레스 요인에 노출되더라도 결과물인 스트레스 반응은 개인마다 다르다. 예로써 자존심이 높은 사람은 능력에 대한 확신으로 인해 스트레스를 적게 받는다. 또한 A·B형 행동패턴에 따라서도 스트레스의 영향이 다르다. A형 타입은 성취지향·완결성·신속성 지향 등으로 여가에 있어서까지 스스로 스트레스를 유발하나, B형의 경우

여유가 있고 상황을 수용하여 상대적으로 스트레스의 영향이 적다. A형이 B형보다 직무 스트레스를 더 많이 느끼고 질환에 걸릴 가능성이 훨씬 높다. 스트레스 관리에 있어 변형요인을 조정함으로써 스트레스의 부정적 영향을 약할 시킬 수 있다.

- **개인적 변형요인**; 스트레스 반응에 대한 잠재적 변형요인으로 행동양식 및 개인적 자원 등 비 구조화된 직무나 모호한 직무상황에서 안정적인 정도인 모호성 포용도가 높을수록 스트레스를 적게 받음
- **환경적 변형요인들**; 스트레스 반응을 약화시키는 사회적지지로 감정적 지지, 자존심의 확인, 정보의 제공 등

3 직무스트레스의 영향

직무스트레스는 조직구성원 개개인에게 심리적·행동적·신체적 영향을 미칠 뿐만 아니라 직무와 조직의 성과에도 많은 영향을 미친다.

직무스트레스가 개인에게 미치는 심리적 영향으로는 분노, 불안, 우울증, 신경과민, 불면증, 긴장, 권태감, 무관심, 체념, 집중력 저하, 미루기 등이 있다. 행동적 영향으로는 고도한 흡연과 음주, 과식, 약물 남용, 사고 발생 등이 있다. 신체적 영향으로는 피로, 체중변화, 혈압상승, 콜레스테롤 증가, 두통, 흉통, 요통, 소화불량, 위궤양, 심장질환 등이 있다.

직무스트레스가 직무와 조직의 성과에 미치는 영향으로는 직무만족과 직무몰입 감소, 책임감 감소, 일탈행위 증가, 근무태만, 의사소통의 단절, 대인관계의 악화, 비능률적인 업무관계, 판단오류, 의사결정의 과오 유발, 결근율 상승, 성과와 생산성 저하, 사고 발생 등이다. 직무스트레스와 직무만족은 내면적 관계로, 스트레스의 요인과 성질에 따라 직무만족에 긍정적·부정적 영향을 미치며 개인의 인지에 따라 차이는 있으나 통상적으로 어느 선까지는 긍정적으로 작용한다.

또한 스트레스는 조직몰입에 부정적 영향을 미쳐 결근율·이직율 상승 등 조직몰입의 수준을 떨어뜨린다. 적당한 스트레스는 성과 향상에 도움이 되지만 장기적으로 누적되거나 아예 없는 경우, 성과에 부정적인 영향을 미친다.

4 직무스트레스와 건강장애

4.1 스트레스에 의한 인체의 반응

직무스트레스는 경고 반응, 저항 단계, 소진 단계의 인체반응이 나타나며 다양한 정신·신체적 장애를 유발한다.

- 경고 반응(Alarm reaction): 스트레스를 받으면 제일 먼저 놀라게 되고 우리 몸의 생리기능을 관장하는 교감신경계이 항진하여 가슴이 두근거리고, 호흡이 가빠지는 등의 생리적 현상이 나타남. 이는 우리 몸에 이상이 온다는 경고를 주는 시기로 휴식을 취하라는 신호임
- 저항 단계(Stage of reaction): 시간이 지나면 자극에 대해 적응을 하려고 하거나 저항을 하게 됨. 이 시기에 부신 피질 호르몬 등의 스트레스 호르몬이 분비되어 우리 신체가 변화에 적응 할 수 있도록 준비시킴으로써 항상성을 유지함
- 소진 단계(Stage of exhaustion): 질병이 발생하기 직전의 순간으로 스트레스가 계속 지속되면 결국 신체적 방어도 붕괴되고, 적응 에너지도 고갈되며, 이때 경고반응의 신체적 징후가 다시 나타남. 소진까지 오면 신체의 어느 기관이 고장나서 병이되어 있거나 정신분열증 같은 정신병이 생김

4.2 직무스트레스에 의한 정신·신체적 장애

① **심혈관계** : 빈맥, 부정맥, 고혈압, 협심증 등

② **위장관계** : 신경성 구토, 위경련, 가슴앓이, 딸꾹질, 설사, 위궤양, 십이지장 궤양, 변비 등

③ **호흡기계** : 신경성 기침, 기관지 천식, 과호흡 증후군 등

④ **생식기계** : 빈뇨, 발기부전, 불감증, 조루증, 월경불순, 불임증 등

⑤ **내분비계** : 당뇨병, 비만증, 갑상선 질환 등

⑥ **신경계** : 편두통, 수전증, 서경증 등

⑦ **근육계** : 근육통, 요통, 류마티스 관절염 등

⑧ **피부계** : 두드러기, 원형탈모증, 가려움증, 신경성 피부병, 다한증 등

⑨ **정신적** : 정신질환, 우울증, 공황장애, PTSD, 적응장애 등

⑩ 기타 : 알코올 남용, 불안장해, 우울증, 수면장애, 공황장애 등

4.3 질환별 직무스트레스 요인

많은 선행연구에서, 심혈관계 질환과 근골격계 질환이 직무스트레스와 관련이 있다고 보고하였다. 심혈관계 유발 직무스트레스 요인으로는 화학적 요인, 물리적 요인, 사회심리적 요인, 육체적 요인, 작업관리적 요인, 복합적 요인이 있다.

- **화학적 요인:** 이황화탄소, 염화탄화수소, 일산화탄소, 메틸렌클로라이드, 니트로글리세린
- **물리적 요인:** 소음, 서열고온작업, 한냉작업
- **사회심리적 요인:** 급작스러운 정신적 스트레스, 만성적 정신적 스트레스(업무량, 업무자율성, 노력보상 적절성 등)
- **육체적 요인:** 급작스러운 육체활동, 만성적 과도한 육체활동, 장시간 노동
- **작업관리적 요인:** 교대근무, 야간근무, 불규칙적인 근무
- **복합적 요인:** 운전업무

근골격계 질환 유발 직무스트레스 요인으로는 개인적 특성으로 키, 몸무게, 작업경력 등이 있다.

직업성 특성으로 작업시간, 교대근무, 작업경력 등이 있다. 인간공학적 특성으로 작업방법, 반복성, 부자연스런 자세, 과도한 힘, 접촉스트레스, 진동 등이 있다. 정신학적 요인으로 단조로운 작업, 작업의 힘든 정도, 업무량작업방법 등을 결정할 수 있는 권한, 상사 또는 동료의 지지 등이 있다. 사회적 요인으로는 인력의 변화, 단위 시간당 생산량 또는 생산속도의 변화, 작업방식 및 조건의 변화, 경기침체 등이 있다.

5 직무스트레스 평가

직무스트레스를 평가하는 생물학적 지표로는 카테콜아민, 코티졸, 도파민, 세로토닌 등의 신경내분비계 지표, 여러 면역지표, 고혈압, 호모시스테인, 심박동수 변이 등의 심혈관계 지표 등이 활용되고 있다.

한국산업안전공단 산업안전보건연구원은 미국 NIOSH(미국 국립산업안전보건연구원)

의 직무스트레스 조사표를 한국어판으로 번역하여 우리나라 근무환경에 맞게 타당도가 검증한 한국형 직무스트레스 측정도구(KOSS)를 개발하였다. 또한 한국형 감정노동 평가도구(K_ELS), 직장폭력 평가도구(K_WVS)를 개발하여 학계 및 산업현장에서 널리 활용되고 있다. 더 나아가, 간호사 직무스트레스 평가도구(K-NOSS) 등을 개발하여 의료기관 종사 간호사의 직무스트레스 요인과 수준을 파악할 수 있도록 설계하여 개인 및 조직차원에서 스트레스 완화방안을 수립하는데 활용할 수 있도록 하였다.

5.1 한국형 직무스트레스 측정도구

한국형 직무스트레스 측정도구(KOSS)

구분	내용	전혀 그렇지 않다	그렇지 않다	그렇다	매우 그렇다
물리 환경	1. 근무 장소가 깨끗하고 쾌적하다.	4	3	2	1
	2. 내 일은 위험하며 사고를 당할 가능성이 있다.	1	2	3	4
	3. 내 업무는 불편한 자세로 오랫동안 일을 해야 한다.	1	2	3	4
직무 요구	4. 나는 일이 많아 항상 시간에 쫓기며 일한다.	1	2	3	4
	5. 현재 하던 일을 끝내기 전에 다른 일을 하도록 지시 받는다	1	2	3	4
	6. 업무량이 현저하게 증가하였다.	1	2	3	4
	7. 나는 동료나 부하직원을 돌보고 책임져야할 부담을 안고 있다.	1	2	3	4
	8. 내 업무는 장시간 동안 집중력이 요구된다.	1	2	3	4
	9. 업무 수행 중에 충분한 휴식(짬)이 주어진다.	4	3	2	1
	10. 일이 많아서 직장과 가정에 다 잘하기가 힘들다.	1	2	3	4
	11. 여러 가지일을 동시에 해야 한다.	1	2	3	4
직무 자율	12. 내 업무는 창의력을 필요로 한다.	4	3	2	1
	13. 업무관련 사항(업무의 일정, 업무량, 회의시간 등)이 예고 없이 갑작스럽게 정해지거나 바뀐다.	1	2	3	4
	14. 내 업무를 수행하기 위해서는 높은 수준의 기술이나 지식이 필요하다.	4	3	2	1
	15. 작업시간, 업무수행과정에서 나에게 결정할 권한이 주어지며 영향력을 행사 할 수 있다.	4	3	2	1
	16. 나의 업무량과 작업스케줄을 스스로 조절할 수 있다.	4	3	2	1
관계 갈등	17. 나의 상사는 업무를 완료하는데 도움을 준다.	4	3	2	1
	18. 나의 동료는 업무를 완료하는데 도움을 준다.	4	3	2	1
	19. 직장에서 내가 힘들 때 내가 힘들다는 것을 알아주고 이해해 주는 사람이 있다.	4	3	2	1
	20. 직장생활의 고충을 함께 나눌 동료가 있다.	4	3	2	1

구분	내용	전혀 그렇지 않다	그렇지 않다	그렇다	매우 그렇다
직무 불안정	21. 지금의 직장을 옮겨도 나에게 적합한 새로운 일을 쉽게 찾을 수 있다.	4	3	2	1
	22. 현재의 직장을 그만두더라도 현재 수준만큼의 직업 (직장)을 쉽게 구할 수 있다.	4	3	2	1
	23. 직장사정이 불안하여 미래가 불확실하다.	1	2	3	4
	24. 나의 직업은 실직하거나 해고당할 염려가 없다.	4	3	2	1
	25. 앞으로 2년 동안 현재의 내 직업을 잃을 가능성이 있다.	1	2	3	4
	26. 나의 근무조건이나 상황에 바람직하지 못한 변화(예, 구조조정)가 있었거나 있을 것으로 예상된다.	1	2	3	4
조직 체계	27. 우리 직장은 근무평가, 인사제도(승진, 부서배치 등)가 공정하고 합리적이다.	4	3	2	1
	28. 업무수행에 필요한 인원, 공간, 시설, 장비, 훈련 등의 지원이 잘 이루어지고 있다.	4	3	2	1
	29. 우리 부서와 타 부서간에는 마찰이 없고 업무협조가 잘 이루어진다.	4	3	2	1
	30. 근로자, 간부, 경영주 모두가 직장을 위해 한마음으로 일을 한다.	4	3	2	1
	31. 일에 대한 나의 생각을 반영할 수 있는 기회와 통로가 있다.	4	3	2	1
	32. 나의 경력개발과 승진은 무난히 잘 될 것으로 예상한다.	4	3	2	1
	33. 내 현재 직위는 나의 교육 및 경력에 비추어볼 때 적절하다.	4	3	2	1
보상 부적절	34. 나의 직업은 내가 평소 기대했던 것에 미치지 못한다.	1	2	3	4
	35. 나의 모든 노력과 업적을 고려할 때 내 봉급/수입은 적절하다.	4	3	2	1
	36. 나의 모든 노력과 업적을 고려할 때, 나는 직장에서 제대로 존중과 신임을 받고 있다.	4	3	2	1
	37. 나는 지금 하는 일에 흥미를 느낀다.	4	3	2	1
	38. 내 사정이 앞으로 더 좋아질 것을 생각하면 힘든 줄 모르고 일하게 된다.	4	3	2	1
	39. 나의 능력을 개발하고 발휘할 수 있는 기회가 주어진다.	4	3	2	1
직장 문화	40. 회식자리가 불편하다.	1	2	3	4
	41. 나는 기준이나 일관성이 없는 상태로 업무 지시를 받는다.	1	2	3	4
	42. 직장의 분위기가 권위적이고 수직적이다.	1	2	3	4
	43. 남성, 여성이라는 성적인 차이 때문에 불이익을 받는다.	1	2	3	4

물리적 환경 (1-3번 문항)	• 근로자가 노출되고 있는 직무스트레스를 일으킬 수 있는 환경요인 중 사회심리적 요인이 아닌 환경요인을 측정 • 공기오염, 작업방식의 위험성, 신체 부담 등
직무요구 (4-11번 문항)	• 직무에 대한 부담 정도를 측정 • 시간적 압박, 중단 상황, 업무량 증가, 책임감, 과도한 직무부담, 직장 가정 양립, 업무 다기능이 포함
직무자율 (12-16번 문항)	• 직무에 대한 의사결정의 권한과 자신의 직무에 대한 재량 활용성의 수준을 측정 • 기술적 재량, 업무 예측 불가능성, 기술적 자율성, 직무수행 권한이 포함
관계갈등 (17-20번 문항)	• 회사 내에서의 상사 및 동료 간의 도움 또는 지지 부족 등의 대인관계를 측정 • 동료의 지지, 상사의 지지, 전반적 지지가 포함
직무불안정 (21-26번 문항)	• 자신의 직업 또는 직무에 대한 안정성을 측정 • 구직기회, 전반적 고용불안정성이 포함
조직 체계 (27-33번 문항)	• 조직의 전략 및 운영체계, 조직의 자원, 조직 내 갈등, 합리적 의사소통 결여, 승진 가능성, 직위 부적합을 측정
보상 부적절 (34-39번 문항)	• 업무에 대하여 기대하고 있는 보상의 정도가 적절성을 측정 • 기대 부적합, 금전적 보상, 존중, 내적동기, 기대 보상, 기술 개발 기회가 포함
직장문화 (40-43번 문항)	• 서양의 형식적 합리주의 직장문화와는 다른 한국적 집단주의 문화(회식, 음주문화), 직무갈등·합리적 의사소통 체계 결여, 성적 차별 등을 측정

■ **평가점수 산출방법**

$$\text{영역별 환산점수} = \frac{\text{(해당 영역의 각 문항에 주어진 점수의 합 - 문항개수)}}{\text{(해당 영역의 예상 가능한 최고점수 - 문항개수)}} \times 100$$

■ 한국인 직무스트레스 기본형 참고치

남자를 위한 영역별 직무스트레스요인 환산점수에 대한 참고값

영역	개인/부서 점수	회사 중앙값	한국 근로자 중앙값	점수의 의미
물리적 환경			44.5	참고값보다 클수록 물리환경이 상대적으로 나쁘다.
직무요구			50.1	참고값보다 클수록 직무요구도가 상대적으로 높다.
직무자율			53.4	참고값보다 클수록 직무자율성이 상대적으로 낮다.
관계갈등			33.4	참고값보다 클수록 관계갈등이 상대적으로 높다.
직무불안정			50.1	참고값보다 클수록 직업이 상대적으로 불안정하다.
조직체계			52.4	참고값보다 클수록 조직이 상대적으로 체계적이지 않다.
보상부적절			66.7	참고값보다 클수록 보상체계가 상대적으로 부적절하다.
직장문화			41.7	참고값보다 클수록 직장문화에 상대적으로 문제가 있다.

각 영역별 한국 근로자 중앙값은 향후 연구결과에 따라 변동될 수 있다.

여자를 위한 영역별 직무스트레스요인 환산점수에 대한 참고값

영역	개인/부서 점수	회사 중앙값	한국 근로자 중앙값	점수의 의미
물리적 환경			44.5	참고값보다 클수록 물리환경이 상대적으로 나쁘다.
직무요구			54.2	참고값보다 클수록 직무요구도가 상대적으로 높다.
직무자율			60.1	참고값보다 클수록 직무자율성이 상대적으로 낮다.
관계갈등			33.4	참고값보다 클수록 관계갈등이 상대적으로 높다.
직무불안정			50.1	참고값보다 클수록 직업이 상대적으로 불안정하다.
조직체계			52.4	참고값보다 클수록 조직이 상대적으로 체계적이지 않다.
보상부적절			66.7	참고값보다 클수록 보상체계가 상대적으로 부적절하다.
직장문화			41.7	참고값보다 클수록 직장문화에 상대적으로 문제가 있다.

각 영역별 한국 근로자 중앙값은 향후 연구결과에 따라 변동될 수 있다.

부서의 특정 영역 직무스트레스 요인 환산점수가 회사 중앙값에 비하여 높거나 한국 근로자의 성별 참고 값보다 크다는 것은 비교집단과 비교해 해당 직무스트레스 요인이 상대적으로 더 많이 노출되고 있다는 의미이다.

5.2 한국형 감정노동 평가도구

감정노동(Emotional labor)이란 직업상 고객을 대할 때 자신의 감정이 좋거나, 슬프거나, 화나는 상황이 있더라도 사업장(회사)에서 요구하는 감정과 표현을 고객에게 보여주는 등 고객응대 업무를 하는 노동을 뜻한다.

한국형 감정노동 평가도구(K_ELS)

설문 문항		전혀 그렇지 않다	약간 그렇지 않다	약간 그렇다	매우 그렇다
감정표출의 노력 및 다양성	1. 고객에게 부정적인 감정을 표현하지 않으려고 의식적으로 노력한다.	1	2	3	4
	2. 고객을 대할 때 회사의 요구대로 감정 표현을 할 수 밖에 없다.	1	2	3	4
	3. 업무상 고객을 대하는 과정에서 나의 솔직한 감정을 숨긴다.	1	2	3	4
	4. 일상적인 업무수행을 위해서는 감정을 조절하려는 노력이 필요하다.	1	2	3	4
	5. 고객을 대할 때 느끼는 나의 감정과 내가 실제 표현하는 감정은 다르다.	1	2	3	4
고객응대의 과부하 및 갈등	6. 공격적이거나 까다로운 고객을 상대해야 한다.	1	2	3	4
	7. 나의 능력이나 권한 밖의 일을 요구하는 고객을 상대해야 한다.	1	2	3	4
	8. 고객의 부당하거나 막무가내의 요구로 업무 수행의 어려움이 있다.	1	2	3	4
감정부조화 및 손상	9. 고객을 응대할 때 자존심이 상한다.	1	2	3	4
	10. 고객에게 감정을 숨기고 표현하지 못할 때 나는 감정이 상한다.	1	2	3	4
	11 고객을 응대할 때 나의 감정이 상품처럼 느껴진다.	1	2	3	4
	12. 퇴근 후에도 고객을 응대할 때 힘들었던 감정이 남아 있다.	1	2	3	4
	13. 고객을 대하는 과정에서 마음의 상처를 받는다.	1	2	3	4
	14. 몸이 피곤해도 고객들에게 최선을 다해야 하므로 감정적으로 힘들다.	1	2	3	4

설문 문항		전혀 그렇지 않다	약간 그렇지 않다	약간 그렇다	매우 그렇다
조직의 감시 및 모니터링	15. 직장이 요구하는 대로 고객에게 잘 응대하는지 감시를 당한다(CCTV 등).	1	2	3	4
	16. 고객의 평가가 업무성과평가나 인사고과에 영향을 준다.	1	2	3	4
	17. 고객 응대에 문제가 발생했을 때, 나의 잘못이 아닌데도 직장으로부터 부당한 처우를 받는다.	1	2	3	4
조직의 지지 및 보호체계	18. 고객 응대 과정에서 문제가 발생 시 직장에서 적절한 조치가 이루어진다.	4	3	2	1
	19. 고객 응대 과정에서 발생한 문제를 해결하고 도와주는 직장 내의 공식적인 제도와 절차가 있다.	4	3	2	1
	20. 직장은 고객 응대 과정에서 입은 마음의 상처를 위로받게 해준다.	4	3	2	1
	21. 상사는 고객 응대 과정에서 발생한 문제를 해결하기 위해 도와준다.	4	3	2	1
	22. 동료는 고객 응대 과정에서 발생한 문제를 해결하기 위해 도와준다.	4	3	2	1
	23. 직장 내에 고객 응대에 관한 행동지침이나 매뉴얼(설명서, 안내서)이 마련되어 있다.	4	3	2	1
	24. 고객의 요구를 해결해 줄 수 있는 권한이나 자율성이 나에게 주어져 있다.	4	3	2	1

구분	내용
감정표출의 노력 및 다양성 (1~5번 문항)	근로자가 고객에게 회사에서 요구하는 대로 감정표현을 억제하거나 조절하려고 노력하는 정도나 상황에 따라 다양한 감정표현을 해야 하는 정도를 측정
고객응대의 과부하 및 갈등 (6~8번 문항)	힘든 고객을 상대하는 과정에서 발생하는 부하의 정도와 고객 응대 시의 갈등이나 어려움 정도를 측정
감정부조화 및 손상 (9~14번 문항)	근로자의 실제 감정과 직장에서 요구하는 감정 표현 규범의 충돌로 인해 발생하는 감정적인 부조화나 고객 응대과정에서 경험하는 다양한 형태의 마음의 손상정도를 측정
조직 감시 및 모니터링 (15~17번 문항)	근로자들의 감정노동 수행에 대한 회사 내 감시의 정도와 고객응대에 대한 평가가 승진이나 인사고과에 반영되는 정도를 측정
조직의 지지 및 보호체계 (18~24번 문항)	감정노동 수행 중 문제가 발생했을 때 근로자를 지원하는 체계가 있는지와 직장 동료의 지지 정도를 측정

■ **평가점수 산출방법**

$$\text{영역별 환산점수} = \frac{(\text{해당 영역의 각 문항에 주어진 점수의 합} - \text{문항개수})}{(\text{해당 영역의 예상 가능한 최고점수} - \text{문항개수})} \times 100$$

■ **한국형 감정노동 평가도구의 요인별 성별 참고치**

감정노동 하부 요인		정상	위험
감정 조절의 노력 및 다양성	남자	0 ~ 83.32	83.33 ~ 100
	여자	0 ~ 76.66	76.67 ~ 100
고객응대의 과부하 및 갈등	남자	0 ~ 83.32	83.33 ~ 100
	여자	0 ~ 72.21	72.22 ~ 100
감정 부조화 및 손상	남자	0 ~ 69.43	69.44 ~ 100
	여자	0 ~ 63.88	63.89 ~ 100
조직의 감시 및 모니터링	남자	0 ~ 61.10	61.11 ~ 100
	여자	0 ~ 49.99	50.00 ~ 100
조직의 지지 및 보호체계	남자	0 ~ 49.99	50.00 ~ 100
	여자	0 ~ 45.23	45.24 ~ 100

평가대상이 된 집단의 평균점수가 위험수치에 해당한다는 것은 해당 감정노동 요인이 해당 집단에서의 주요한 문제로서 개선의 우선순위가 있음을 의미한다.

또한 이러한 문제로 인해 심리적 문제나 생산선 저하 등이 발생할 가능성이 높아질 수 있음을 의미한다.

6 직무스트레스 관리

직무스트레스 수준은 업무성과에 영향을 미친다. 스트레스가 너무 낮으면 비생산적이 되고 스트레스가 너무 높으면 생산성이 낮아진다. 따라서 직무스트레스 관리는 적정한 수준의 스트레스를 유지하는 것이 목표이다. 조직은 조직구성원의 안녕을 중시하고 구성원에게 도움이 되는 포괄적인 스트레스 관리계획을 조직화해야 한다. 구성원의 안녕을 향상시키는 전략은 개인 차원과 조직 차원의 관리방안으로 구분할 수 있다.

6.1 개인 차원의 스트레스 관리방안

개인 차원의 스트레스 관리방안은 다음과 같다.

- **신체돌보기** : 적절한 휴식, 충분한 영양섭취, 심신 이완과 휴식, 규칙적 운동, 규칙적 활동 등
- **스트레스 수용하기** : 스트레스는 회피할 수 없는 인생의 한 부분임을 인식하고 인생의 한 부분으로 수용하여 스트레스를 효과적으로 다뤄야 함
- **완전히 벗어나기** : 휴가나 산책 등으로 스트레스 상황을 피하거나 취미활동 등에 몰입하므로써 스트레스에서 벗어남
- **긍정적 자기지각** : 자신을 지금 있는 그대로 받아들임으로써 긍정적 자질을 말로 표현하거나 칭찬을 수용함으로써 긍정인 자기지각을 강화
- **사회적지지 추구** : 친구나 가족 관계에서의 진정한 걱정 · 존경 · 관심의 사회적 지지는 스트레스에 의한 질병 발생에 대해 완충작용
- **과도한 요구 감소** : 해야 할 일이 많을 때 먼저 해야 할 일의 목록을 작성하고 우선순위를 정하여 시간계획표를 작성하여 실행. 또한 과도한 업무에 대해서는 업무를 분담하거나 위임을 통해 업무량을 조정
- **변화에 대한 계획** : 현재 스트레스 수준이 높거나 해야 할 일이 많을 때에는 생활사건의 변화를 사전에 철저하게 계획하여 변화를 최소화함으로써 스트레스에 적절하게 대응

이와 같이 개인적 차원의 스트레스 관리를 통해 스트레스에 대처하는 힘을 키울 필요가 있다.

6.2 조직 차원의 스트레스 관리방안

직장에서 직무스트레스는 질병, 사고, 이직, 결근, 업무량 감소, 성과 저하 등 큰 비용을 발생시킨다. 이에 조직 구성원에 대한 조직 차원에서의 스트레스 관리는 관심이 증대되고 있다. 조직의 특성과 직무와 관련된 모든 직무스트레스 요인을 조절할 수는 없지만 구성원의 직무스트레스 대처능력을 증진시키기 위한 조직 차원의 다각적 노력을 할 필요가 있다. 조직 차원의 직무스트레스 관리방안은 다음과 같다.

- **구성원 개인의 스트레스 수준 파악과 적정수준 유지**: 정기적 신체검진과 스트레스 평가를 통해 과도한 스트레스를 경험하는 구성원에게 긴장이완훈련 프로그램을 지원하고 신체단련을 위한 시간과 시설 제공함으로써 스트레스 수준을 낮춤
- **스트레스 수용능력 개발**: 직무스트레스 관리방법에 대한 교육훈련과 상담 제공하여 신체적 · 정신적 건강관리를 위한 행동변화 유도
- **직무분석과 직무설계**: 담당 직무에 대해 직무분석을 실시하여 분명한 역할기대를 제시해주고 주어진 책임을 완수하기 위한 적절한 권한을 부여하며 직무나 역할의 모호성으로 인한 직무스트레스 감소. 또한 직무확대나 직무충실화 등의 직무설계를 통해 직무 자체에 대한 흥미 · 자율성 · 책임감 · 성취기회를 증진하여 직무스트레스 감소하며 더 나아가 직무만족도 증진
- **능력개발과 성장기회 제공**: 업무 지식과 기술에 대한 교육과 훈련을 제공하며 인간관계 훈련을 실시하여 대인적 스트레스 감소
- **관리자의 리더십 개발**: 관리자의 관리기술과 리더십 훈련을 실시하여 관리자 역량 개발
- **참여적 관리**: 업무현장에서 필요한 의사결정을 할 수 있도록 합리적 권한 위임이 필요하며 커뮤니케이션을 활성화하여 구성원에게 필요한 정보를 제공
- **사회적 지지 제공**: 동료집단으로 구성된 지지집단을 구축하여 적절한 지지를 제공
- **인사관리 제고의 개선**: 부서 배치와 이동, 승진, 인사고과, 보상 시스템 등의 전반적인 인사관리제고를 합리적으로 개선
- **인적자원 및 물적자원의 확보**: 적정 인력의 수요를 파악하여 인력을 충분히 확보하며 필요한 물품을 공급 · 확보함으로 물품부족으로 인한 직무스트레스 감소

6.3 직무스트레스 직장 복귀자 관리

만성 직무스트레스로 인해 병가를 가졌던 근로자가 복직할 때, 업무의 제한이나 증상의 재발 없이 직장에서 업무를 할 수 있도록 도와야 한다. 관리자는 복직 근로자와 인터뷰를 하고, 스트레스 원인과 업무 방해 요인을 고려하여 업무에 배치하도록 해야 한다. 직장복귀 프로그램 및 업무적합성 평가를 통해 체계적으로 환자를 평가하여 직장에 복귀시키면, 병가가 장기화 되는 것을 막을 수 있다. 직무스트레스 관련 증상 호소자의 관리는 개인적 차원의 스트레스 증상 관리뿐만 아니라, 조직적 차원에서의 관리, 업무관련성 및 업무적합성 평가, 의뢰 체계 구축, 치료 후 작업복귀 등에 대해서도 함께 고려되어

야한다. 일반적으로 여러 가지 일차적 노력에도 불구하고 증상이 악화되거나 3개월 이상 지속될 경우는 정신건강의학과 등 관련 전문의에게 의뢰할 필요가 있다.

6.4 한국산업안전공단 산업안전보건연구원의 직무스트레스 지침

- 직무스트레스요인 측정지침(KOSHA GUIDE H-67-2012)
- 직무스트레스 자기관리를 위한 근로자용 지침(KOSHA GUIDE H-39-2011)
- 직무스트레스의 일상적인 관리를 위한 관리감독자용 지침(KOSHA GUIDE H-38-2011)
- 근로자의 우울증 예방을 위한 관리감독자용 지침(KOSHA CODE H-37-2011)
- 사업장의 중대재해 발생 시 급성스트레스에 대한 조기대응 지침(KOSHA GUIDE H-36-2011)
- 사업장 직무스트레스 예방 프로그램(KOSHA GUIDE H-40-2011)

7 직무스트레스 관리계획

현황파악 → 프로그램 계획 수립 → 수행 → 관리 및 평가

7.1 직무스트레스 현황 파악

- 각 부서별 책임자를 통하여 설문조사를 실시하여 자료를 수집하거나, 건강진단 결과 및 문진표를 활용하여 질환자 및 직무스트레스의 수준을 파악
- 파악된 직무스트레스의 수준을 전 직원, 부서별, 연령별, 성별로 분석하고, 올바른 식생활습관을 유지 정도와 질환자와의 상관성 등을 분석
- 상부에 보고함으로써 직무스트레스 관리의 중요성을 인지

7.2 직무스트레스 관리 프로그램 계획 수립

- 예산을 사전에 확보하고 승인된 예산의 가용 범위를 확인
- 기존의 건강증진위원회나 안전보건위원회 혹은 노사대표자호의 등의 조직과 인력

을 확인
- ○ 사내·외의 지원 기관 및 부서를 확인 : 예산 부서, 안전보건환경팀, 노동조합, 한국산업안전보건공단, 건강보험공단, 한국체육과학연구원, 대한운동사회, 한국 레크레시연 협회, 보건소, 요가협회, 건강증진운동 우수사업장, 대한스트레스학회, 직무스트레스협회, 대학병원급 정신과 전문의
- ○ 활용가능한 자원을 확인
- ○ 프로그램 내용을 결정 : 구체적 대상과 목표, 실시 시기 및 방법, 소요 예산에 대한 기안 및 결재
- ○ 프로그램을 홍보 : 홍보 방법 선정
- ○ 스트레스관리 프로그램의 평가 계획 수립

7.3 수행

- ○ 여러 가지 측정도구를 활용하여 평가
- ○ 스트레스 정도에 따른 관리 대상자 결정
- ○ 직무스트레스 조사에서 확인된 스트레스 과다 영역의 해소를 위한 직무 환경 개선
- ○ 캠페인 실시
- ○ 지속적 직무스트레스 관리를 위한 지속적 정보 제공 및 상담
- ○ 교육 및 워크샾 개최

참고 직무스트레스 캠페인 예

- 칭찬 릴레이 운동
- 웃으며 인사하기
- 유머 챔피언 선발 대회
- 미소 왕 선발
- 체육대회
- 취미별 동호인 모임 결성 운영 지원
- 음악회, 연극 등 문화행사 관람 지원

7.4 관리 및 평가

- ○ 직무스트레스 관리를 위한 행동 유지 강화
- ○ 평가

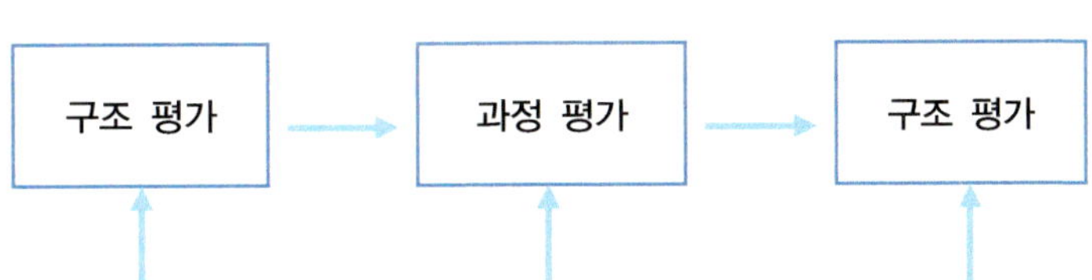

- 구조평가: 사업에 투입되는 자원의 적절성을 평가하는 것
- 과정평가: 사업을 실행하는 과정 중 실시하는 평가로써 사업진행일정 준수, 사업 자원의 적절성과 효율성, 사업 이용자의 특성과 형평성, 그리고 사업전략 및 활동의 적합성과 제공된 서비스의 질을 평가
- 결과평가: 사업 종료 시 사업효과를 측정함으로써 사업의 지속이나 확대 여부를 판단하기 위해 실시

○ 결과 보고: 건강진단 기록과 연계하여 검토

○ 기록 관리 및 보존

제 7 장

작업환경측정 및 평가

학습목표

근로자의 유해인자 노출을 평가할 수 있는 작업장 시료채취 전략을 수립하기 위하여 1. 예비조사(작업장 기본 특성 파악), 2. 작업환경측정, 3. 위해성 감소조치를 수립하는 방법을 이해한다.

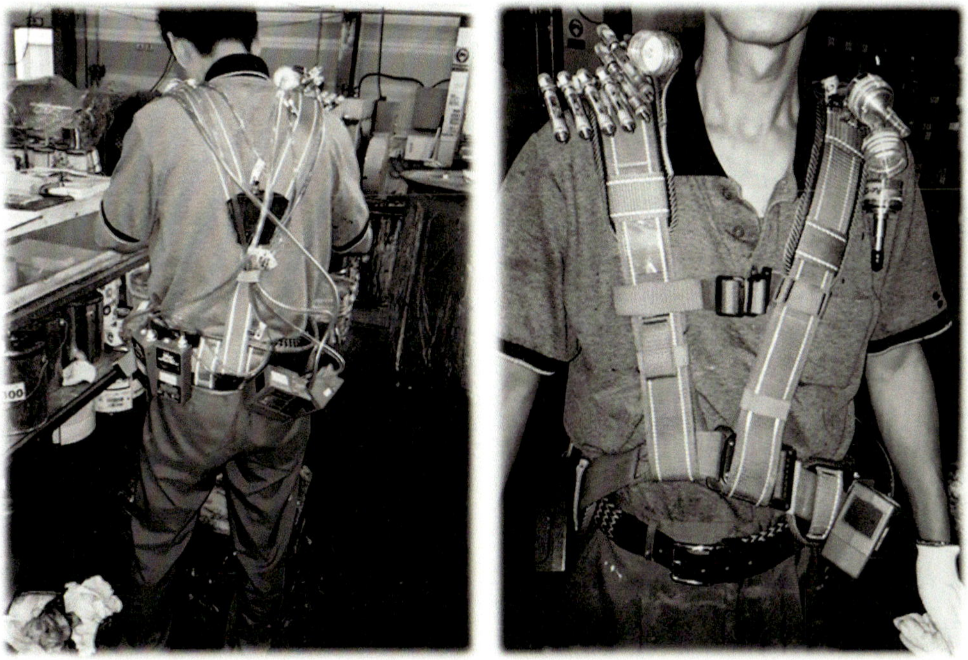

안료제조 공정에서 발생하는 다양한 입자상 물질 및 가스상 물질을 채취하기 위해 여러 개의 시료채취 매체와 펌프를 착용하고 있는 근로자

1 개요

작업환경측정(working environment monitoring)은 근로자에게 노출되는 유해인자의 양이나 강도를 평가하는 활동으로 작업장의 유해인자에 대한 측정계획을 수립 후 시료를 채취하고 분석·평가하는 일련의 과정을 말한다. 작업환경측정을 실시하는 목적은 작업 시 발생하는 소음, 분진, 유기용제 등 유해인자에 근로자가 얼마나 노출되고 있는지 측정·평가한 후 시설이나 설비 등 적절한 개선을 통하여 쾌적한 작업환경을 조성함으로써 근로자의 건강보호 및 생산성 향상에 기여하기 위함이다.

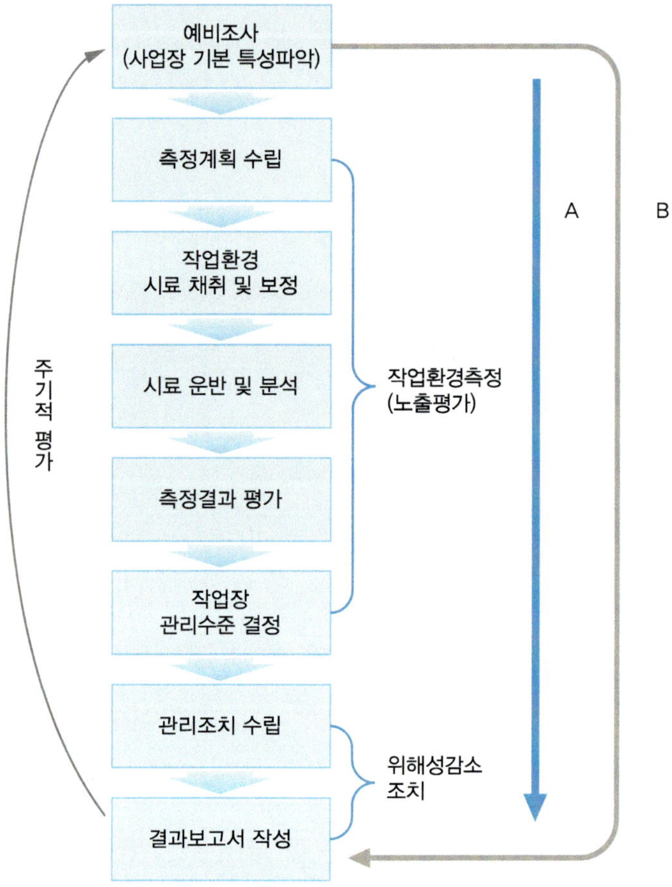

그림 7-1 작업환경측정 과정

우리나라에서는 "작업환경측정"이라는 용어를 사용하고 있지만 미국산업위생학회(AIHA)

에서는 유해인자 노출평가(exposure assessment)라는 용어를 사용하고 있다.

미국산업위생학회(AIHA)에서는 노출평가의 목적을 1) 유해물질에 대한 확인 및 정량화하는 포괄적 평가, 2)법적 준수 여부의 확인, 3) 근로자 불만사항에 대한 대처, 4) 역학 연구의 지원, 5) 공학적 개선의 효과 확인 등으로 설정하고 평가의 우선순위를 결정하여 진행한다. 노출평가 결과는 수용가능여부와 불확실성에 따라 재평가, 추가 정보수집, 관리대책 수립 등의 과정으로 진행된다.

작업환경측정의 흐름은 절차를 분류하는 단위에 따라 달라질 수 있으나 그림 7-1과 같이 8개의 단계를 포함하고 있다. "A"의 흐름은 근로자가 노출되는 수준을 정량적으로 평가하여 위해성을 감소하는 조치를 취하는 일반적인 작업환경측정 흐름을 의미하는 것이고, "B"의 흐름은 예비조사의 결과로 노출평가 절차를 생략하고 위해성 감소 조치 실시하는 정성적 평가 흐름이다.

작업환경측정의 흐름을 작업환경측정 전략(sampling strategy)이라고도 표현할 수 있는데 이것은 특정 근로자의 노출을 정확하게 추정하기 위한 일련의 측정을 수행하는 방법을 결정하는데 사용하는 도구라고도 할 수 있다. 그림 7-1과 마찬가지로 그림 7-2의 노출평가 흐름(flow, chart)도 작업환경측정의 목적을 달성하기 위한 도구를 제공한다.

작업환경측정 전략은 목적에 따라 달라질 수 있으며 본 교재에서 작업환경측정은 산업안전보건법 제125조(작업환경측정)와 관련된 내용을 중심으로 서술하였다.

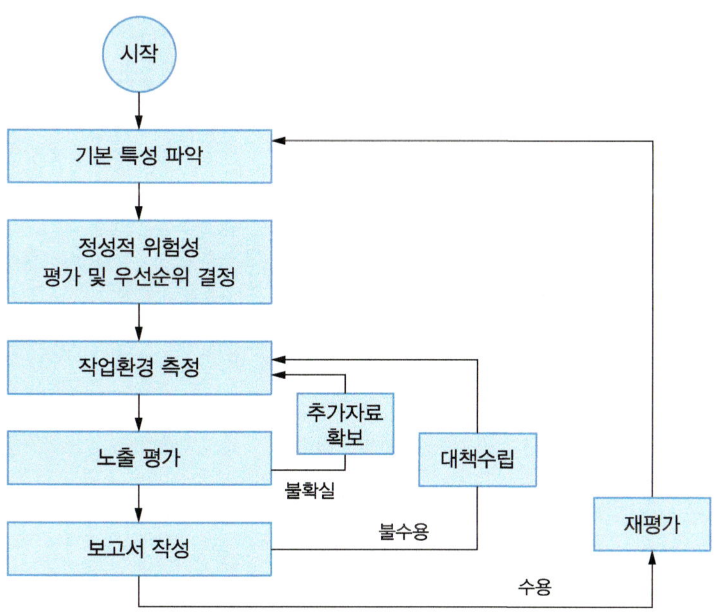

그림 7-2 노출평가 전략의 전체 흐름도

2 예비조사 및 측정계획 수립

2.1 예비조사(사업장 기본특성 파악)

"예비조사"는 사업장에 대한 본 작업환경측정을 하기 전에 측정 결과의 신뢰성 확보를 목적으로 작업공정, 작업자, 작업 방법, 사용 화학물질 및 기계 기구, 노출실태 등을 파악하기 위해 작업환경측정 전문가가 행하는 일련의 서류상 및 현장 사전 조사(work-through survey)를 말한다.

예비조사는 작업환경측정에 필요한 물질안전보건자료 등 서류의 확보와 검토, 사업주 혹은 안전보건 관계자와의 면담, 작업공정에 대한 현장 관찰, 필요 시 현장 관리자 혹은 근로자와의 면담 등의 다양한 방법으로 실시한다. 예비조사시 파악해야 하는 내용으로는 제품별 생산공정 흐름도 및 구획 배치도, 공정별 원료, 생산제품, 중간생성물, 부산물, 사용 기계 기구, 작업내용, 작업 및 교대시간, 작업 및 운전 조건, 종사 근로자 수 및 배치현황, 근로자가 노출 가능한 물리적 및 화학적 유해인자와 인자별 발생 주기, 측정의 시작, 종료, 점심, 휴식 시간을 고려한 본 측정의 시료 채취예상 시간, 단위작업장소(공정)별 채취 예정 시료의 수 및 대상 근로자, 측정에 소요되는 장비, 소모품 및 인력, 측정에 필요한 기타 사항 등이 있다.

참고 예비조사(사업장 기본특성 파악)에서 주의할 사항

사업장 현장조사는 작업환경측정을 위한 조사가 아닌 위험을 감소하기 위한 조치로 생각하고 어느 정도의 노출이 예상되면 노출의 주요 원인을 고려하여 조사하고 기록해야 한다. 조치가 필요한 경우를 대비하여 감소 조치도 미리 고려해야 한다.

현장 조사에 중요한 사항 중 하나는 현장 관리자와 근로자로부터 화학물질과 관련된 업무, 노출 유무, 과거 사고나 불만사항 등의 의견을 듣는 것이다. 관리자들은 업무에 대한 최신정보를 가지고 있으며 직장에서 발생하는 문제에 대한 풍부한 경험이 있다. 또한, 현장 관리자의 의견 청취 시 본 작업환경측정의 목적을 충분하게 전달해야 한다.

2.2 측정계획 수립

측정계획에는 다음 내용이 포함되도록 한다.

① 업체명, 대표자, 업종, 생산품, 근로자 수 등 사업장 개요

② 부서별 공정, 작업내용, 근로자 수 및 공정흐름도

③ 화학물질 사용실태(사용량 포함) 및 소음 등 물리적 인자의 발생실태
④ 유해인자별 노출 근로자 수 및 예상 시료 수
⑤ 공정의 배치도 및 예상 측정 위치
⑥ 작업 및 휴식 시간 등 측정분석 시 고려되어야 할 기타 사항

3 시료채취 및 분석방법 선정

예비조사 결과를 기초로 작업환경측정 유해인자가 선정되면 시료채취와 분석방법을 선정한다. 측정 결과에 대한 정확성과 정밀성을 확보할 수 있는 공정시험방법을 선정해야 한다. 주로 참고로 하는 공정시험방법은 다음과 같다.

- 한국산업안전보건공단 안전보건기술지침(KOSHA-GUIDE) 중 시료채취 및 분석지침(A), http://www.kosha.or.kr/kosha/data/guidanceA.do
- 미국국립산업안전보건연구원(NIOSH)의 NIOSH Manual of Analytical Methods, https://www.cdc.gov/niosh/nmam/default.html
- 미국산업안전보건청(OSHA)의 Sampling and Analytical Methods, https://www.osha.gov/dts/sltc/methods/toc.html

4 작업환경 시료채취 과정(단계)

4.1 유사노출군 선정

작업장에서 모든 근로자들의 유해인자 노출을 측정하는 것은 불가능한 일이다. 따라서, 유해인자에 대해 유사하게 노출되고 있다고 판단되는 근로자들을 모아서 구분하는 것이 필요하다. 유사노출군(similar exposure groups, SEGs)은 작업과 수행방식의 유사성과 빈도 등을 고려하면서 동일한 위험요인에 대하여 노출이 유사한 작업군을 의미하며, 비용 및 투입시간 대비 효율적인 작업환경 측정을 위해서는 유사노출군 선정이 필요하다. 또한, 작업과 관련된 위험요인의 파악 및 관리에 대한 우선순위를 확인할 수 있으며, 위험인자 관리와 역학 조사 시 노출량을 정량적으로 추정하는 근거로 활용될 수 있다.

유사노출군을 구분하는 방법에는 관찰적 접근법을 이용하는데 사업장의 공정, 근로자의 직무, 유해인자 등의 기본 특성을 수집한 자료를 이용하여 산업위생전문가의 판단으로 유사노출군을 구분하는 것으로 공정과 유해인자, 공정, 유해인자, 직종 그리고 직무 등으로 구분하고 작업팀(work team), 불규칙 작업(non-repetitive work)으로도 구분할 수 있다.

> **참고** 산업안전보건법에서는 유사노출군과 비슷한 개념으로 "단위작업장소"라는 용어를 사용하고 있으며 작업장 또는 공정에서 정상적인 작업을 수행하는 동일 노출집단의 근로자가 작업을 하는 장소를 말한다.

4.2 시료 채취수

유사노출군을 선정한 후에는 유사노출군을 대표하고 유용한 정보를 제공하기 위해서는 얼마나 많은 시료를 채취해야 하는지가 중요하다.

시료채취 수를 결정하는 방법은 유사노출군 내에서 무작위로 선정하여(random sampling) 측정할 것인지 최고노출근로자를 선정(worst-case sampling)하여 측정할 것인지에 따라 다르다.

NIOSH(1977)에서는 유사노출군에서 무작위로 채취할 경우 최소한 하나의 결과가 95% 신뢰도로 노출 수준이 상위 10% 이내에 있기 위한 시료 채취수를 제안하고 있으며 시료를 채취하는 일정도 난수표를 이용해야 한다.

산업안전보건법에서는 단위작업장소에서 최고노출근로자 2명을 채취하는 것이 원칙이고(1명일 경우는 1명 채취), 근로자수가 10명을 초과하는 경우에는 매 5명당 1명 이상 추가하여 측정하여야 하며, 근로자수가 100명을 초과하는 경우에는 최대 시료채취수를 20명으로 조정할 수 있다.

| 표 7-1 | NIOSH의 시료 채취수 가이드

유사노출그룹의 근로자수(N)	시료 채취수(n)
12	11
13-14	12
15-16	13
17-18	14
19-21	15
22-24	16
25-27	17
29-31	18
32-35	19
36-41	20
42-50	21
∞	29

※ $N \leq 11$이면 $n = N$

참고 최고노출근로자란 유해인자의 발생 및 취급원에서 가장 가까운 위치의 근로자이거나 유해인자에 가장 많이 노출될 것으로 간주되는 근로자를 말한다.

미국산업위생학회(AIHA)에서는 6개 미만의 시료는 노출 양상을 파악하기에는 불확실성이 크고 10개 이상은 비용 효과적이지 않기 때문에 6~10개의 시료수를 제안하였다. 이 외에 기존 측정한 자료의 평균과 표준편차를 이용하여 시료채취수를 선정하는 방법도 있다.

4.3 개인시료채취와 지역시료채취

작업환경측정은 개인시료채취(personal air sampling)를 원칙으로 하고 있으며 근로자의 호흡위치(호흡기를 중심으로 반경 30 cm인 반구)에서 채취하는 것을 말한다. 반경 30 cm 이내의 거리에 따라서도 농도의 차이가 발생할 수 있어 일반적으로 작업자의 옷깃 영역에 시료채취 기구를 부착하여 채취한다.

지역시료채취는 근로자의 작업행동 범위에서 호흡기 높이에 고정하여 채취하는 것을 말하는 것으로 해당 유해인자에 대하여 지역시료채취 방법만 있는 경우, 국소배기장치 등의 성능을 평가하는 경우, 한 공정의 베이스라인 농도를 평가하는 경우 등에 이용한다.

그림 7-3 개인시료채취 장면

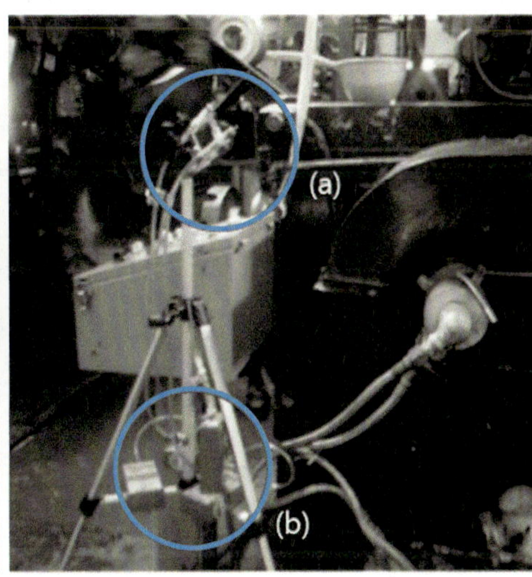

그림 7-4 지역시료채취 장면 (a)작업장 공기 중 유해인자를 포집하는 포집매체, (b)포집매체와 연결된 펌프

4.4 시료채취(포집)장치

작업환경의 유해인자를 포집하는 시스템은 부드러운 플라스틱 튜브에 연결된 공기 중 입자상 및 가스상 물질을 포집할 수 있는 포집매체와 상업적으로 개발된 시료채취 펌프로 구성된다. 펌프는 사람이 착용할 수 있는 소형 배터리로 작동하는 펌프이다.

펌프는 입자상 물질의 포집할 수 있는 유량이 0.5-5 L/min의 펌프(고유량 펌프)와 가스상 물질을 포집할 수 있는 유량이 20-200 ㎖/min인 펌프(저유량 펌프)를 사용한다.

4.4.1 가스상 물질의 시료채취

가스와 증기를 포집하는 방법은 흡수, 흡착 방법이 있다. 흡수는 기체 또는 증기를 액체 중에 통과시키거나 액체의 표면과 접촉시켜 용해 · 반응 · 흡수 · 충돌 등을 일으키게 하여 채취하는 것으로 이러한 시료채취 기술을 액체채취방법이라고 한다.

여기서 사용하는 액체를 흡수액이라고 하며 흡수액을 담은 유리재질의 병모양을 임핀져(impinger) 또는 버블러(bubbler)라고 한다. 흡수의 포집 효율은 생성된 기포의 표면적, 액체의 부피, 샘플링 유속(펌프의 유량), 반응 속도에 따라 달라지며 포집 효율을 높이기 위하여 다양한 모양의 임핀져가 있다.

임핀져는 유리관 끝에 작은 구멍이 뚫려있어 입자상 물질을 채취할 때 사용하고 버블러는 끝이 소결된 유리(fritted glass, 미세한 다공 유리)로 되어 있어 가스와 증기 채취 시에 사용한다.

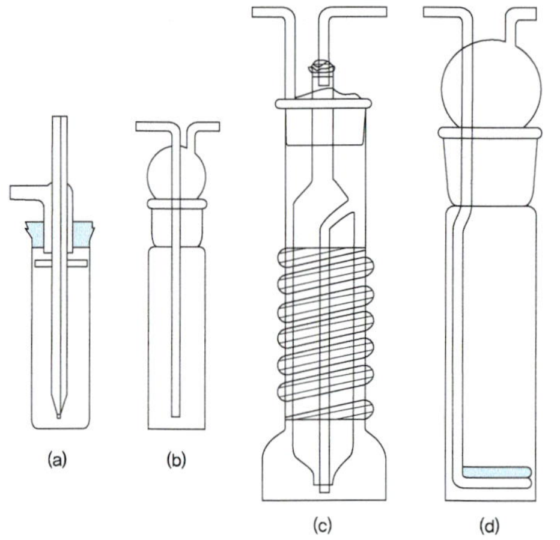

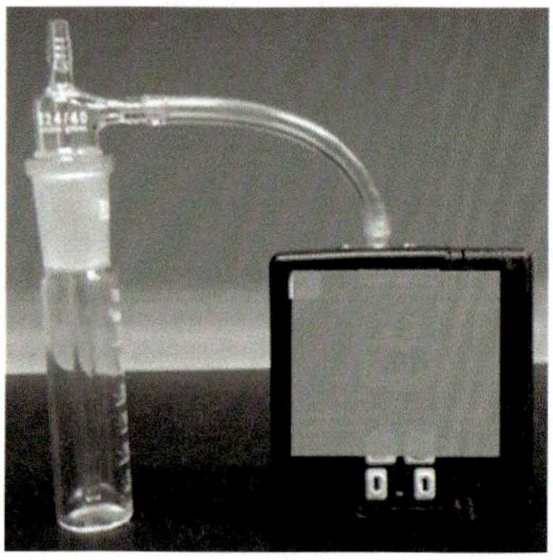

그림 7-5 임핀져 종류
(a)~(c): Smith-Greenberg 임핀져, (d) 버블러
자료원: Handbook of occupational safety and health, 2019

그림 7-6 임핀져와 펌프를 연결한 사진

흡착은 가스나 증기를 통과시켜 고체의 표면에 머무르도록 하여 포집하는 기술로 고체채취방법이라고 하며 이 고체를 흡착제라고 한다. 흡착제의 종류에는 활성탄(activated charcoal), 실리카겔(silica gel), 다공성 폴리머(porous polymers), 분자체(molecular sieves) 등이 있다. 흡착제는 일반적으로 유리관에 들어 있어 흡착제 종류에 따라 활성탄관(activated charcoal tube) 등으로 부른다. 그림 7-7과 같이 흡착관은 앞층과 뒷층으로 구성되어 있고 유리관을 보호하기 위해 보호커버에 넣고 펌프와 연결한다.

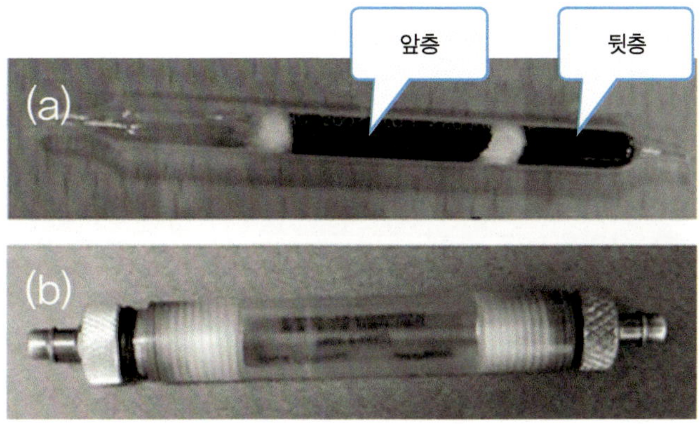

그림 7-7 흡착관(a)과 보호커버(b)

흡착관의 포집효율은 온도, 습도, 포집유량, 다른 오염물질(화학물질의 존재), 파과(breakthrough) 등에 영향을 받으며 파과를 확인하기 위하여 흡착관은 2개의 층으로 나뉘어져 있다.

참고 파과(breakthrough)

흡착제의 흡착용량을 초과하여 빠져나가 포집물질이 손실되는 것을 말한다. 포집유량이 높거나, 포집 물질의 농도가 높으면 포집 매체에 머무르지 못하고 빠져 나가게 된다. 포집관은 2개의 층으로 나누어져 있어 뒷층의 농도가 앞 층 농도의 20%을 초과할 경우 파과되었다고 한다.

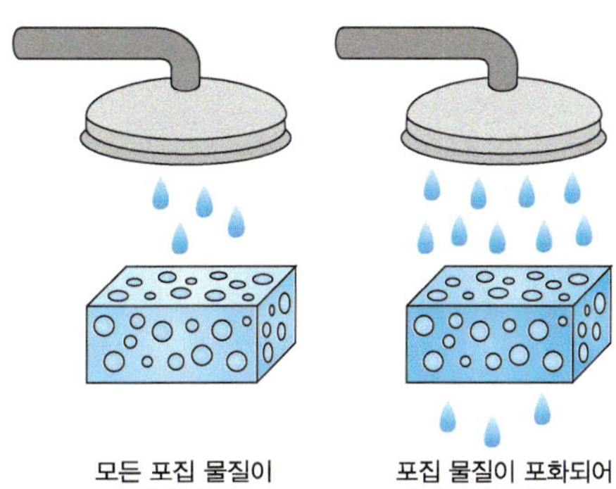

그림 7-8 자료원: www.skcltd.com

주로 많이 사용하는 흡착제의 특성은 다음과 같다.

① 활성탄

활성탄의 원료는 코코넛 껍질이나 석탄을 사용하며 원료를 가열하여 수분 및 휘발분을 제거하고 파쇄후 다시 고온으로 활성화하여 미세한 구멍구조를 발달시켜 표면적을 넓게 하여 만든다.

활성탄은 탄화수소, 염소계 탄화수소, 케톤, 에스테르 및 에테르 등 광범위한 일반적 유기화합물에 대한 우수한 흡착제로 사용한다. 그러나 극성 물질(아민류, 페놀류, 알데히드류 등), 저분자량 알코올, 끓는점이 낮은 물질(암모니아, 에틸렌, 메틸렌클로라이드 등)에는 회수율이 낮아 부적합하다.

② 실리카겔

실리카겔은 글루타르알데히드, 아민 등의 극성 물질을 흡착할 때 이용한다. 실리카겔은 친수성이 높아 극성 물질 대신 수분이 흡착될 수 있다. 습도가 높은 환경에서의 측정 시에는 포집량을 줄여야 하며 탈착 용매로 물과 메탄올을 사용한다.

③ 다공성중합체

활성탄보다 반응성과 표면적이 낮으며 Tenax, XAD-2, Chromosorb, Porapaks 등이 있다.

4.4.2 입자상 물질의 시료채취

입자상 물질은 공기 중 분진, 흄(fume), 미스트(mist), 섬유상 물질(fiber) 등의 형태로 존재하는 물질을 말한다. 입자상 물질의 시료채취는 공기를 여과재를 통하여 흡인함으로써 해당 여과재(여과지, 필터)에 측정하려는 물질을 채취하는 방법인 여과채취방법을 이용한다.

여과지에 입자상 물질이 포집되는 메카니즘은 다음과 같다.

- **차단(충돌)**(Interception, Impingement): 입자가 필터의 공극보다 작은 경우 포집된다.
- **관성(충돌)**(Inertial Impaction): 필터를 통과하는 기류의 높은 속도와 필터가 조밀한 경우 기류의 방향 변화로 포집된다.
- **확산**(Diffusion): 필터를 통과하는 기류의 속도가 낮은 상황에서 매우 작은 입자가 포집되는 메카니즘이며 정전기력도 관여한다.

참고 여과지(필터)의 공극(pore size)

여과지(필터)의 공극은 현미경 등으로 실측하는 크기가 아닌 equivalent pore diameter로 "bubble-point test"를 통한 공식에 의해 산출된다. 필터의 공극보다 작은 입자는 필터를 통과하고 큰 입자만 포집된다고 생각하면 안된다.

그림은 공극이 3 μm인 PTFE 필터로 NaCl을 포집한 사진으로 3 μm보다 작은 입자도 포집된 것을 확인할 수 있다(NIOSH 2016).

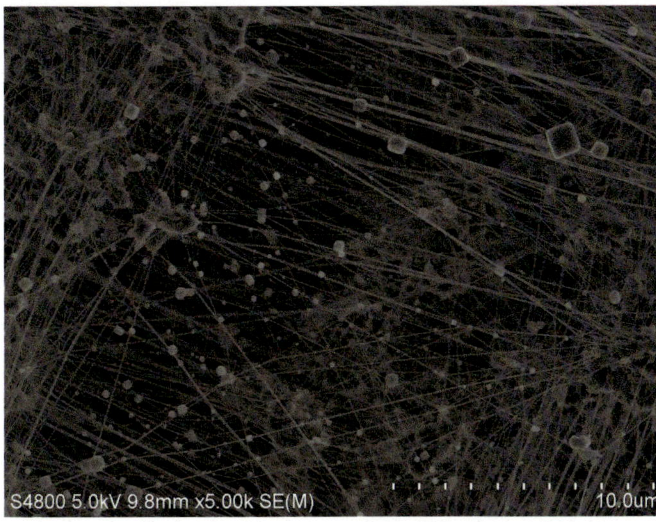

작업환경측정에서 사용하는 여과지의 종류는 다음과 같다.

- **유리섬유여과지**(Glass fiber filter) : 대표적인 섬유상 여과지로 흡습성이 적고 열에 강하다. 머르캅탄, 벤지딘, 디클로로벤지딘 등을 채취하는데 사용한다.
- **PVC여과지**(Polyvinyl chloride filter) : 주로 먼지무게분석에 사용하며 흡습성이 적다. 호흡성분진, 유리규산, 6가크롬 채취 등에 사용한다.
- **셀룰로오스에스테르 막여과지**(Mixed Cellulose Ester; MCE filter) : 산에 쉽게 용해되어 중금속 시료채취에 주로 많이 이용한다. 수분을 흡수하는 성질이 있어 중량분석에는 부적당하다.

| 표 7-2 | 여과지의 종류

여과지명	여과지 확대사진	주요특성	채취 유해인자
유리섬유여과지 glass fiber filter	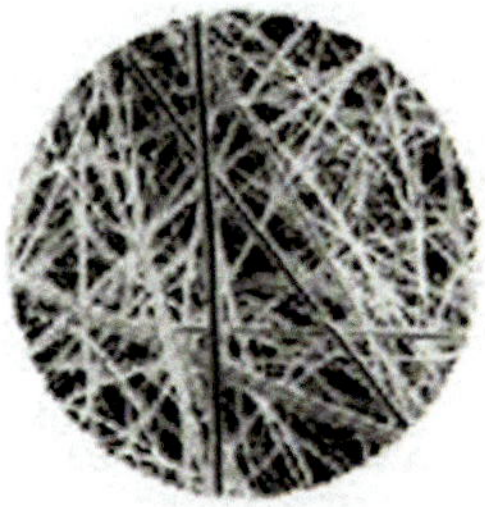	• 흡습성이 적음 • 열에 강함	• 일반분진 • 이소시아네이트 • 에틸렌글리콜
PVC여과지 Poly vinyl chloride filter	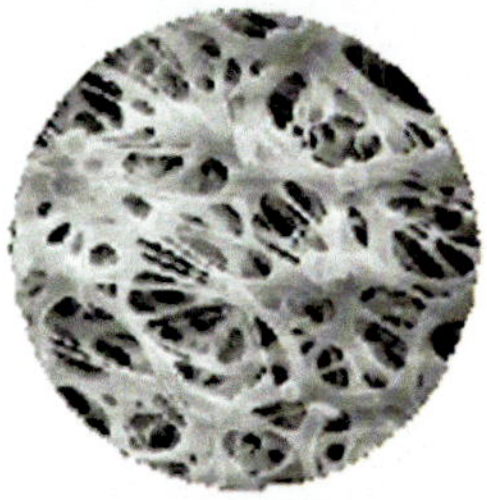	• 흡습성이 적음 • 실리카 비함유 • 중량분석에 적합한 필터 무게임	• 중량분석 • 6가크롬 • 실리카
셀룰로오스 에스테르 막여과지 Mixed Cellulose Ester; MCE filter	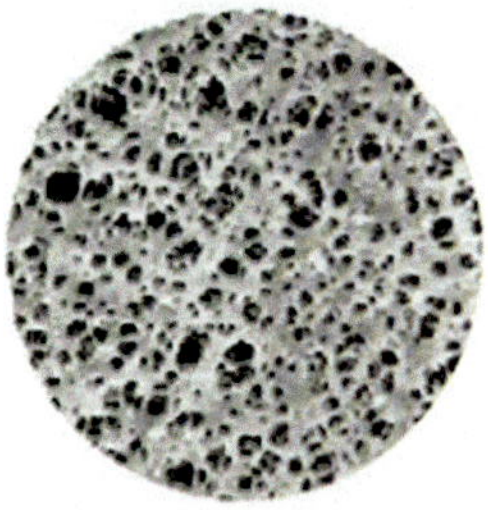	• 흡습성이 크다 • 원자흡광분석에 적합 • 쉽게 녹음 • 쉽게 투명화 됨	• 중금속류 • 석면
PTFE여과지 Polytetra Fluoro Ethylene filter	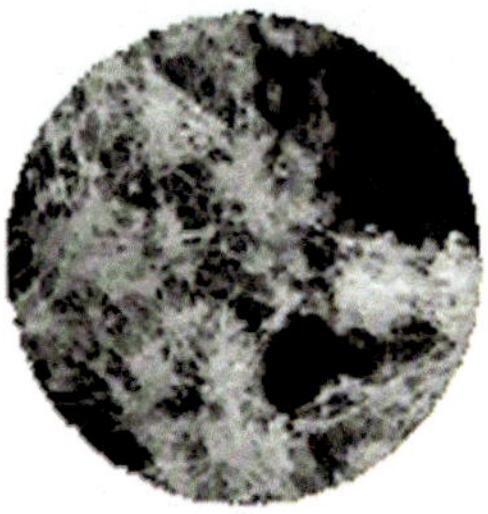	• Teflon filter • 흡습성이 적음 • 용매, 산, 염기에 반응하지 않음(변하지 않음)	• 염기성 분진 • PAH's • 농약류 • 이소시아네이트류
Silver metal membrane 여과지		• 열에 강함 • 균일한 다공성 및 두께	• 염소 • 브롬 • 석면(TEM 분석) • 실리카(XRF 분석)

여과지 확대사진 자료원(http://airsamplingsolutions.com/index.php/filters/)

여과지를 펌프와 연결하여 시료를 채취하기 위해서는 여과지를 장착할 수 있는 것이 필요하며 일반적으로 3단 카세트 홀더에 장착한 후 펌프와 연결하여 사용한다. 3단 카세트 홀더는 시료채취 유해인자의 종류에 따라 상부 커버를 제거하고 측정하는 경우(open-faced sampling)가 있으며 중간 커버를 제거하고 2단 카세트 홀더로 사용하는 경우도 있다.

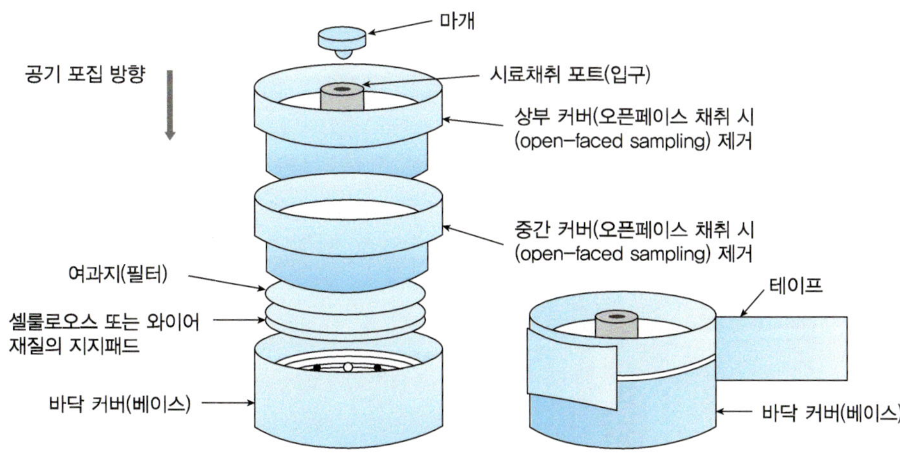

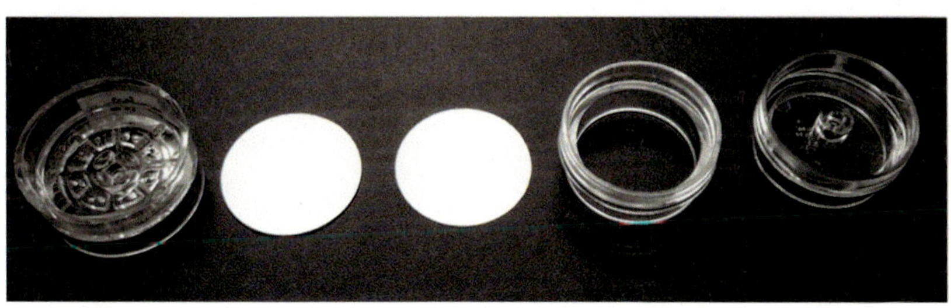

그림 7-9 3난 카세트 홀더 구조

자료원: Handbook of occupational safety and health. 2019, 아래 사진은 직접 촬영

참고 Sampling head

여과지를 장착한 3단 카세트 홀더를 일반적으로 sampling head라고 부른다. 우리나라는 입자의 크기가 정확하게 정의되지 않은 총분진을 포집하는 방법으로 3단 카세트 홀더를 사용하고 있으나 국제표준기구(ISO 1995)에서는 작업장의 공기 중 입자가 건강에 영향을 미칠 수 있는 범위에 따라 입자의 크기를 흡입성(Inhalable), 흉곽성(Thoracic), 호흡성(Respiable)으로 구분하고 있고 각각의 입자를 채취하기 위한 sampling head가 다르다.

4.5 보정

4.5.1 보정개요

보정(Calibration)이란 표준과 비교하여 특정기기의 정확도와 정밀도를 확인하는 행위를 말하는 것으로 표준과 일치하도록 기기를 조정(alignment)하는 것도 포함할 수 있다.

- **정확도**(accuracy): 기준값에 대한 개별 측정값의 일치정도(개별 측정한 값들이 참값에 얼마나 가까운가?)
- **정밀도**(precision): 개별 측정값에 대한 재현성(개별 측정한 값들이 서로 얼마나 가까운가?)

4.5.2 시료채취 펌프의 보정이유

정확도와 정밀도를 높이기 위해서는 오차(error)를 최소화함으로써 확보할 수 있다. 화학적 유해인자의 작업환경측정 과정에서 발생하는 오차는 시료채취 과정과 분석과정에서의 오차로 구분할 수 있다.

작업환경측정 결과는 다음 식과 같이 농도로 나타내며 농도를 결정하는 것은 포집된 양, 유량, 시간이라고 할 수 있다.

분석량

$$\text{농도(concentration)} = \frac{\text{포집된 양(mass, mg)}}{\text{공기 채취량(volume, L, m}^3\text{)}}$$

시료채취 펌프 가동 상태
volume = 유량 × 시간

NIOSH에서는 작업환경측정시 발생하는 오차의 크기를 최대 ±25%까지 추정하고 있는데 오차 발생의 대부분이 시료채취과정에서 발생하는 것으로 보고하고 있다.

시료채취과정에서 발생하는 오차의 원인은 시료채취 펌프 유량의 오차, 포집시간, 보관상태 불량, 시료채취대장 기록 오류 등 다양하지만 시료채취 펌프 유량의 오차가 가장 크다.

참고

- 1분 차이가 나는 경우라도, 8시간을 측정하였을 때의 오차는 0.2%이나 15분을 측정하였을 때의 오차는 7%가 발생하여 단시간 측정시에는 시간이 중요한 오차 원인이므로 주의해야 한다.
- 포집매체에 포집량이 증가하면 유량이 감소할 수 있으며, 펌프를 미리 가동하지(warm up) 않고 유량보정을 할 경우 실제 측정 시 유량이 증가할 수 있다.

일반적으로 전체 오차의 크기를 다음과 같이 계산할 수 있다.

$$E_{total} = \sqrt{E_1^2 + E_2^2 + \cdots + E_n^2}$$

여기서 E_{total}: 전체오차, E_n : n번째 오차

전체 오차에 가장 큰 영향을 미치는 요인은 오차 중에서 가장 큰 값이 좌우한다. 예를 들면 3단계별 오차가 A=2%, B=15%, C=5% 발생했다면 전체 오차는 15.9%이다.

$$E_{total} = \sqrt{2^2 + 15^2 + 5^2} = \sqrt{254} = 15.9\%$$

전체 오차를 줄이기 위해 A단계의 2%를 1%로 절반 줄였다면 15.8%로 전체 오차는 거의 줄어들지 않는다.

$$E_{total} = \sqrt{1^2 + 15^2 + 5^2} = \sqrt{251} = 15.8\%$$

반면에 B단계의 오차를 7.5%로 절반을 줄인다면 전체오차는 9.2%로 크게 줄어든다.

$$E_{total} = \sqrt{1^2 + 7.5^2 + 5^2} = \sqrt{85.25} = 9.2\%$$

따라서 직업환경측정 과정에서 오차가 가장 큰 시료채취 펌프 유량의 오차를 줄이는 것이 가장 중요하다.

4.5.3 시료채취 펌프의 보정 방법

시료채취 펌프의 유량 보정은 측정 전·후 실시하며 유량 보정기는 정확도가 ±1%인 1차 표준기구를 사용한다.

일반적으로 전자식 거품 유량 보정기(electronic bubble flow meter), 전자식 건식-피스톤 유량 보정기(electronic dry-piston flow meter)를 사용한다.

그림 7-10 전자식 거품 유량 보정기(좌)와 전자식 건식-피스톤 유량 보정기(우)

펌프의 유량보정 시에는 유량 기록지를 작성하여 관리하는 것이 중요하다. 유량 보정 전에 5분 이상 안정화를 시킨 후 유량 보정을 실시해야 한다.

펌프와 연결된 고체흡착관과 여과지를 장착한 홀더(sampling head)를 유량 보정기에 연결하여 보정을 하며 흡입성 분진 및 호흡성 분진 채취용 홀더의 경우 1리터 플라스틱 병에 넣거나 전용 어댑터를 이용하여 유량 보정을 한다.

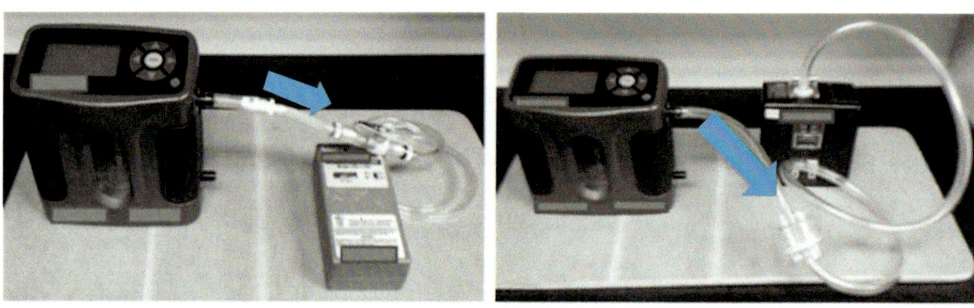

그림 7-11 고체흡착관(좌)과 여과지(우)를 연결한 펌프의 유량 보정 예시

흡입성 분진 채취기 및 어댑터 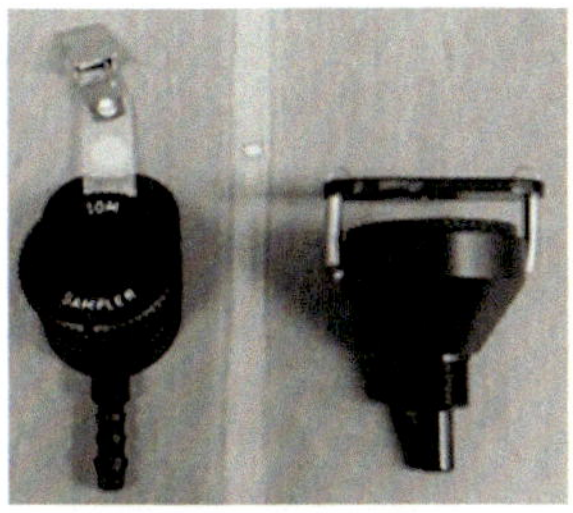	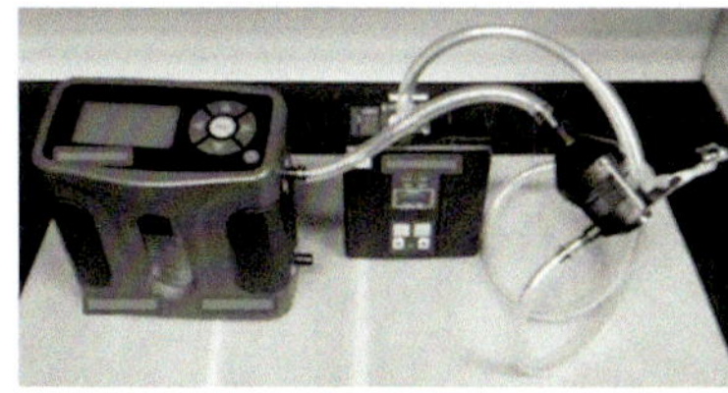
호흡성 분진 채취기 및 어댑터 (알루미늄 사이클론) 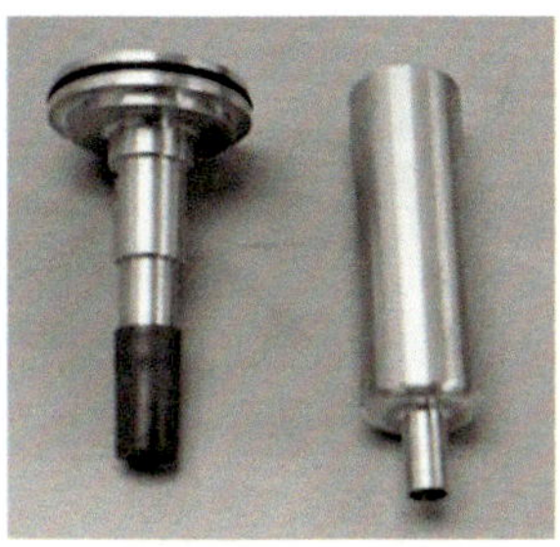	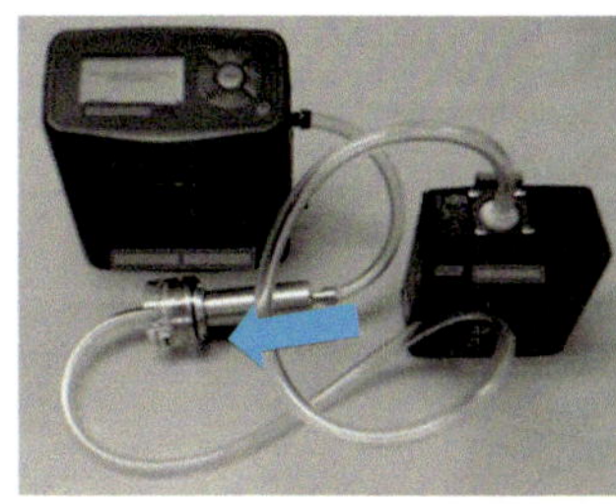
호흡성 분진 채취기 (나일론 사이클론) 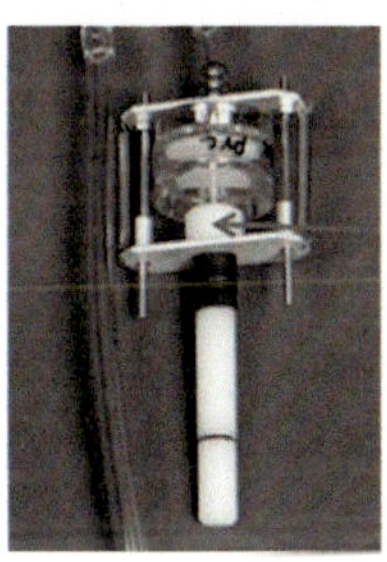	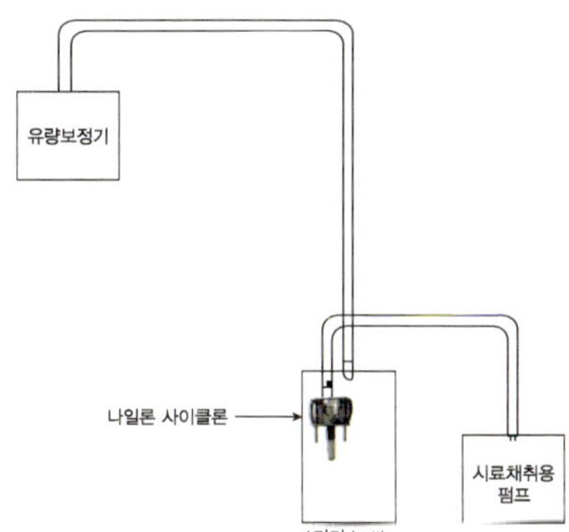

그림 7-12 입자상 물질의 채취기와 유량 보정 예시

4.5.4 직독식 장비의 보정

직독식 장비의 보정은 장비 자체를 표준교정기관에서 보정하는 경우가 있으며, 소음기의 경우 소음기 자체를 교정하거나 교정 받은 소음발생기를 이용하여 보정한다.

직독식 장비는 반드시 교정 후에 사용해야 한다.

| 표 7-3 | 작업환경측정에서 사용하는 직독식 장비와 보정 예시

직독식 장비명	보정 예시
<WBGT 측정기> 측정기 자체를 주기적으로 교정하고 사용 전에 보정모듈을 이용하여 조정 후 사용한다.	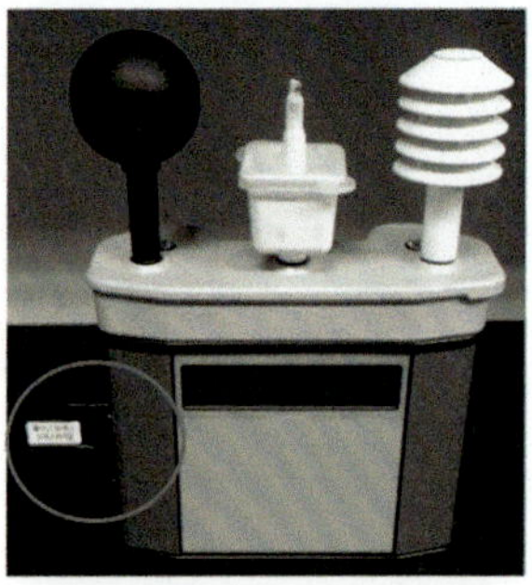
<열선 풍속계> 측정기 자체를 주기적으로 교정하여 사용한다.	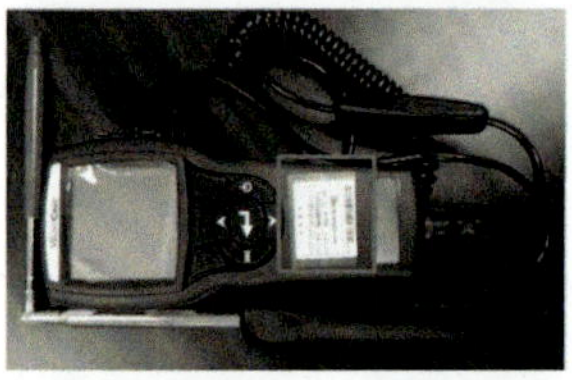
<소음기> 측정기 자체를 주기적으로 교정하고 사용 전에 소음발생기를 이용하여 보정 후 사용한다. 보정 시에는 조절나사로 조정하거나 자동으로 보정된다.	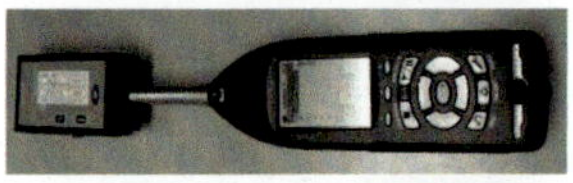 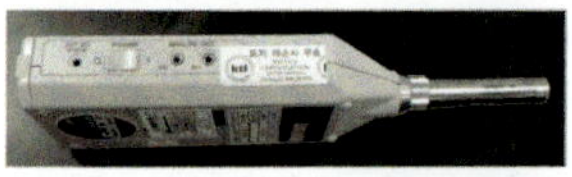
<산소농도 측정기> 측정기 자체를 주기적으로 교정하고 사용 전에 신선한 외부에서 21%가 되도록 조절나사로 조정 후 사용한다.	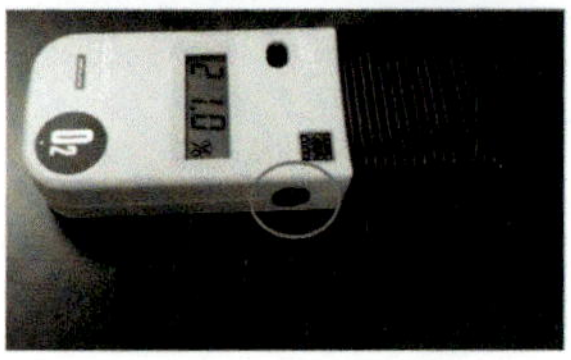

5 시료의 운반 및 분석

5.1 시료의 운반

채취가 완료된 시료는 현장에서 밀봉을 한 후 분석실에 인계하기 전까지 운반 및 보관을 적절하게 해야 한다.

측정 유해인자별 운반 및 보관 방법은 해당 유해인자의 작업환경측정·분석 지침 등에 따라 운반 및 보관하면 된다. 여기서 중요한 부분은 교차오염을 예방하기 위하여 현장 시료와 현장 공시료(field blank)를 분리하여 운반해야하고, 입자상물질의 경우 덜거덕 거리거나 충격에 의해 훼손되는 것에 주의해야 한다.

여름철 차량에 보관 시 고온(48℃ 이상)에 노출될 경우 흡착된 유기용제가 탈착되어 손실되거나, 변질될 수 있다. 임핀저로 채취한 액체시료의 경우 다른 유리병으로 옮겨 담고 기구나 용기에 부딪혀서 병이 파손되지 않도록 적절한 조치를 취하여 운반해야 한다.

| 표 7-4 | 시료채취 매체별 밀봉 방법

<여과지(3단 카세트 홀더)> 상·하 마개를 막고 필름 등으로 감싸서 운반한다. 운반 시 뒤집혀서 여과지에 포집된 분진이 떨어지지 않도록 주의한다.	(1) (2) (3) 
<고체흡착관(활성탄관)> 앞·뒤 마개를 막고 필름 등으로 감싸서 운반한다. 마개를 막을 때 절단된 유리관 양쪽 끝에 베이지 않도록 주의한다.	(1) (2) (3) 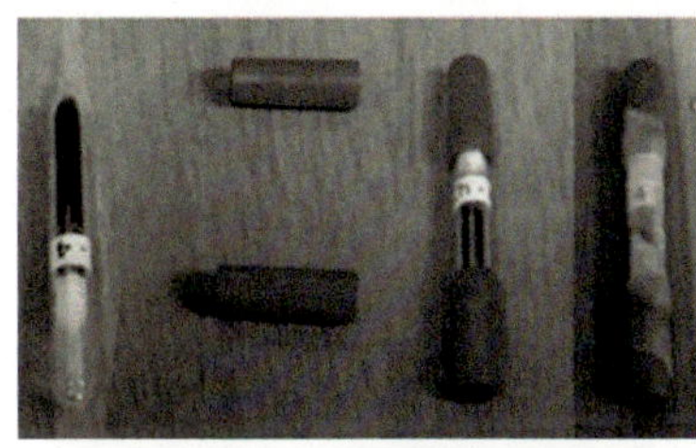
<수동식 확산 채취기> 화이트 필름(membrane sheet)을 제거한 후 캡으로 막아서 운반한다.	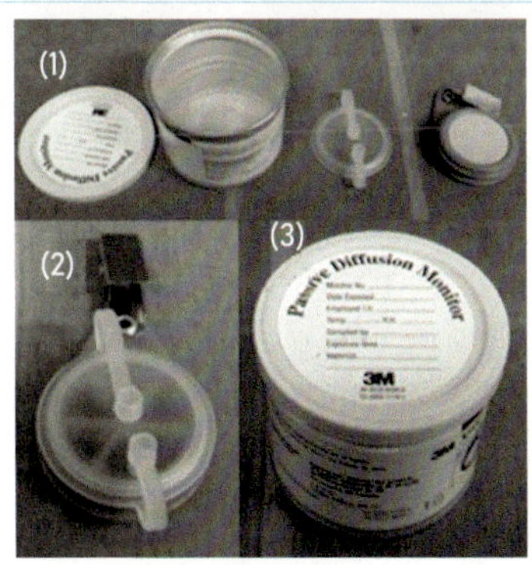
<수동식 확산 채취기(포름알데히드)> 포집되는 면을 막은 후 빛이 차단되게 밀봉 후 냉장 상태로 운반한다.	(1) (2) (3) 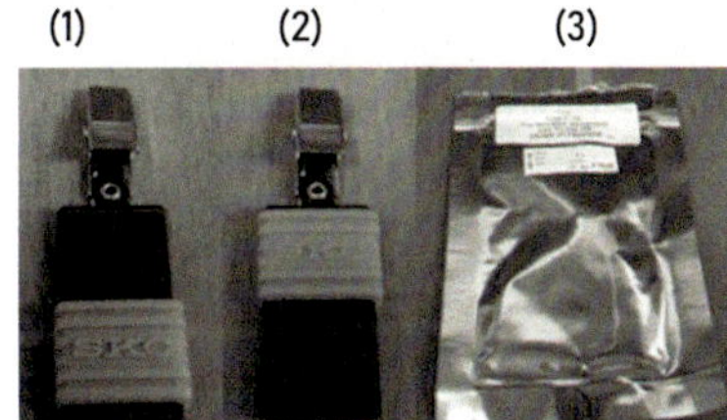

참고 현장 공시료(field blank)

채취한 시료의 취급 및 보관 중에 오염이 있었는지 확인하기 위해 채취한 현장 시료와 함께 제출하는 시료를 말한다. field blank는 현장 시료와 동일한 방식으로 처리하지만 공기가 유입되지는 않는다.

5.2 시료의 분석

제8장 참조

6 측정결과 평가 및 보고서 작성

6.1 측정결과의 평가

법적 측정인 경우 측정값을 노출기준과 비교하여 초과여부를 평가한다. 여기서의 측정값은 8시간 작업 시의 평균농도를 말하며 1일 작업시간이 8시간을 초과하는 경우 다음 계산식에 따라 보정노출기준을 산출한 후 측정농도와 비교하여 평가한다.

$$\text{보정노출기준} = \text{8시간 노출기준} \times \frac{8}{h}$$

h : 노출시간/일

우리나라는 허용기준 설정 유해인자의 경우 표준화 값을 구한 후 시료채취분석오차를 고려한 하한치를 계산하여 초과여부를 판정한다.

참고 허용기준 설정 유해인자는 산업안전보건법에서 발암성 물질 등 근로자에게 중대한 건강장해를 유발할 우려가 있는 별도의 기준을 설정한 유해인자로 6가크롬 화합물, 납 및 그 무기화합물 등 38종에 대해 설정되어 있다.

6.2 보고서 작성

작업환경측정 결과보고서는 예비조사 결과(작업공정별 유해요인 분포 실태, 작업환경 측정대상 공정별 및 유해인자별 측정계획), 작업환경측정 개요(단위작업 장소별 유해인자의 측정 위치도, 단위 장소별 작업환경측정 결과), 측정결과에 따른 종합의견으로 구성되어 있다.

종합의견에는 노출기준 초과여부를 상세히 작성하고, 작업환경설비 실태 및 문제점, 대책(공학적, 관리적, 개인위생적) 등을 작성한다. 작업환경측정 결과보고서는 관리자와 근로자간 의사소통의 첫 번째 수단이 될 수 있으며, 과거 및 현재의 노출에 관한 정보, 미래 역학조사 시 유용한 자료로 활용할 수 있다.

미국의 경우 보고서를 25년~30년 동안 보관하며, 우리나라는 3년(단 발암성 물질은 20년)동안 보관하는 것으로 규정하고 있다.

6.3 작업환경측정 수행 시 산업위생 전문가의 윤리적 고려사항

작업환경측정을 실시하는 경우 이 장에서 다룬 방법과 절차에 따라 진행하지만 산업위생 전문가의 판단이 필요한 경우가 많으며 이러한 판단에는 무거운 책임이 따르기 마련이다. 따라서 산업위생 전문가로서의 직업윤리에 대한 적절한 이해와 준수가 필요하다.

우리나라에는 아직 마련되어 있지 않지만 Japan Association for Working Environment Measurement, AmericanBoard of Industrial Hygiene(ABIH), International Occupational Hygiene Association(IOHA)에서 제정한 직업윤리는 거의 유사하며 내용은 다음과 같다.

① 산업위생전문가의 첫 번째 사명(Mission)은 근로자의 건강과 복지를 보호하는 것이다.

② 산업위생전문가는 법률, 규정, 정책, 사회 및 윤리적 기준을 준수한다.

③ 산업위생전문가는 자신의 사적 이해관계가 관련 되어 고용주, 고객, 근로자 또는 대중과의 이해 충돌을 피한다.

④ 산업위생전문가는 이해충돌로 인해 고용주, 고객, 근로자 또는 대중의 본질적인 목적(건강 및 복지의 달성)을 손상시키지 않도록 하고 전문가로서의 결정에 영향을 미쳐서는 안된다.

⑤ 산업위생전문가로서 전문적이고 객관적인 판단에 따라 최선의 노력을 다하여 양질의 서비스를 제공한다.

⑥ 자신의 지식, 기술, 경험 및 기타 관련 사항을 바탕으로 자신의 전문적 능력의 한계를 인지하고 범위 내에서 서비스를 제공한다.

⑦ 산업위생업무 수행 시 적절한 안전 및 보건 절차를 따른다.

⑧ 반사회적 내용을 암시하거나 해당 정보를 공개하지 않으면 근로자 또는 대중의 건강과 복지에 해를 끼칠 가능성이 있는 경우를 제외하고 산업위생 활동 과정에서 얻은 기밀을 유지하고 존중한다.

요약

1. 작업환경측정(working environment monitoring)은 근로자에게 노출되는 유해인자의 양이나 강도를 평가하는 활동으로 작업장의 유해인자에 대한 측정계획을 수립 후 시료를 채취하고 분석·평가하는 일련의 과정을 말한다.
2. 작업환경측정은 ① 작업장 예비조사(작업장 기본특성 파악), ② 측정계획 수립, ③ 작업환경 시료채취 및 보정, ④ 시료운반 및 분석, ⑤ 측정결과 평가, ⑥ 결과 보고서 작성 순으로 진행한다.
3. 입자상 물질은 여과채취방법, 가스상 물질은 액체채취방법 또는 고체채취방법으로 시료를 채취하며 유해인자의 특성에 따라 포집 매체가 다양하다.
4. 시료채취과정에서 발생하는 오차의 원인은 시료채취 펌프 유량의 오차, 포집시간, 보관상태 불량, 시료채취대장 기록 오류 등 다양하지만 시료채취 펌프 유량의 오차가 가장 크기 때문에 시료채취 전·후에 펌프의 유량을 보정해야 한다.
5. 작업환경측정 시 산업위생 전문가의 판단이 필요한 경우가 많으며 이러한 판단에는 무거운 책임이 따르기 때문에 산업위생 전문가로서의 직업윤리에 대한 적절한 이해와 준수가 필요하다.

참고문헌

고용노동부. 작업환경측정 및 정도관리 등에 관한 고시(2020. 1. 15.고용노동부고시 제 2020-44호)

박동욱, 백남원, 윤충식. 작업환경측정. 한국방송통신대학교출판문화원. 2017

Expert Division of Occupational Hygiene & Ergonomics, the Japan Society for Occupational Health, “The Committee for Personal Exposure Monitoring”. Guidelines for personal exposure monitoring of chemicals: Part II. J Occup Health 2017; 59: 471-476

Handbook of occupational safety and health(1-118-94726-6, 978-1-118-94726-5), Third edition. / Mansdorf, S. Z. Wiley, 2019.

NIOSH Manual of Analytical Methods (NMAM), 5th Edition. Filter Pore Size and Aerosol Sample Collection 2016

OHTA(Occupational Hygiene Training Association). STUDENT MANUAL Measurements of hazardous Substances. Available from: URL: https://www.ohtatraining.org/training-resources/training-materials/w201-basic-principles-occupational-hygiene-training-materials

OSHA(Occupational Safety and Health Administration Technical Manual (OTM), Available from: URL: https://www.osha.gov/otm/section-2-health-hazards/chapter-1

제 8 장

작업환경 측정 시료 분석

학습목표

• 측정, 분석결과의 정밀, 정확도를 관리하고 보증하여 해당 결과의 신뢰성을 확보하는데 필요한 정도관리에 대해 이해한다.
• 유기용제 분석에 활용되는 크로마토그래피의 개념 및 사용방법에 대해 학습한다.
• 중금속 분석에 활용되는 원자흡광분석장치의 개념 및 사용방법에 대해 학습한다.

1 정도관리

대기, 수질환경 및 작업환경 측정시료의 정도관리는 측정, 분석결과의 정밀, 정확도를 관리하고 보증하여 해당 결과의 신뢰성을 확보하는데 그 목적이 있다. 정도관리의 요소로는 바탕시료와 검정곡선, 검출한계, 정밀도 및 정확도를 평가해야 한다.

1.1 정도관리 수행

1.1.1 바탕시료

바탕시료는 시료와 유사한 매질로 선택하여 추출, 농축, 정제 및 분석과정에 따라 측정한 것을 말하며, 이때 매질, 실험절차, 시약 및 측정 장비 등으로부터 발생하는 오염물질을 확인할 수 있다. 또한, 시약바탕시료는 시료를 사용하지 않고 추출, 농축, 정제 및 분석과정에 따라 모든 시약과 용매를 처리하여 측정한 것을 말한다.

1.1.2 검정곡선

검정곡선(Calibration curve)은 분석물질의 농도변화에 따른 지시값을 나타낸 것으로 시료 중 분석 대상물질의 농도를 포함하도록 범위를 설정하고, 검정곡선 작성용 표준용액은 가급적 시료의 매질과 비슷하게 제조하여야 한다.

1) 검정곡선법

검정곡선법(external standard method)은 시료의 농도와 지시값의 상관성을 검정곡선 식에 대하여 작성하는 방법이다. 구체적으로

- 검정곡선은 직선성이 유지되는 농도범위 내에서 제조농도 3개~5개를 사용한다.
- 제조한 n개의 검정곡선 작성용 표준용액을 분석하여 농도와 지시값의 자료를 각각 얻는다.
- n개의 시료에 대하여 농도와 지시값 쌍을 각각(x_1, y_1)……(x_n, y_n)이라 하고, 그림 8-1과 같이 농도에 대한 지시값의 검정곡선을 도시한다.
- 검정곡선 작성용 표준용액의 농도와 지시값의 상관성을 1차식으로 표현하는 경우 검정곡선식은 다음과 같다.

$y = a_0 + a_1 \cdot x$ 여기서 y는 지시값, x는 농도, a_0, a_1는 계수로서 시료의 농도는 시료의 지시값을 검정곡선 식에 대입하여 구한다.

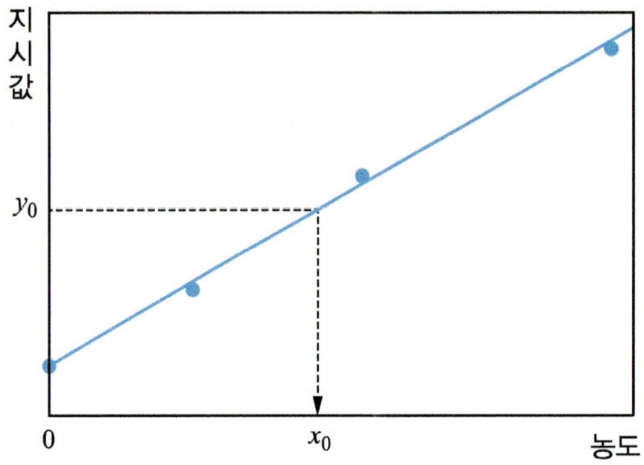

그림 8-1 검정곡선법에 의한 검정곡선

2) 표준물첨가법

표준물첨가법(standard addition method)은 시료와 동일한 매질에 일정량의 표준물질을 첨가하여 검정곡선을 작성하는 방법으로써 매질효과가 큰 시험분석 방법에서 분석 대상 시료와 동일한 매질의 표준시료를 확보하지 못한 경우에 매질효과를 보정하여 분석할 수 있는 방법이다.

- 분석대상 시료를 n개로 나눈 후 분석하려는 대상 성분의 표준물질을 0배, 1배, …, $n-1$배로 각각의 시료에 첨가한다.
- n개의 첨가 시료를 분석하여 첨가 농도와 지시값의 자료를 각각 얻는다. 이때 첨가 시료의 지시값은 바탕값을 보정(바탕시료 및 바탕선의 보정 등)하여 사용하여야 한다.
- n개의 시료에 대하여 첨가 농도와 지시값 쌍을 각각$(x_1, y_1)\cdots\cdots(x_n, y_n)$이라 하고, 그림 8-2와 같이 첨가 농도에 대한 지시값의 검정곡선을 표현하면, 시료의 농도는 $|x_0|$이다.

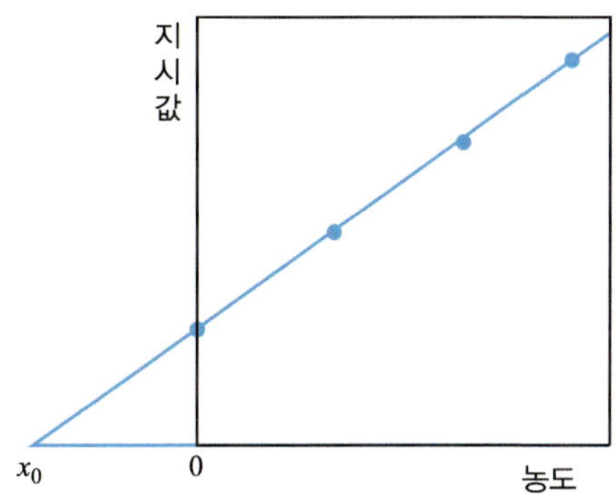

그림 8-2 표준물첨가법에 의한 검정곡선

3) 내부표준법

내부표준법(internal standard calibration)은 검정곡선 작성용 표준용액과 시료에 동일한 양의 내부표준물질을 첨가하여 시험분석 절차, 기기 또는 시스템의 변동으로 발생하는 오차를 보정하기 위해 사용하는 방법이다. 내부표준법은 시험 분석하려는 성분과 물리·화학적 성질은 유사하나 시료에는 없는 순수 물질을 내부표준물질로 선택한다. 일반적으로 내부표준물질로는 분석하려는 성분에 동위원소가 치환된 것을 많이 사용하며, 절차는 다음과 같다.

- 동일한 양의 내부표준물질을 분석 대상 시료와 검정곡선 작성용 표준용액에 각각 첨가한다. 내부표준물질의 농도는 분석 대상 성분의 기기 지시값과 비슷한 수준이 되도록 한다.
- 분석기기를 이용하여 시료와 검정곡선 작성용 표준용액의 내부표준물질과 측정 성분의 지시값을 각각 구한다.

- 검정곡선 작성을 위하여 가로축에 성분 농도(C_x)와 내부표준물질 농도(C_s)의 비(C_x/C_s)를 취하고 세로축에는 분석 성분의 지시값(R_x)과 내부표준물질 지시값(R_s)의 비(R_x/R_s)를 취하여 그림 8-3과 같이 작성한다.
- 시료를 분석하여 얻은 분석 성분의 지시값(R_x')과 내부표준물질 지시값(R_s')의 비(R_x'/R_s')를 구한 후 검정곡선에 대입하여 분석 성분 농도(C_x')와 내부표준물질 농도(C_s')와의 비(C_x'/C_s')를 구한다.
- 분석 성분 농도(C_x')와 내부표준물질 농도(C_s')의 비(C_x'/C_s')에 첨가한 내부표준물질 농도(C_s')를 곱하여 시료의 농도(C_x')를 구한다.

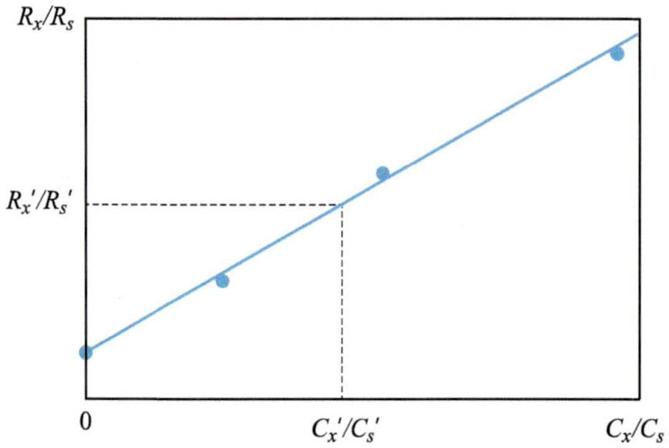

그림 8-3 내부표준법에 의한 검정곡선

4) 검정곡선의 작성 및 검증

- 검정곡선을 작성하고 얻어진 검정곡선의 결정계수(R^2) 또는 감응계수(RF, response factor)의 상대표준편차가 일정 수준 이내이어야 하며, 결정계수나 감응계수의 상대표준편차가 허용범위를 벗어나면 재작성하여야 한다.
- 감응계수는 검정곡선 작성용 표준용액의 농도(C)에 대한 반응값(R, response)으로 다음과 같이 구한다.

$$감응계수 = R/C$$

- 검정곡선은 분석할 때마다 작성하는 것이 원칙이며, 분석 과정 중 검정곡선의 직선성을 검증하기 위하여 각 시료군(시료 20개 이내)마다 1회의 검정곡선 검증을 실시한다.
- 검증은 방법검출한계의 5배~50배 또는 검정곡선의 중간 농도에 해당하는 표준

용액에 대한 측정값이 검정곡선 작성 시의 지시값과 10% 이내에서 일치하여야 한다. 만약 이 범위를 넘는 경우 검정곡선을 재작성하여야 한다.

1.1.3 검출한계

1) 기기검출한계

기기검출한계(IDL, instrument detection limit)란 시험분석 대상물질을 기기가 검출할 수 있는 최소한의 농도 또는 양으로서 일반적으로, S/N 비의 2배~5배 농도 또는 바탕시료를 반복 측정 분석한 결과의 표준편차에 3배한 값 등을 말한다.

2) 방법검출한계

방법검출한계(MDL, method detection limit)란 시료와 비슷한 매질 중에서 시험분석 대상을 검출할 수 있는 최소한의 농도로서 제시된 정량한계 부근의 농도를 포함하도록 준비한 n개의 시료를 반복측정하여 얻은 결과의 표준편차(s)에 99% 신뢰도에서의 t-분포값을 곱한 것이다.

$$\text{방법검출한계} = t(n-1,\ \alpha = 0.01)^{*} s$$

여기서 $t(n-1,\ \alpha = 0.01)$는 표 1에서 구한다.

표 8-1

자유도(n−1)	2	3	4	5	6	7	8	9
t−분포값	6.96	4.54	3.75	3.36	3.14	3.00	2.90	2.82

3) 정량한계

정량한계(LOQ, limit of quantification)란 시험분석 대상을 정량화할 수 있는 측정값으로서 제시된 정량한계 부근의 농도를 포함하도록 시료를 준비하고 이를 반복 측정하여 얻은 결과의 표준편차(s)에 10배한 값을 사용한다.

$$\text{정량한계} = 10 * s$$

1.1.4 정밀도

정밀도(precision)는 시험분석 결과의 반복성을 나타내는 것으로 반복 시험하여 얻은 결과를 상대표준편차(RSD, relative standard deviation)로 나타내며, 연속적으로 n회 측정한 결과의 평균값(x)과 표준편차(s)로 구한다.

$$정밀도(\%) = s/x * 100$$

1.1.5 정확도

정확도(accuracy)란 시험분석 결과가 참값에 얼마나 근접하는가를 나타내는 것으로 동일한 매질의 인증시료를 확보할 수 있는 경우에는 표준절차서(SOP, standard operational procedure)에 따라 인증표준물질을 분석한 결과값(C_M)과 인증값(C_c)과의 상대백분율로 구한다.

인증시료를 확보할 수 없는 경우에는 해당 표준물질을 첨가하여 시료를 분석한 분석값(C_{AM})과 첨가하지 않은 시료의 분석값(C_s)과의 차이를 첨가 농도(C_A)의 상대백분율 또는 회수율로 구한다.

$$정확도(\%) = C_M/C_c * 100 = (C_{AM} - C_s)/C_A * 100$$

2 유기용제 분석

2.1 기기분석의 개요

'분석기기를 사용하여 화학분석을 행하는 것'을 기기분석이라 정의하고 있으며 분석기기는 휴대할 수 있는 작은 것에서부터 대규모 장치까지, 또 정도(精度)가 낮은 것에서부터 미량분석을 행하는 정도가 높은 것까지 여러 가지가 있다. 기기분석에 대해서는 어디까지가 기기분석인가 하는 명확한 정의는 찾을 수는 없다. 일반적인 견해로는 비교적 고가인 제품인 큰 장치를 사용하여 화학분석을 행하는 것을 기기분석이라 말하고 있다.

2.1.1 크로마토그래피

크로마토그래피는 러시아의 식물학자 Tewett가 창시자라고 한다. Tewett는 1906년에 종래의 화학적인 방법으로 분리할 수 없었던 식물색소의 분리를 행하였다. 그 결과 식물색소를 착색부분별로 취하여 나오도록 하였다. 이 실험에 쓰인 탄산칼슘($CaCO_3$)과 같이 지지체에 고정되어진 것을 고정상(固定相), 석유에테르와 같이 고정상을 따라 흐르는 액체를 이동상(移動相), 크로마토그래피가 행하여지는 관을 분리관(컬럼, column)이라 한다. Tewett의 실험에서 석유에테르를 계속하여 흘려 넣으면 분리관의 출구에서 색소가 순서대로 나오게 된다. 현재의 크로마토그래피는 이 출구에 검출기를 설치하여 눈으로 관찰하는 대신 크로마토그램이라는 그림으로 나타나 그 성분을 확인하게 되어있다. 즉 색소의 분리로 시작된 크로마토그래피이지만 이 분리법은 착색물질이 아니더라도 가능하다. 분석의 대상인 시료는 고정상 안을 이동상과 함께 흘러간다. 이때 시료와 고정상의 사이에 여러 가지 작용반응이 생겨 성분마다 흐르는 속도가 다르게 된다.

1) 크로마토그래피의 종류

이동상이 액체인 경우를 액체 크로마토그래피(LC)라고 부르고, 이동상이 기체인 경우를 가스 크로마토그래피(GC)라고 부른다. 그래서 시료와 고정상 사이의 작용을 아래 표에 정리하였다. 몇 가지의 작용이 복합되어 있는 경우도 있다.

표 8-2 크로마토그래피의 종류

분류	이동상	고정상	작용	명칭
액체크로마토그래피	액체	고체(흡착제)	흡착	액체고체흡착크로마토그래피
	액체	고체(분자사(分子篩))	침투 · 배제	분자사크로마토그래피
	액체	고체(이온교환수지)	이온교환	이온크로마토그래피
	액체	액체(담체표면의 액상)	분배	액체분배크로마토그래피
기체크로마토그래피	기체	고체(흡착제)	흡착	기체고체흡착크로마토그래피
	기체	기체(담체표면의 액상)	분배	기액분배크로마토그래피

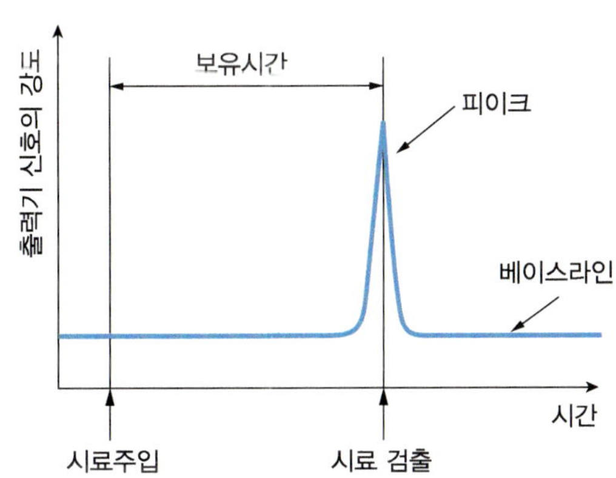

그림 8-4 크로마토그램의 형태와 각부명칭

2.2 기기분석을 행하는 일반적인 순서

시료조제 → 기기설정, 조작, 측정 → 자료의 처리

2.2.1 시료조제

1) 전처리

측정하고 싶은 시료를 그대로 분석할 수 있는 경우도 있으나, 거의 모든 경우 시료를 분석기기로 분석할 수 있는 상태로 바꾸어야 한다. 이것을 전처리라고 한다. 전처리 조작으로는 용해, 탄화, 추출, 농축, 희석 등의 조작이 있다.

2) 표준시료의 조제

정량분석인 경우 농도를 알고 있는 시료와 비교함으로써 농도를 구하는 것이 대부분이다. 농도나 조성을 알고 있는 시료를 표준시료라고 한다. 정확한 농도의 표준시료를 만들어야 분석이 정확해진다.

2.2.2 기기설정 · 조작 · 측정

측정을 행하기 전에 미리 분석조건 등을 조사하여 기기를 설정한다. 기기의 조작은 기종이나 제조회사에 따라 다르므로 각 기기의 조작법에 따라 조작하여야 한다.

2.2.3 자료의 처리

자료는 그래프를 그리거나 비교, 조합, 계산함으로써 처리한다. 현재의 분석기기는 컴퓨터와 접속되어있는 것이 대부분이기 때문에 자동화 시스템이 발달되어 있어 장치의 측정조건의 설정이나 자료의 처리를 컴퓨터로 행하는 일이 대부분이다.

2.3 액체크로마토그래프(HPLC, High Performance Liquid Chromatograph)

휘발성이 있는 물질은 GC로 분석하지만 그렇지 않은 물질은 LC로 측정하는 것이 보통이다. 또 고온에 약한 물질은 LC로 측정한다. LC는 용리액이라 부르는 이동상을 고압펌프로 이송시키는 크로마토그래피의 장치이다. 분석하고 싶은 물질을 전개시킬 수 있는 용매만 있다면 분석할 수가 있다. 즉, 용매, 컬럼, 검출기의 3가지의 조합을 선정함으로써 넓은 범위의 물질을 대상으로 측정할 수가 있다. 컬럼에 따라서는 광학이성체에도 대응할 수 있다. 이 장치를 고속액체크로마토그래프라고 부르기도 한다. 특히 이온의 분석으로 조정되어진 것을 이온크로마토그래프라 부른다.

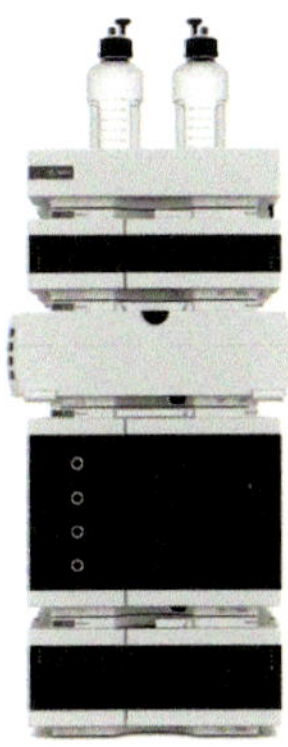

그림 8-5 액체크로마토그래프

2.3.1 원리

액체크로마토그래피는 컬럼 안이 분리장이 된다. 컬럼 안에는 충전제가 채워져 있다. 이 충전제의 공극을 용매에 용해된 분석시료가 지나가게 된다. 이때 분석시료의 각 성분마다 충전제에 흡착되는 정도가 다르다. 그래서 강하게 충전제에 흡착되는 성분은 컬럼을 통과하는 속도가 늦고, 약하게 흡착되는 성분은 통과하는 속도가 빠르게 되어 결과적으로 분리가 된다.

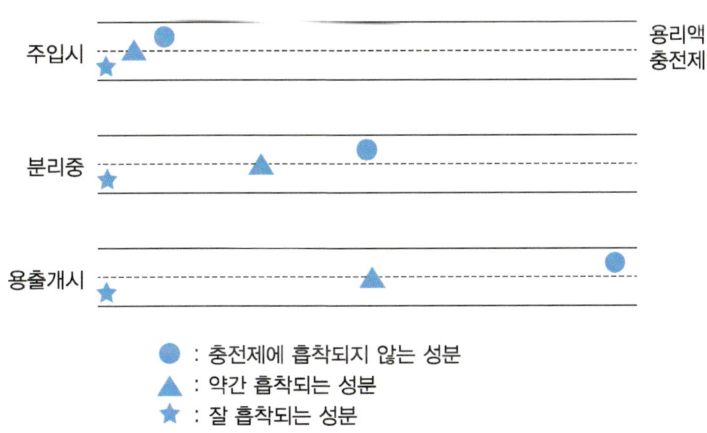

그림 8-6 컬럼 안에서 분리의 개념

2.3.2 분석장치

1) 장치의 개요

장치는 펌프, 주입구, 컬럼, 검출기, 자료처리의 5가지로 나눌 수가 있다.

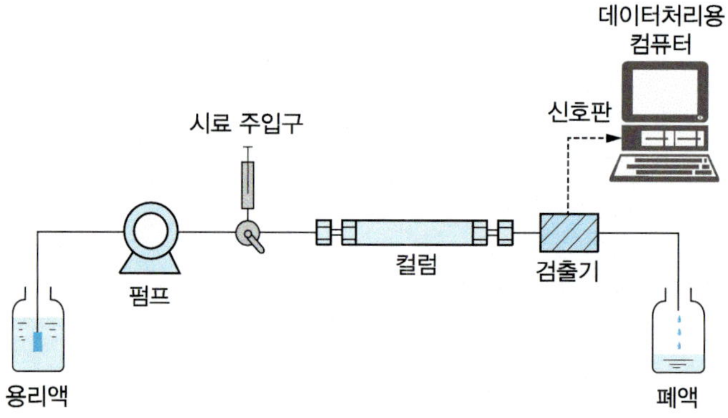

그림 8-7 액체크로마토그래프의 구성

① 용리액은 펌프로 탱크에서 빨려 올려져 주입구로 향한다.

② 주입구에서 분석시료를 실어 컬럼으로 향한다.

③ 컬럼 안의 충전제의 틈새를 용리액에 실린 분석시료가 빠져 나간다. 이때 각 성분마다 분리된다.

④ 컬럼에서 유출된 각 성분은 검출기에서 감지된다.

⑤ 이때의 자료가 컴퓨터 등으로 기록된다.

⑥ 필요하다면 출구에서 분취할 수도 있다.

2) 펌프

펌프가 얼마만큼 고성능인가에 따라 LC는 진보될 수 있다. 노이즈 맥동류가 적은 것이 좋은 펌프이다. 이것이 LC의 심장이라고 할 수 있다.

3) 검출기

일반적으로 사용되고 있는 것은 UV검출기이다. 아래 표에 LC에서 사용되는 검출기와 그 특징이 나타나 있다.

4) 컬럼

온도에 따라 변동이 심한 검출기를 사용할 때는 항온컬럼조에 넣는다. 컬럼은 그 안에 분리용 충전제가 채워져 있다. 컬럼의 선택은 제조회사의 카탈로그를 참조하여야 한다. 본체와 다른 제조회사 컬럼은 나사경이 다르므로 변환용 부품이 필요할 수도 있다.

| 표 8-3 | 액체크로마토그래프의 검출기

검출기	특징
UV검출기(자외선)	자외선을 흡수하는 물질을 검출. 254 nm, 280 nm가 대부분. 다른 검출기보다 저렴. 스팩트럼 채취가 가능한 물질이면 정성분석도 가능
형광스팩트럼검출기	빛을 쬐이면 형광을 내는 화합물을 검출함. 형광스팩트럼 채취가 가능한 물질이면 정성분석도 가능
전기화학검출기	당류, 페놀, 아민류를 선택적으로 검출
MS검출기(질량분석)	자장이나 전압으로 질량/전하수에 따라 분리하는 정성장치. 높은 진공도가 필요하며 용매가 장해물질이 된다.
전기전도도	전기전도가 쉬운 정도를 조사한다. 이온량을 알 수 있다. 이온크로마토그래프의 역할도 된다.

2.3.3 분석순서

① 용리액의 종류와 유량을 결정한다(Gradient elution method인 경우는 조성비 등도 결정).

② 컬럼의 종류를 결정한다.

③ 검출기의 종류를 결정한다.

④ 측정시료를 측정용 시료로 바꾼다.

다음의 경우, 그 자체로는 장치에 걸리지 않으므로 전처리가 필요하다.

- 분리를 방해하는 물질이 들어있다 → 제거한다.
- 컬럼을 손상시키는 물질이 들어있다 → 제거한다.
- 분석성분이 미량 함유되어 있다 → 농축한다.

2.3.4 용리액의 선정방법

① 컬럼(충진제)을 손상시키지 않을 것.

② 시료를 용해할 것.

③ 시료를 변질시키지 않을 것.

④ 검출기를 방해하지 않을 것.

⑤ 시료의 분리에 합당한 것을 선정, 이것은 대부분 실험자의 경험에 의한다.

사용하는 용리액은 0.45 μm의 필터를 통과시켜 탈기하여 둔다. 보존성에 문제가 있는 것은 조제 후 빨리 사용한다. 용리액의 조성을 분석 중에 변경하는 방법을 Gradient elution method라고 한다. 효과는 GC의 승온법과 비슷하다.

2.3.5 일반적인 주의

① 컬럼에 주입하여서는 안 되는 물질이 있다. 이 경우 컬럼의 취급설명서를 확인한다.
② 미지시료인 경우 컬럼이 손상되지 않도록 미리 희석시킨 시료로 시험하여 본다.
③ 컬럼에 이물질이 막히면 유로의 압력이 상승된다.
④ 컬럼 안에 분석성분이 잔류된 상태에서 측정을 끝마쳐서는 안 된다.

2.3.6 마이크로주사기(Microsyringe)

LC, GC에서 시료의 주입에는 보통 마이크로주사기를 사용한다. 마이크로주사기는 외견상으로는 주사기이지만 용량이 정밀하다. 취급에 숙달이 되면 주입량의 오차도 적으나 처음 이것을 다루는 측정자는 주의가 필요하다. 개인차를 없애기 위해서 자동주입장치가 흔히 사용된다.

① **헹구기** : 5회 이상 정제수로 헹군다. 주입량보다 약간 위까지 정제수를 뽑아 올려 씻는다.
② **공액 헹구기** : 5회 이상 사용하는 시료로 헹군다.
③ **채취** : 주입량보다 약간 많게 취한다.
④ **공기빼기** : 마이크로주사기를 위로 세우고 가볍게 손톱으로 진동을 준다. 이때 기포가 움직이지 않으면 다시 채취한다.
⑤ **용량 맞추기** : 눈높이에서 실시한다(meniscus).

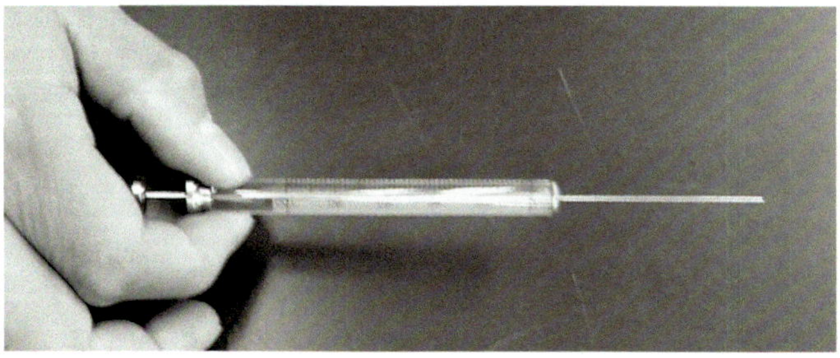

그림 8-8 마이크로주사기(microsyringe)

⑥ **바늘 닦기** : 바늘 끝에 실험용 티슈를 포개놓으면 용액이 빠져나가므로 주의.

⑦ **주입** : 바늘중심을 손으로 잡고 장치로 삽입시킨다.

바늘을 구부리면 안 되고 떨어뜨려 부러지지 않도록 한다. 주입량에 맞는 것을 선정, 사용 후 10회 이상 헹군다. GC의 경우 세정시에 아세톤을 사용한다.

2.4 가스크로마토그래프(GC, Gas Chromatograph)

GC는 이동상으로 기체를 사용하는 크로마토그래피의 장치이다. 가솔린과 같은 다성분 혼합체의 분석에 주로 사용하고 있으며 농도를 미리 알고 있는 표준물질과의 비교에 의하여 물질의 분석이 가능하다. 1 mg 이하의 미량시료주입으로 ppm, ppb 단위까지 정량이 된다. 모세관컬럼(capillary column)이 일반적으로 사용되고 있다.

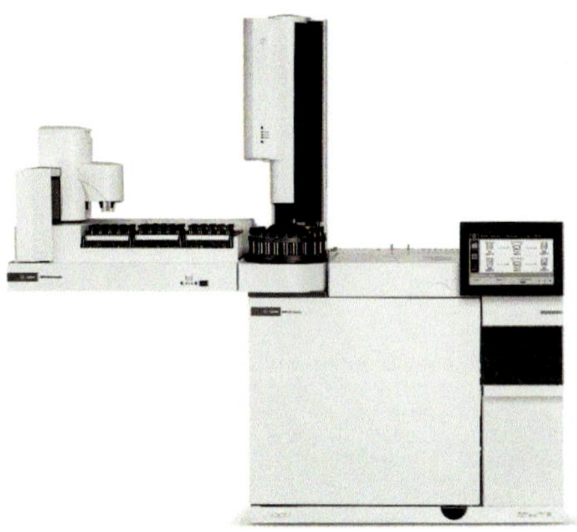

그림 8-9 가스크로마토그래프

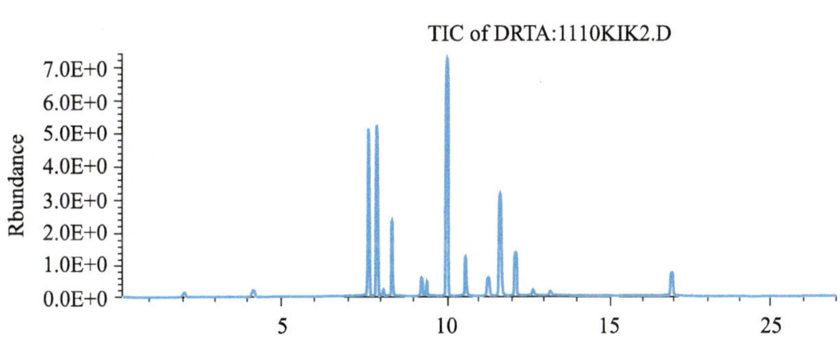

그림 8-10 카스크로마토그램의 예

2.4.1 원리

크로마토그래피에는 이동상과 고정상이 필요하다. 가스크로마토그래프의 이동상은 운반가스(carrier gas)이고 고정상은 모세관 컬럼의 내벽에 코팅되어 있는 액상이다. 컬럼에서는 운반가스와 액상이 시료를 끌어당긴다. 액상에 끌어 당겨진 성분은 천천히 컬럼을 통과하고 그렇지 않은 성분은 그대로 통과한다. 같은 조건일 때 성분마다 통과하는 시간은 결정되어져 있으므로 성분은 분석이 가능하다. 단 같은 시간이라고 해서 같은 성분이라고는 볼 수 없다. 또 GC의 설정조건이 같다면 성분량과 피크의 크기는 대응하므로 성분의 양을 알 수가 있다.

2.4.2 분석장치

1) 장치의 구성

운반가스는 봄베 내의 압력으로 유출되어 감압기(regulator)로 조정되어져 GC 본체로 향한다. 본체의 입구에서 다시 조정되어 일정한 유속으로 된다. 시료주입구(injection)는 액체시료를 기화시키기 위하여 고온상태로 되어 있다. 기체로 된 시료는 운반가스에 실려 컬럼으로 향한다. 컬럼의 출구에는 검출기가 있고 물질의 통과를 전기신호로 바꾸어 처리용 컴퓨터에 보낸다.

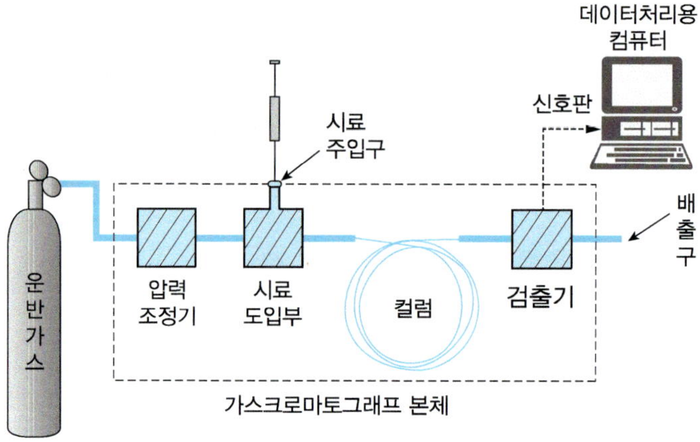

그림 8-11 가스크로마토그래프의 구성

2) 시료도입부

① 마이크로주사기(microsyringe)

마이크로주사기를 사용하여 액체의 시료를 주입하는 것이 보통이다.

② 자동주입장치

기본적으로는 마이크로주사기로 주입을 자동화한 것이지만 사람과 달라서 주입기술이 일정하므로 재현성이 좋은 정확한 주입이 가능하다. 시료는 이중뚜껑(septum)이 있는 유리병(vial)에 넣어서 장치한다. 또 바이알을 100개 가까이 넣을 수 있는 것도 있고 야간의 무인운전도 가능하게 되어있다. 보유지표(RI, retention index)에 의한 library를 사용하는 데는 필수적이다.

그림 8-12 자동주입장치

그림 8-13 헤드스페이스 샘플러

③ 가스샘플링밸브

기체시료를 도입하는데 사용한다.

④ 헤드스페이스 샘플러

고체시료나 복잡한 혼합시료에 함유되어 있는 휘발성분의 분석에 사용한다. 사용방법은 시료를 헤드스페이스용 바이알에 넣고 밀폐한다. 이것을 가온하여 평형에 도달한 가스성분(헤드스페이스)을 GC에 주입한다. 이러한 방법으로써 분리, 추출 등의 전처리를 생략할 수가 있다. 사용하는 분석의 예로는 토양이나 수중의 휘발성 유해물질의 분석, 제품 중의 잔류용매나 단량체(monomer) 분석, 식품이나 음료 중 향기성분의 분석 등이 있다.

3) 컬럼

컬럼은 크게 2가지로 나누어진다. 모세관컬럼(capillary column)과 충전컬럼이다. 시료의 주입량을 많게 하고 싶은 경우와 특수한 액상을 사용하고 싶은 경우에 충전컬럼을 사용하고 대부분의 경우 모세관컬럼을 사용한다.

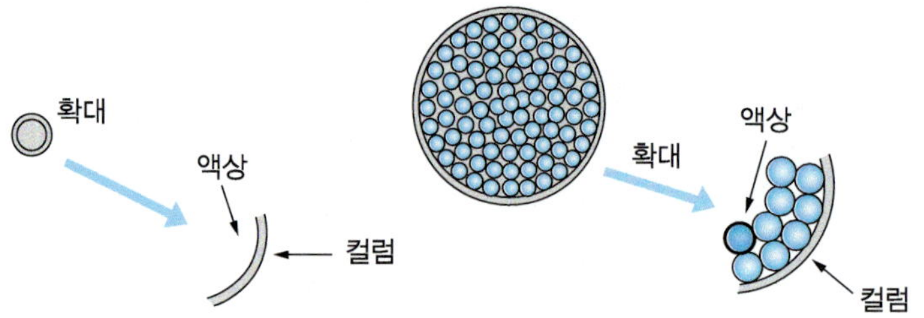

그림 8-14 모세관컬럼과 충전컬럼

① 모세관컬럼(capillary column)

모세관컬럼은 머리카락 모양으로 가늘고 긴 호스와 같이 중공(中空)상태로 되어 있다. 내경은 0.2~0.3 mm이지만 중공상태이므로 저항이 적고 컬럼을 길게 할 수가 있다. 길이가 100 m인 것도 있으나 보통 사용하는 것은 대부분 25~50 m이다. 그 중에서도 용융실리카 모세관컬럼은 휘기 쉽고 잘 부러지지 않아 유리컬럼보다 취급하기가 간단하다. 컬럼에 활성이 있으면 흡착 등에 의한 성분의 손실이 생겨서 정확한 정량결과를 얻지 못하므로 컬럼은 불활성에 가깝다. 컬럼의 내벽에 액상이 코팅되어 있으나 대부분의 용융실리카 컬럼은 이 액상을 가교(架橋)시켜 화학적인 결합상태로 떨어지지 않게 되어 있다. 이 때문에 고온상태에서도 액상이 피크로서 나타나는 일은 없다.

② 충전컬럼(packed column)

내경 2~4 mm인 스텐레스 또는 유리관에 충전제가 들어 있다. 길이는 1~5 mm인 것이 대부분이다. 제조된 시판품을 사용하는 일이 많으나 용도에 따라서는 자신이 충전하여 사용하는 경우도 있다. 충전제는 담체라고 부르는 입자에 액상을 코팅한 것이지만 담체의 종류와 입도분포, 액상의 종류 등 그 조합수는 매우 많다.

4) 검출기

분석하고 싶은 성분에 따라 선택하지만 많은 종류가 있다. 보통 사용되는 것은 FID와 TCD이다.

① 열전도도 검출기(Thermal Conductivity Detector, TCD)

열전도도 검출기는 금속 필라멘트(Filament) 또는 전기저항체(Thermister)를 검출소자(檢出素子)로 하여 금속판(Block)안에 들어 있는 본체와 여기에 안정된 직류전기를 공급하는 전원회로, 전류조절부, 신호검출 전기회로, 신호 감쇄부 등으로 구성된다.

② 수소염 이온화 검출기(Flame Ionization Detector, FID)

수소염 이온화 검출기는 수소연소노즐(Nozzle), 이온수집기(Ion Collector)와 함께 대극(對極) 및 배기구(排氣口)로 구성되는 본체와 이 전극 사이에 직류전압을 주어 흐르는 이온전류를 측정하기 위한 직류전압 변환회로, 감도조절부, 신호감쇄부 등으로 구성된다.

③ 기타 검출기

기타 목적에 따라 전자포획형 검출기(Electron Capture Detector, ECD), 염광광도 검출기(Flame Photometric Detector, FPD) 등을 사용할 수도 있다. 그 구성은 4.4.1 및 4.4.2에

| 표 8-4 | 대표적인 검출기

검출기 명칭	검출원리	분석대상	기타 정보	비고
수소염이온화검출기 (FID, flame ionization detector)	수소의 연소열에 의하여 골격탄소를 이온화시킨다. → 이온전류의 증가	탄화수소 (HC)	없음	탄소가 적으면 감도가 낮아짐. 가장 많이 사용하는 검출기. 수소를 사용
열전도도검출기 (TCD, thermal conductivity detector)	운반가스와 시료성분의 열전도도 차이 → 필라멘트 전기저항의 차이	모두가능	없음	감도가 비교적 낮다. 안전하며 저가임.
질량분석검출기 (MSD, mass selective detector)	자장이나 전압 등으로 이온을 질량/전하수에 따라 분리한다(GC/MS항 참조)	모두가능	분자량	GC/MS 항을 참조. 라이브러리와 동정비교
적외선검출기 (IRD, infrared detector)	적외흡수 강도의 차이 → 적외스팩트럼	모두 가능	관능기 (官能基)	감도가 낮음. 라이브러리와 동정비교
전자포획형검출기 (ECD, electron capture detector)	β선을 조사시킨 운반가스 → 이온전류의 감소	할로겐원소, 질소, 산소	없음	방사성원소를 사용. 잔류농약, PCB 분석에 사용
질소인검출기 (NPD, nitrogen-phosphorous detector)	FID에 알칼리염을 공존시키면 이온화가 촉진된다.	질소, 인	없음	수소의 사용. 농약, 공장의 폐수분석에 사용. FID+α의 구조
염광광도검출기 (FPD, flame photometric detector)	환원성의 수소염 중에서 레디칼 발생 → 발광	황산, 인	없음	산소, 수소봄베가 필요. 대기오염물질분석에 사용.
원자발광검출기 (AED, atomic emission detector)	플라즈마 중 레디칼 발생 → 발광	모두 가능	조성식, 원소의 종류	유기금속, 가솔린의 납첨가 분석에 사용

따른다. 단, 방사성 동위원소를 사용하는 검출기에 대하여는 별도로 과열방지기구, 누출 방지기구 등을 설치해야 한다.

2.4.3 분석순서

1) 측정시료의 채취
2) 측정시료의 조제(GC에 넣는 측정용 시료로 한다).
   ① clean-up, 추출, 분취, 제거, 농축, 증류, 산알칼리의 중화
   ② 감도가 부족한 물질(휘발성이 낮음, 열분해를 함, 흡착성이 강함) → 유도체로 하여 휘발성물질로 한다.
3) 선택사양
   ① **컬럼의 선택** : 컬럼 제조사에서 분석대상의 표를 입수한다. 새로운 컬럼의 출현에 의해서 유도체화를 만들지 않고도 되는 경우도 있다.
   ② 검출기의 선택
   ③ **주입방법의 선택** : 헤드스페이스 샘플러라면 분리가 필요 없거나 전처리를 안 해도 되는 경우가 있다.
4) 분석조건의 선택
   ① 각 부분의 온도
   ② 항온분석 또는 승온 분석으로 분석조건을 결정
   ③ 운반가스의 종류, 유속
5) 측정용 시료의 분석
6) 데이타의 해석

2.4.4 조작법

장치의 취급은 실험실에서 작성한 취급지침에 따라야 하며, 이상이 발생된 경우는 그 기종의 담당자에게 상의하고 메이커 취급설명서를 조사해야 한다. 물질에 따라서 컬럼, 장치를 손상시키는 경우가 있으므로 실험지침에 쓰여져 있지 않은 신규물질을 분석하고 싶을 때는 담당자의 허가를 얻어야 한다.

① 먼저 운반가스를 흐르게 한다.
   가스가 정지되거나 컬럼온도가 올라가면, 컬럼과 검출기를 손상시키게 한다.
② 조작조건의 설정 중 빠트린 것이 없도록 한다.

③ 항온조의 온도를 컬럼의 최고사용온도보다 올리지 않는다. 2종류의 컬럼이 장착되어 있을 때는 낮은 쪽의 최고사용온도에 주의한다.

④ 맨 처음 측정하는 시료는 성분을 잘 알고 있는 조정용 시료를 사용한다.

⑤ 컬럼온도와 검출부 온도는 같게 하고 주입부 온도는 그것보다 50℃ 높게 한다.

3 중금속 분석

3.1 원자흡광분석장치

원자흡광분석장치는 금속의 미량분석을 행하는 데에 편리한 장치이다. 조작이나 전처리도 다른 분석장치에 비하여 비교적 간단하고 환경오염물질의 측정, 무기재료의 불순물 측정 등에 널리 이용되고 있다.

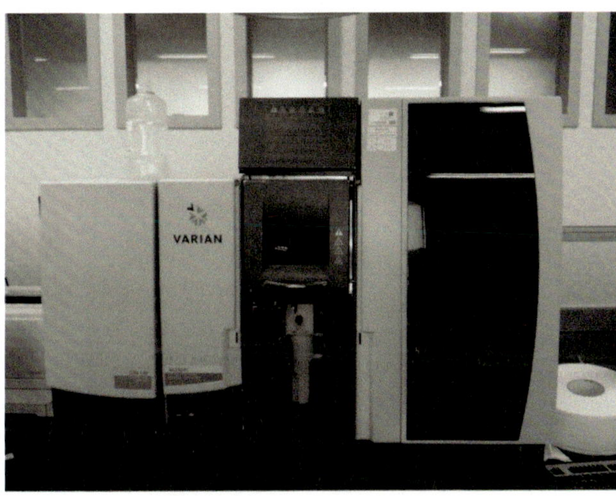

그림 8-15 원자흡광분석장치

3.2 원리

태양광선은 연속스펙트럼이지만 Fraunfoffer선이라고 일컫는 암선(暗線)이 있다. 이것은 태양광이 태양 대기나 지구 대기를 통과할 때에 각각 원자에 특정한 파장부분을 선택·흡수되어진 것을 의미한다. 원자의 증기층에 어떤 파장의 빛을 쬐이면 기저상태에 있는 원자가 빛을 흡수한다. 원자의 수가 많을수록 빛의 흡수가 많다. 즉 빛의 흡수는 원자의 농도에 비례하는 것이다. 또 흡수되는 빛의 파장은 원자의 종류에 따라 다르다. 그림 8-17에 기저상태(基底狀態)와 여기상태(勵起狀態)의 원자를 나타낸다.

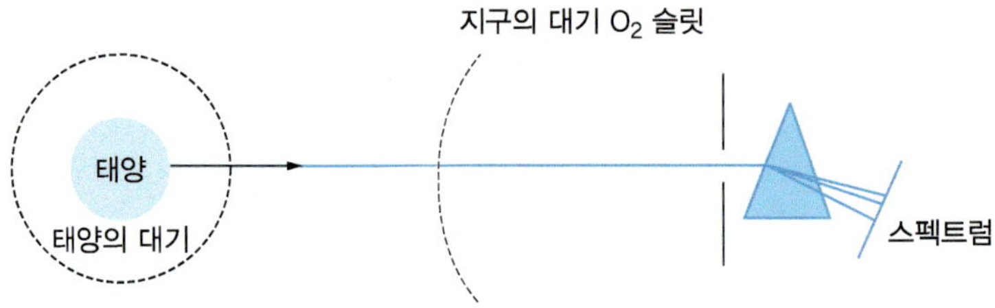

그림 8-16 Fraunfoffer선의 관찰

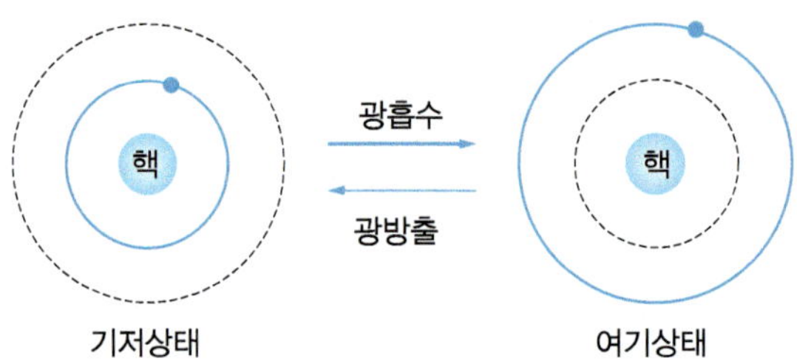

그림 8-17 기저상태와 여기상태의 원자

이 현상을 이용하여 측정하고 싶은 원소를 원자화시켜 특정파장의 빛을 조사(照査)하여 빛의 흡수정도를 측정함으로써 원소량을 분석정량한다. 또한 조사하는 빛을 흡수하는 빛의 파장과 같은 단색광이 좋기 때문에 광원으로서는 목적성분과 같은 원소나 합금에서 나오는 빛을 사용한다. 원자흡광분석장치는 아세틸렌 등을 연소시켜서 그 불꽃 중에서 원자증기화시키는 Flame 방식과 전기적으로 가열함으로써 불꽃을 사용하지 않고 원자증기화시키는 Flameless 방식이 있다. 여기서는 Flame 방식을 중심으로 소개한다.

3.3 분석장치

분석장치의 구성은 그림 8-18과 같다.

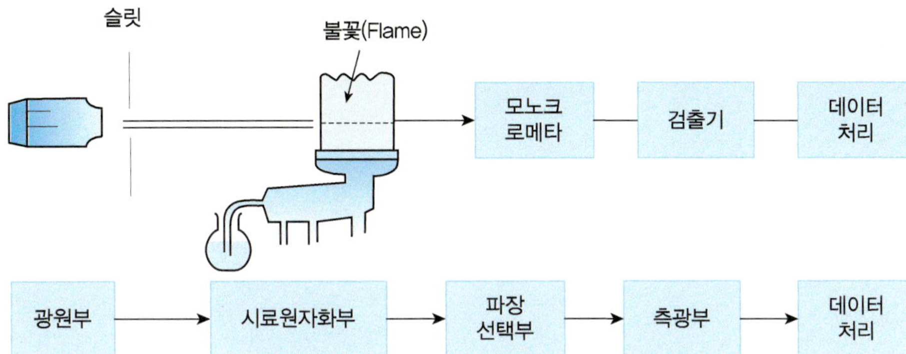

그림 8-18 원자흡광분석장치의 구성

3.3.1 광원부

보통 그림 8-19와 같은 중공음극램프(Hollow Cathode Lamp)가 사용된다. 이 광원램프에는 단일원자용램프와 여러 종류의 원자를 하나의 램프로 처리할 수 있는 복합램프가 있다. 일반적으로 복합램프의 분석정도(精度)는 단일램프에 비하여 다소 떨어진다.

그림 8-19 중공음극램프

3.3.2 시료원자화부

분석하고 싶은 시료를 불꽃(이하 Flame이라 함) 중에 분무하는 것으로 시료 중의 금속원소를 원자증기화시켜 그곳에 광원부에서 빛을 비추어 증기화된 원자에 빛을 흡수시키는 부분이다. 시료의 분무의 방법으로 예혼합버너와 전분무버너가 있다. 그림 8-20에 예혼합버너를 나타내었다. 예혼합버너는 버너헤드와 분무기를 분리해 놓은 형태로 연료, 조연가스, 시료는 분무실 내에서 혼합된다. 그림 8-20과 같이 모세관(capillary)에서 흡수한 시료는 조연가스와 함께 분무된다. 조대입자는 Drain으로 배출되고 미세입자 만이 버너헤드로 들어간다.

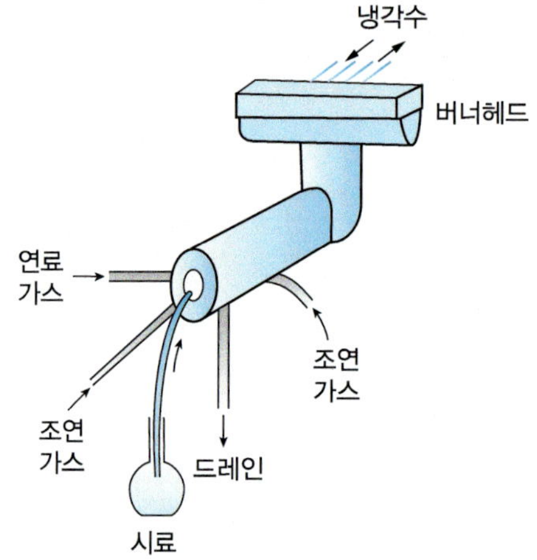

그림 8-20 예혼합버너

3.3.3 플레임(Flame)

Flame의 연료는 아세틸렌이나 수소가 사용되고 이것을 연소시키기 위한 조연가스로서 공기나 아산화질소(N_2O)가 사용된다(다른 연료인 경우도 있다). 연료와 조연가스의 종류와 플레임의 특징을 표 8-5, 표 8-6에 각 원소를 분석하는 파장, 플레임의 지표를 나타내었다.

| 표 8-5 | 연료와 조연가스의 종류

연료–조연가스	특징
아세틸렌(C_2H_2)–공기(Air)	대부분의 원소에 사용된다.
수소(H_2)–공기(Air)	불꽃온도가 낮다. 230 nm 이하의 파장 분석선을 지닌 원소의 분석에 적합하다.
아세틸렌(C_2H_2)–아산화질소(N_2O)	불꽃온도가 높다. 환원성의 분위기를 지닌 불꽃, 산화물질을 만들기 쉬운 원소에 적합하다.

| 표 8-7 | 플레임과 원소, 분석선 파장

원소명	분석선파장(nm)	불꽃	원소명	분석선파장(nm)	불꽃
Ag	328.1	A	Mg	285.2	A
Al	309.2	B	Mn	279.5	A
Au	242.8	A	Mo	313.3	B
B	249.8	B	Na	589.0	A
Ba	553.6	A	Ni	232.0	A
Be	234.9	B	Pb	283.3	A
Bi	223.1	A	Sb	217.6	A
Ca	422.7	A	Se	197.6	A
Cd	228.8	A	Si	251.6	B
Co	240.7	A	Sn	224.6	A
Cr	357.9	A	Sr	460.7	A
Cu	324.8	A	Ti	364.3	B
Fe	248.8	A	V	318.4	B
Hg	253.7	A, 환원기화법	W	255.1	B
K	766.5	A	Zn	213.9	A
Li	670.8	A			

A : 아세틸렌(C_2H_2)-공기, B : 아세틸렌(C_2H_2)-아산화질소(N_2O)

3.3.4 측정순서

장치의 설정 → 시료조제 → 측정 → 결과의 처리

1) 장치의 설정

① 광원의 결정, 광원의 부착, 사용전류의 결정

② 버너, 플레임의 결정, 연료가스, 조연가스의 유량결정

③ 분석선의 선택

④ 분광기의 슬릿(slit)폭의 설정

⑤ 버너의 위치조정(광원으로부터의 광속이 플레임의 최적위치를 통과할 수 있게 한다.)

2) 시료조제

시료는 모두 용액상태이어야 한다(Flameless법인 경우에는 고체시료도 가능). 미량원소의 정량을 행하기 때문에 사용하는 시약의 순도 · 기구의 종류나 처리에 주의를 하여야 한다.

① 사용 용매 · 시약 · 기구

ⓐ **용매** : 대부분 수용액이다. 사용하는 물은 이온교환수나 증류수를 사용한다. 유기용매를 사용할 때는 증유하여 사용하거나 정밀분석용을 사용한다.

ⓑ **시약** : 고체시료의 용매 등 전처리에서 사용하는 시약의 순도에 주의한다. 정밀분석용(초특급, SSG)을 사용, 좋은 순도를 가진 시약을 구입하지 못할 때에는 자신이 정제하거나 공시험을 행하여 순도의 영향을 살펴볼 필요가 있다.

ⓒ **기구** : 분석에 사용하는 기구나 용기에 함유되어 있는 금속의 용출에 주의한다. 새로운 유리기구 등을 사용할 때에는 특히 주의를 요한다. 또 폴리에틸렌 등에서는 목적성분이 표면에 흡착되는 일도 있다.

② 시료의 처리

수용액인 경우에는 그대로 사용하고 목적원소의 농도가 진한 경우에는 적당히 희석하여 분무시키면 좋다. 단 점도가 높은 유기물(전분 등)을 포함한 수용액이나 고체성분은 전처리가 필요하다. 고체인 경우에는 염산이나 혼합된 산이나 왕수로 용해시켜 수용액으로 만들어 분석한다. 유기물은 대부분 회화하고 나서 물이나 유기용매, 산, 알칼리 등에 용해시킨다. 회화의 방법에는 건식회화의 습식회화가 있다.

ⓐ **건식회화** : 450℃ 전후로 태워서 시료를 회화하는 방법이 취해진다. 중금속 등이 휘산되어 버릴 우려가 있다. 이 때문에 200℃ 이하의 저온에서 회화하는 저온회화장치가 있다.

ⓑ **습식회화** : 질산과 염소산염 등 산화제를 사용하여 유기물을 산화하여 탄산가스로서 제거하는 방법이다. 사용시약에 의한 오염이 문제가 된다. 같은 처리를 한 공시험 등으로 이러한 오차를 확인하여야 한다. 또 질산 등을 사용한 경우에는 산화질소 등의 유독가스발생도 있으므로 이를 위한 대책도 필요하다.

③ 표준시료 용액

검량선법으로 처리하므로 순도가 높은 시약을 사용하여야 한다. 표준시료용으로 조제된 정확한 농도를 가진 용액을 구입하여, 이것을 표준원액으로 하여 희석시켜서 사용하는 일도 있다. 표준시료 용액은 간섭을 없애기 위해서 가능한 한 측정시료와 같은 조건으로 할 필요가 있다.

3) 측정순서

① 스위치를 켠다.

② 광원램프를 점등하고 안정될 때까지 기다린다.

③ 각 가스의 밸브를 열고 버너를 점화시키고 유량을 조절한다(밸브를 열기 전에 안전을 점검할 것).

④ 분광기의 파장을 설정한다.

⑤ 용매를 분무시키면서 버너위치를 조정하고 0 및 100을 맞춘다.

⑥ 시료를 분무하여 표시창에 나타난 자료를 취한다.

4) 결과의 처리

측정자료의 처리방법으로 검량선법, 표준첨가법, 내부표준법이 있다.

① 검량선의 직선영역

원자흡광분석에 있어서의 검량선은 일반적으로 저농도 영역에서는 양호한 직선성을 나타내지만 고농도 영역에서는 여러 가지 원인에 의하여 휘어진다. 따라서 정량을 행하는 경우에는 직선성이 좋은 농도 또는 흡광도의 영역을 사용하지 않으면 안 된다.

② 검량선법

검량선은 적어도 3종류 이상의 농도의 표준시료용액에 대하여 흡광도를 측정하여 표준물질의 농도를 x축에, 흡광도를 y축에 취하여 그래프를 그려서 작성한다. 그림 8-21(a)에 따라서 분석시료에 대하여 흡광도를 측정하고 검량선의 직선영역에 의하여 목적성분의 농도를 구한다. 이 방법은 분석시료의 조성과 표준시료와의 조성이 일치하거나 유사하여야 한다. 조성이 다른 경우에는 조성의 차로 인한 분석오차가 분석정밀도에 대하여 무시될 수 있는가를 확인해 둘 필요가 있다.

③ 표준첨가법

같은 양의 분석시료를 여러 개 취하고 여기에 표준물질이 각각 다른 농도로 함유되도록 표준용액을 첨가하여 용액열을 만든다. 이어 각각의 용액에 대한 흡광도를 측정하여 x축에 용액영역 중의 표준물질 농도를, y축에는 흡광도를 취하여 그래프용지에 그려 검량선을 작성한다. 그림 8-21(b)에 있어서 목적성분의 농도는 검량선이 x축과 교차하는

점으로부터 첨가표준물질의 농도가 0인 점까지의 거리로써 구한다. 이 방법이 유효한 범위는 검량선이 저농도 영역까지 양호한 직선성을 가지며 또한 원점을 통하는 경우에만 한하고 그 이외에는 분석오차를 일으킨다.

④ 내부표준법

이 방법은 분석시료 중에 다량으로 함유된 공존원소 또는 새로 분석시료 중에 가한 내부 표준원소(목적원소와 물리적 화학적 성질이 아주 유사한 것이어야 한다)와 목적원소와의 흡광도 비를 구하는 동시 측정을 행한다. 목적원소에 의한 흡광도 A_S와 표준원소에 의한 흡광도 A_R와의 비를 구하고 A_S/A_R 값과 표준물질 농도와의 관계를 그래프에 작성하여 검량선을 만든다[그림 8-21(c)]. 이 방법은 측정치가 흩어져 상쇄하기 쉬우므로 분석값의 재현성이 높아지고 정밀도가 향상된다.

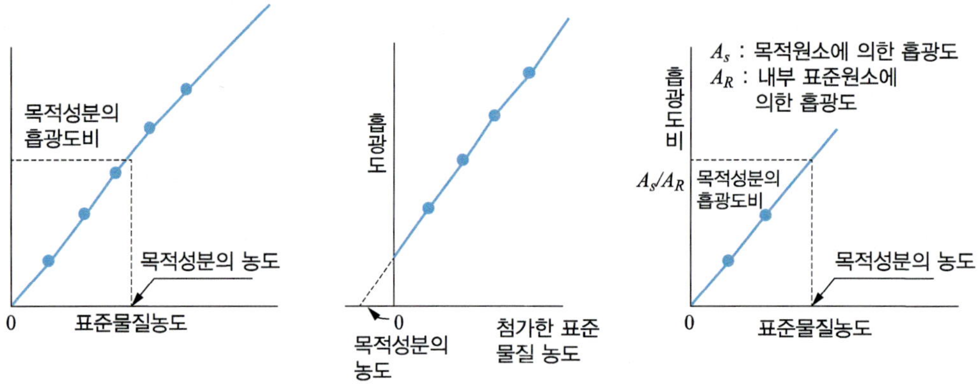

주 : 상기 검량선의 세로대는 흡광도에 비례한 지시계의 눈금이라도 좋다.

그림 8-21 각종 정량법에 의한 검량선

5) 시료농도의 산출

검량선에 의하여 얻어진 목적성분 농도로부터 W/W%, W/V%, ppm 등의 단위에 의하여 시료농도를 산출한다.

6) 간섭

원자흡광분석에서 일어나는 간섭은 일반적으로 분광학적 간섭, 물리적 간섭, 화학적 간섭으로 나뉘어진다.

① 분광학적 간섭

이 종류의 간섭은 장치나 불꽃의 성질에 기인하는 것으로서 다음과 같은 경우에 일어난다.

ⓐ 분석에 사용하는 스펙트럼선이 다른 인접선과 완전히 분리되지 않는 경우

ⓑ 분석에 사용하는 스펙트럼의 불꽃 중에서 생성되는 목적원소의 원자증기 이외의 물질에 의하여 흡수되는 경우

ⓐ의 경우에는 파장선택부의 분해능이 충분하지 않기 때문에 일어나며 검량선의 직선영역이 좁고 구부러져 있어 분석감도 정밀도도 저하된다. 이때는 다른 분석선을 사용하여 재분석하는 것이 좋다. ⓑ의 경우에는 표준시료와 분석시료의 조성을 더욱 비슷하게 하며 간섭의 영향을 어느 정도까지 피할 수 있다.

② 물리적 간섭

시료용액의 점성이나 표면장력 등 물리적 조건의 영향에 의하여 일어나는 것으로 보기를 들면 시료용액의 점도가 높아지면 분무 능률이 저하되며 흡광의 강도가 저하된다. 이러한 종류의 간섭은 표준시료와 분석시료와의 조성을 거의 같게 하여 피할 수 있다.

③ 화학적 간섭

이 종류의 간섭은 원소나 시료에 특유한 것으로 다음과 같은 경우에 일어난다.

ⓐ 불꽃 중에서 원자가 이온화하는 경우

ⓑ 공존물질과 작용하여 해리하기 어려운 화합물이 생성되어 흡광에 관계하는 기저상태(基底狀態)의 원자수가 감소하는 경우

ⓐ은 이온화 전압이 낮은 알칼리 및 알칼리토류 금속원소의 경우에 많고, 특히 고온불꽃을 사용한 경우에 두드러진다. 이 경우에는 이온화 전압이 더 낮은 원소 등을 첨가하여 목적원소의 이온화를 방지하여 간섭을 피할 수 있다. ⓑ는 공존하는 물질이 음이온의 경우와 양이온의 경우가 있으나 일반적으로 음이온 쪽의 영향이 크다. 이들의 간섭을 피하는 데는 ① 이온교환이나 용매추출 등에 의한 방해물질의 제거 ② 과량의 간섭원소의 첨가 ③ 간섭을 피하는 양이온(보기 : 란타늄, 스트론튬, 알칼리 원소 등) 음이온 또는 은폐제, 킬레이트제 등의 첨가 ④ 목적원소의 용매추출 ⑤ 표준첨가법의 이용 등의 방법이 취해진다.

7) 용매

원자흡광분석은 사용하는 용매에 따라 감도가 변하는 경우가 있다. 예를 들면 강한 산성 또는 강한 알칼리성 용액의 경우(특히 강한 알칼리성 용액의 경우에 현저하다) 용액의 점성이 증가하거나 기타에 의하여 흡광도가 떨어진다. 또 특정의 음이온(PO_4^{3-}, SO_4^{2-} 등)을 함유하는 용매는 목적원소와 간섭을 일으켜 흡광도를 떨어뜨리는 일이 많다. 시료용액에 유기용매를 가하면 흡광도가 높아지는 경우가 있으며, 특히 유기용매로써 목적원소를 킬레이트로 추출하면 미량원소의 정량 및 간섭물질의 제거에 유효하다. 그러나 이 경우 불꽃이 불안정하게 되거나 불꽃자체에 의한 흡광이 증대되지 않는 용매를 선택할 필요가 있다.

8) 주의사항

① 장치의 설치

- **온도 습도 및 직사광선** : 고온 또는 극단의 저온, 급격한 온도변화, 습기가 많은 장소 및 직사광선이 쪼이는 장소를 피한다.
- **먼지** : 가능한 한 먼지가 적은 장소를 택한다. 실험실 내에서는 실내화를 착용하는 것이 좋다.
- **진동** : 가능한 한 진동이 적은 장소이어야 한다.
- **환기** : 통풍이 잘 되는 장소가 좋고 불꽃 연소부의 위쪽에 Hood 등의 배기설비를 갖추어야 한다.

② 고압가스의 취급

고압가스의 취급은 고압가스취급법에 의거하여 충분히 주의하여 행하고 고압가스통을 사용하는 경우에는 규격에 맞는 검사필의 것을 사용한다. 가스는 완전히 빌 때까지 사용하지 않도록 주의하지 않으면 안된다. 이것은 아세틸렌이나 프로판 통이 거의 비었을 때 가스의 조성이 변화하기 때문인데 일반적으로 제조원에서 가스를 다시 충전시킬 때 사고가 일어날 위험을 막기 위한 것이다. 가스통은 가능한 한 옥외에 설치하고 가스는 배관을 통하여 장치에 도입되도록 하는 것이 좋다. 아세틸렌을 사용할 경우에는 구리 또는 구리합금의 관을 사용하여서는 안된다.

③ 불꽃의 취급

불꽃의 점화 및 소화시에는 특히 주의하여야 한다. 아세틸렌을 사용하는 경우 특히 아세틸렌-아산화질소 불꽃을 사용하는 경우에는 역화의 폭발을 특별히 주의하여야 한다.

또 아산화질소용 감압밸브는 동결 방지형의 것을 사용한다. 만일의 경우에 대비하여 소화기나 소화용 모래를 준비해 두어야 한다.

9) 분석결과의 정리 및 검토

① 분석결과의 정리

- 측정결과에는 다음의 제 사항을 기재하여야 한다.
- 장치의 명칭과 형식
- 분석선의 파장
- 분광기의 경우는 슬릿폭
- 필터의 경우는 필터번호 또는 특성파장
- 광원램프의 종류 및 전류치
- 버너의 종류
- 가연성 가스와 조연성 가스의 종류
- 가연성 가스 및 조연성 가스의 유량과 압력
- 멀티 패스 광학계의 경우는 빛의 투과 횟수
- 시료용액의 조성
- 시료용액의 산 또는 알칼리 농도(또는 pH값)
- 용매
- 시료의 처리방법
- 기타 필요사항

② 분석오차의 원인

분석의 오차는 일반적으로 다음의 요인에 의하여 생기는 경우가 많으므로 미리 충분히 검토하여야 한다.

- 표준시료의 선택의 부적당 및 제조의 잘못
- 분석시료의 처리방법과 희석의 부적당
- 표준시료와 분석시료의 조성이나 물리적 화학적 성질의 차이
- 공존물질에 의한 간섭
- 광원램프의 드리프트(Drift) 열화(劣化)
- 광원부 및 파장선택부의 광학계의 조정 불량
- 측광부의 불안정 또는 조절 불량

- 분무기 또는 버너의 오염이나 폐색
- 가연성 가스 및 조연성 가스의 유량이나 압력의 변동
- 불꽃을 투과하는 광속의 위치의 조정 불량
- 검량선 작성의 잘못
- 계산의 잘못

③ 분석값의 신뢰성

정확한 분석값을 얻기 위하여는 사용하는 장치 분석조건 측정조작의 적정 선택이 당연하나 얻어진 분석값의 신뢰성에 대하여 충분히 검토하여야 한다.

ⓐ **반복정밀도** : 반복정밀도 $\overline{\sigma_M}$은 믿을 수 있는 동일 시료를 특정의 동일인이 동일한 분석장치와 분석조건에서 동일시기에 반복하여 여러번 측정한 결과로부터 구한 표준편차로서, 사용하는 장치, 분석시료 및 분석원소, 시료의 성질과 농도 범위, 분석조건 등에 따라 다르다. 반복 정밀도는 다음의 계산식에 의하여 구해진다.

$$\overline{\sigma_M} = \sqrt{\frac{\sum(\chi i - \bar{x})^2}{n-1}} = \sqrt{\frac{\sum \chi i^2 - (\sum \chi i)^2/n}{n-1}}$$

χi : 개개의 분석값

$\bar{x}$: 개개의 분석값의 산술평균

n : 분석값의 갯수(n은 10이상 이어야 한다.)

ⓑ **재현정밀도** : 상당히 장기간에 걸쳐서 연속하여 분석을 행하는 경우 아래와 같은 장치가 뜨거워지나 불꽃의 연소조건의 변화 등에 의하여 재현성이 저하된다. 따라서 장치를 사용하는 경우에는 그때마다 적어도 1회는 표준시료(또는 특정시료)를 사용하여 분석값 또는 검량선의 재현 정도를 관리할 필요가 있다. 일상 분석에 있어서는 동일장치에 의하여 외관상 동일한 측정조건에서 분석을 행하여도 그 이전에 작성된 검량선을 그대로 사용하는 것을 피해야 한다. 새로 제조한 표준시료 혹은 상당히 장기간에 걸쳐서 기지 농도를 안정하게 가지는 특정시료에 대하여는 동일조건에서 측정하여 고치는 것이 바람직하나 이전에 작성된 검량선과 완전히 일치하는 검량선이 얻어지도록 장치의 감도 등을 조절할 수도 있다.

- 광원램프의 열화 또는 특성의 변화에 기인하는 스펙트럼선의 선 프로필 및

강도의 변화

- 가연성 가스 및 조연성 가스의 유량과 압력의 변동에 의한 변화
- 분무기 노즐의 폐색에 의한 분무실 내에서의 전회의 분석시료에 의한 오염
- 버너 선단부에 있어서의 탄소나 탄화물 기타 염류 등의 고형물의 생성이나 불꽃온도의 불균일
- 불꽃 중을 투과하는 광속위치의 변화

ⓒ **화학분석 값과의 비교** : 종래 원자흡광광도법이 적용되지 않은 시료를 처음으로 분석하는 경우에는 얻어진 측정값을 그 시료에 대하여 같은 정밀도로 행해진 신뢰도가 높은 분석법에 의한 화학분석값과 비교하여 분석값의 신뢰성을 충분히 검토하여야 한다.

요약

1. 검정곡선(Calibration curve)은 분석물질의 농도변화에 따른 지시값을 나타낸 것으로 시료 중 분석 대상물질의 농도를 포함하도록 범위를 설정하고, 검정곡선 작성용 표준용액은 가급적 시료의 매질과 비슷하게 제조하여야 한다.
2. 기기검출한계(IDL, instrument detection limit)란 시험분석 대상물질을 기기가 검출할 수 있는 최소한의 농도 또는 양으로서 일반적으로, S/N 비의 2배~5배 농도 또는 바탕시료를 반복 측정 분석한 결과의 표준편차에 3배한 값 등을 말한다.
3. 정밀도(precision)는 시험분석 결과의 반복성을 나타내는 것으로 반복 시험하여 얻은 결과를 상대표준편차(RSD, relative standard deviation)로 나타내며, 연속적으로 n회 측정한 결과의 평균값(x)과 표준편차(s)로 구한다.
4. 정확도(accuracy)란 시험분석 결과가 참값에 얼마나 근접하는가를 나타내는 것으로 동일한 매질의 인증시료를 확보할 수 있는 경우에는 표준절차서(SOP, standard operational procedure)에 따라 인증표준물질을 분석한 결과값(C_M)과 인증값(C_c)과의 상대백분율로 구한다.
5. GC는 이동상으로 기체를 사용하는 크로마토그래피의 장치이다. 가솔린과 같은 다성분 혼합체의 분석에 주로 사용하고 있으며 농도를 미리 알고 있는 표준물질과의 비교에 의하여 물질의 동정이 가능하다. 1 mg 이하의 미량시료주입으로 ppm, ppb 단위까지 정량이 된다. 모세관컬럼(capillary column)이 보급되어 있다.

6. 원자흡광분석장치는 금속의 미량분석을 행하는 데에 편리한 장치이다. 조작이나 전처리도 다른 분석장치에 비하여 비교적 간단하고 환경오염물질의 측정, 무기재료의 불순물 측정 등에 널리 이용되고 있다.

참고문헌

1. 수질오염공정시험기준주해, 동화기술, 2016
2. 대기오염공정시험기준에 따른 가스크로마토그래의 소개
3. 대기오염공정시험기준에 따른 액체크로마토그래의 소개
4. 대기오염공정시험기준에 따른 원자흡광광도법의 소개

제 9 장 국소배기장치

학습목표
- 국소배기장치의 각 구성 요소의 역할을 이해한다.
- 환기량 계산에 필요한 후드 형태별 환기량 계산 방법을 학습한다.
- 국소배기장치에서 발생되는 각종 압력손실을 이해하기 위한 정압과 동압 개념을 이해한다.
- 송풍기 필요유량과 정압 계산방법을 이해한다.

1 산업환기의 종류

산업환기란 화학물질이나 고열과 같이 작업환경을 나쁘게 하는 오염물질은 작업장 외부로 배출하고 신선한 공기는 급기하여 근로자가 오염물질에 노출되지 않도록 하는 것을 말한다. 환기 방법으로는 오염물질 발생원에 후드를 설치하고 송풍기를 이용하여 공장 외부로 오염물질을 배출하는 국소배기가 있고, 작업장 내부에 정체된 오염물질을 지붕 배기팬이나 창문 등을 이용하여 환기 시키는 전체환기가 있다.

오염물질 발생원에 후드를 설치하여 포집하는 국소배기가 작업자 호흡영역을 보호하는데 효과적이지만, 오염물질 발생원이 공장 전체에 산재(散在)해 있거나, 이동성이 강하여 국소배기장치를 설치할 수 없는 경우에 국소배기장치의 대안으로 전체환기를 실시할 수 있다.

전체환기는 지붕의 roof fan과 같이 동력식 송풍기를 이용하는 강제환기와 부력이나 풍력을 이용하여 창문이나 지붕의 모니터 등으로 오염물질을 배출시키는 자연환기로 구분할 수 있다.

표 9-1에 강제환기와 자연환기 적용 조건 및 장단점을 정리하였다.

| 표 9-1 | 강제환기 및 자연환기의 적용 조건과 장단점

구분	환기 방법	적용 조건	장점	단점
강제 환기	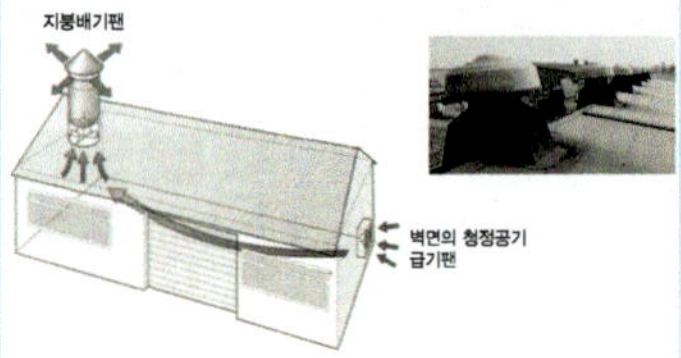	• 지붕 및 벽면에 동력식 송풍기를 설치하여 환기시킴	• 필요 환기량을 송풍기 용량으로 조정가능 • 작업환경을 일정하게 유지	• 송풍기 가동에 따른 소음, 진동뿐만 아니라 막대한 에너지 비용 발생
자연 환기	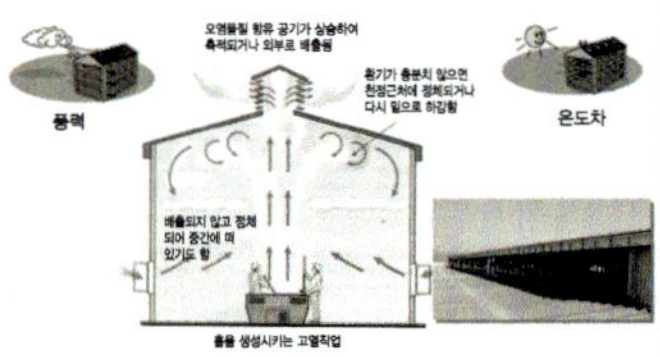	• 지붕 모니터 및 창문을 설치하여 실내외 온도차와 풍력 등 자연적인 힘을 이용한 환기 방법 • 실내에 열원이 있을 경우 효과적임	• 소음 및 운전비가 필요 없음 • 적당한 온도차와 바람이 있다면 기계환기보다 효과적임 • 효율적인 자연환기는 냉방비 절감효과가 있음	• 환기량의 변화가 심함(기상조건, 작업장 내 부조건) • 환기량 예측 자료가 없음 • 벤틸레이터 형태에 따른 효율 평가 자료가 없음

국소배기장치는 그림 9-1과 같이 후드- 덕트-공기정화기-송풍기(배풍기)-배기구(굴뚝)으로 구성되어 있는데, 기본적으로 국소배기장치와 진공청소기는 구조와 작동 원리가 동일하다.

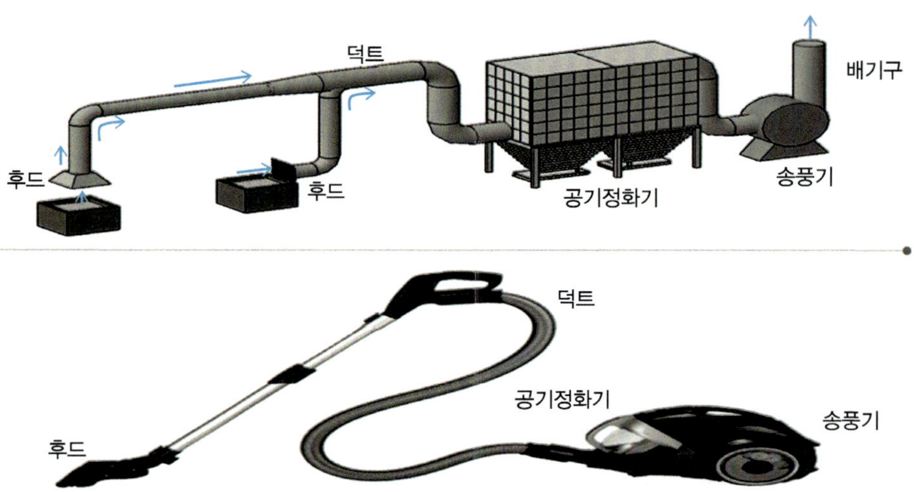

그림 9-1 국소배기장치와 진공청소기

후드는 오염물질을 포집하는 역할을 하고, 덕트는 포집된 공기가 원활하게 흘러가는 역할을 한다. 공기정화장치는 반드시 설치해야 하는 것은 아니지만, 오염물질 발생원이 대기환경법에 적용 받거나 오염물질에 의해 주변 지역에 영향을 줄 우려가 있으면 설치해야 한다. 그리고 송풍기는 국소배기장치에 필요한 유량(후드의 배기유량)과 힘(시스템 정압손실)을 제공하는 역할을 하게 된다. 마지막으로 배기구(굴뚝)는 오염물질이 포함된 배출공기가 주변지역에 영향을 주지 않고 원활하게 확산될 수 있도록 설치해야 한다.

표 9-2는 국소배기장치 각 부분별 역할 및 관련 용어와 각 부분별 설계 및 설치 방법과 국소배기장치에서 꼭 알아야 할 내용을 정리하였다. 또, 본 장에서 반드시 알아야 할 각 부분별 학습 목표를 정리하였다. 표 9-2에 정리된 내용을 충분히 학습하면 국소배기장치를 이해하는데 큰 도움이 될 것이다.

| 표 9-2 | 국소배기장치 각 부분별 역할 및 학습목표

구성	후드	덕트	공기정화기	송풍기	굴뚝
설계 및 설치 방법	• 후드 형태 결정 : 작업자 호흡영역을 보호할 수 있는 형태로 후드 모양 결정 • 후드 위치 : 오염물질 발생원에 가능한 가깝게 설치해야 함 • 후드 포집 유량 계산 : 취급물질에 따른 제어유속을 만족하도록 계산	• 최소 반송속도를 만족하고, 압력손실이 작게 발생하는 형태로 설치 • 가능한 길이를 짧게 설치하고 주름관 덕트는 피해야 함	• 오염물질 성상에 따른 적절한 대기방지 시설 선정 • 국소배기장치에서 발생되는 압력손실의 대부분을 차지함	• 후드에서 필요한 유량과 후드로 유입된 공기가 굴뚝으로 토출될 때까지 필요한 시스템 정압 확보 • 국소배기장치에서 가장 중요한 역할을 하고 있음	• 후드에서 포집된 오염물질이 주변 지역에 영향을 미치지 않도록 원활하게 확산하도록 설치 • 상방향으로 토출되도록 설치
꼭 알아야 할 내용 (학습 목표)	• 후드 형태에 따른 포집유량을 계산할 수 있다 • 후드 유입손실(후드 정압손실)을 계산할 수 있다.	• 덕트반송 속도를 고려한 덕트 직경을 계산할 수 있다. • 덕트 압력손실 (마찰 손실, 곡관손실, 합류관 손실)을 계산할 수 있다.	• 오염물질별 적절한 공기정화기를 선정할 수 있다.	• 송풍기 유량 및 정압을 계산할 수 있다. • 송풍기 성능곡선을 이해하고, 국소배기장치에 적절한 송풍기를 선정할 수 있다.	• 확산을 고려한 굴뚝 형태를 선정할 수 있다.

2 국소배기장치와 관련된 용어 및 단위 정리

2.1 국소배기장치의 용어 설명

표 9-2는 국소배기장치를 공부할 때 접하게 되는 각 부분의 용어와 그 용어가 의미하는 내용을 정리한 것이다. 국소배기에서 가장 중요한 것은 유량과 정압의 개념이고, 이 두 가지 개념을 충분하게 이해하지 못하면 국소배기장치에 대한 내용을 이해했다고 보기 어렵다.

먼저 각각의 후드에서 설계된 포집유량을 합한 유량은 송풍기 유량을 선정할 때 이용하고, 국소배기장치 각 부분에서 발생되는 압력손실을 합한 누적 정압은 송풍기 정압을 선정할 때 이용한다.

국소배기장치에서 유량과 정압을 계산하는 이유는 최종적으로 표 9-3의 송풍기 성능곡선을 이용하여 적정한 송풍기를 선정하기 위한 것이다. 표 9-3의 송풍기 성능곡선에서 보면 정압이 증가하면 유량이 감소하고, 정압이 감소하면 유량이 증가하는 것을 알 수 있다.

진공청소기로 청소할 때 흡입성능이 저하되면 필터를 교체하게 되는데 그 이유는 필터 막힘으로 진공청소기 시스템 정압손실이증가하면 배기유량이 감소하면서 흡입성능이 저하되기 때문이다. 진공청소기와 같이 국소배기장치의 송풍기도 성능곡선에 따라 가동되기 때문에, 국소배기장치에서 충분한 유량을 확보하기 위해서는 불필요한 정압 손실을 최소화해야 한다. 따라서, 후드와 덕트 또는 공기정화기에서 의도치 않는 정압 손실에 의한 송풍기 유량이 감소하지 않도록 유지하는 것이 매우 중요하다.

국소배기장치는 후드 등 5가지 구성요소로 이루어져 있지만, 각각의 부분이 국소배기장치의 성능에 영향을 미치기 때문에 "국소배기시스템"으로 표현하는 것이 더 적합할 것이다.

표 9-3 국소배기장치 각 부분별 용어 정리

구성	관련 용어 정리	
공통	표준 상태	산업환기에서의 표준상태(또는 정상상태)란 화학에서 말하는 표준 상태와는 달리 21℃와 760 mmHg의 상태를 말함
	유량	• 산업환기에서 유량은 1분간 배출되는 공기체적(m^3, 1 m × 1 m × 1 m)을 말함 • 유량 단위는 m^3/min이고, CMM(Cubic Meter per Minute)으로 표현하기도 함 • 10 m^3/min은 1분 동안 1 m × 1 m × 1 m 공기 덩어리 10개를 외부로 배출시키는 용량을 말함

| 표 9-3 | (계속)국소배기장치 각 부분별 용어 정리

구성		관련 용어 정리
	압력	• 산업환기에 사용되는 압력은 전압(T_p), 정압(S_p), 동압(V_p)으로 표현됨 • 압력 단위는 mmAq(Aq는 라틴어로 물을 뜻함)이고 수두압이라도 말함. 즉, 압력변화에 의해 관에 들어있는 물이 상승 또는 하강 하는 높이를 말함 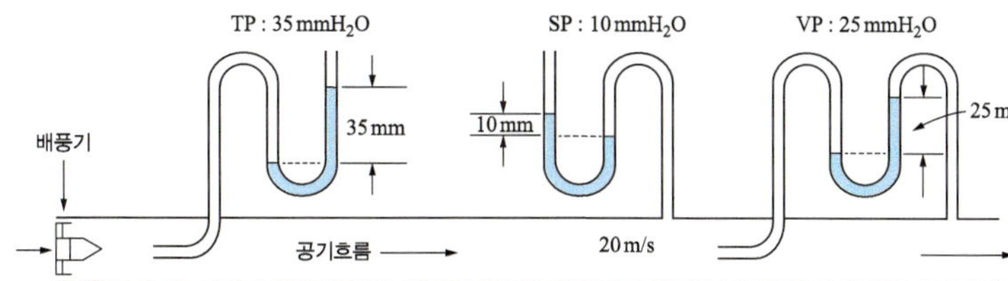 [덕트 내부의 압력]
후드 부분	후드형태 설계	작업자 호흡영역으로 오염물질이 이동하지 않도록 후드 형태 및 위치를 선정해야 함
	포집유량	• 후드 유량 설계 공식에 따라 계산된 유량 • 환기유량, 환기량, 필요환기량 등은 동일한 의미로 후드에서 배출되는 유량을 말함 $$Q = 60 \times V \times (10x^2 + A)$$ Q: 필요풍량 (m³/min), V: 제어풍속 (m/sec), x: 제어거리 (m), A: 후드개구면적 (m²) [외부식 후드 유량 산정 공식]
	제어거리	• 후드 개구면에서 오염물질 발생원까지의 가장 먼 거리를 말함(사진에서 연기가 확산된 거리까지를 말함) • 포집유량을 줄이기 위해 오염물질 발생원에 가능한 가깝게 설치해야 함  [후드 제어거리]
	제어유속	• 산업안전 보건법에 의해 가스상물질과 입자상 물질에 따른 제어유속 기준을 만족해야 함
덕트 부분	최소 반송속도	• 후드에서 유입된 오염물질이 덕트내부에 퇴적되지 않도록 덕트 내부로 흐르는 최소공기유속을 말함 • 가스상 물질은 반송속도가 적용되지 않고, 입자상 또는 분진을 포집할 경우 최소반송속도를 만족해야 함
	압력손실 (시스템 압력손실)	• 후드로 유입된 공기가 덕트와 공기정화기를 거쳐 굴뚝으로 토출 될 때 까지 발생되는 압력 손실을 말함 • 국소배기장치에서 발생되는 압력손실은 덕트 반송속도에 따른 동압(속도압)으로 계산하기 때문에 최소반송속도를 적절하게 설계하는 것이 매우 중요함 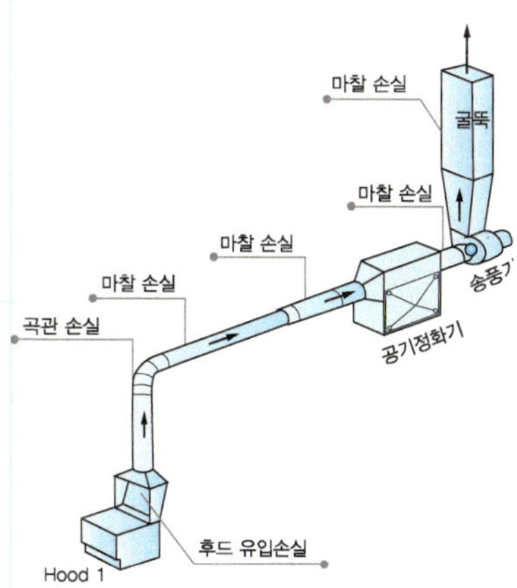 [국소배기장치의 압력 손실 발생 위치]

| 표 9-3 | (계속)국소배기장치 각 부분별 용어 정리

구성	관련 용어 정리	
	압력손실 (시스템 압력손실)	• 덕트 압력손실은 덕트 재질에 따른 마찰 손실, 곡관손실 및 합류관(유입관) 손실이 있음
송풍기 부분	송풍기 유량	• 송풍기에서 배출되는 유량으로 연결된 모든 후드의 포집유량과 동일하거나 더 많게 설계해야 함
	송풍기 정압	• 후드로 유입된 공기가 덕트와 공기정화기를 거쳐 굴뚝으로 토출 될 때 까지 발생되는 압력 손실을 극복하기 위한 힘(압력)을 말함 • 송풍기 정압, 시스템 압력손실, 송풍기 정격정압 등은 동일한 의미로 사용됨
	송풍기 성능곡선	• 각각의 송풍기가 가지고 있는 특성으로 성능곡선 또는 특성곡선이라고 도 함 • 송풍기 정압 변화에 따라 유량의 증감을 측정하여 그래프로 표현한 것임 • 그래프에서 정압(FSP)는 덕트부분에서 계산된 "압력손실"이고, 유량(Q)는 후드부분에서 계산된 "포집유량"임 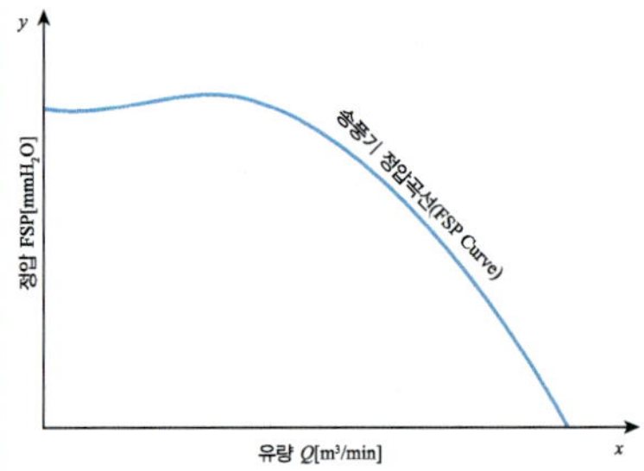

2.2 정압과 동압

국소배기장치를 설명할 때 압력에 관련된 용어가 매우 다양하게 언급되고, 실제 국소배기장치를 이해하는데 압력에 대한 개념을 이해하지 못해 환기가 어렵다고 느끼는 경우가 많다.

국소배기장치에 언급되는 압력 개념을 정리해 보면 움직이는 공기가 가지는 압력을 속도압 또는 동압(velocity pressure : V_P)이라고 하고, 압력수두를 정압(static pressure : S_P)이라고 하고 동압과 정압의 합을 전압(total pressure : T_P)이라고 한다.

표 9-4의 고무풍선의 압력변화를 보면 고무풍선에 바람을 불고 난 후 매듭을 묶으면 풍선 내부 압력은 대기압 보다 높아 "양압"을 형성하게 되고, 공기 흐름이 없기 때문에 속도압은 "0"이 된다. 그리고 매듭을 풀게 되면 고무풍선 내부에서 공기가 유출되면서 유출되는 공기의 의해 속도압이 발생하게 되고 속도압만큼 정압은 점점 낮아지게 된다.

또, 정압과 속도압의 관계에서 보면, 같은 풍선을 가지고 크기를 다르게 분 다음 매듭을 풀 경우 크게 분 풍선에서 토출되는 속도가 빠를 것으로 예상하게 된다. 그럼 왜 크게 분 풍선에서 토출되는 속도가 빠를까?

| 표 9-4 | 정압과 속도압과의 관계

<table>
<tr><th>구분</th><th colspan="2">정압과 동압</th></tr>
<tr><td rowspan="2">고무 풍선의 압력 변화</td><td>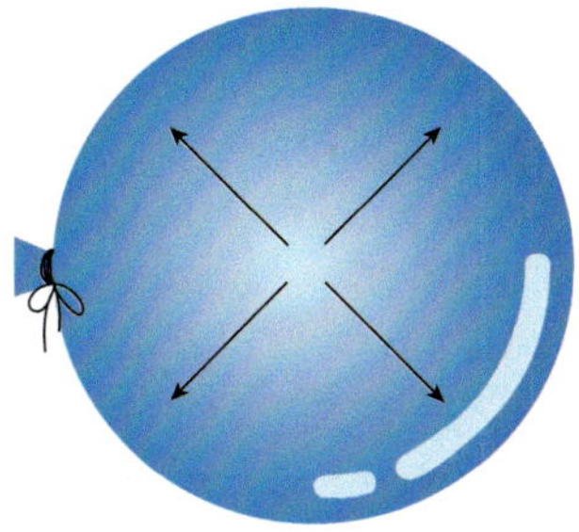</td><td>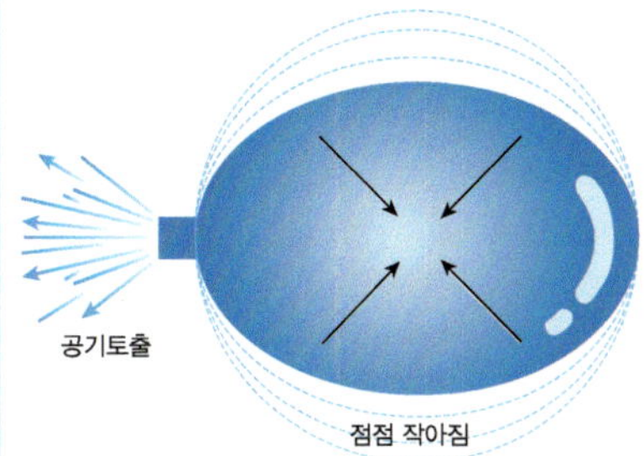
</td></tr>
<tr><td>• 매듭을 묶은 상태로 속도압은 "0"이고 전압과 정압이 동일함(T_P = S_P)
• 고무풍선 내부의 압력이 대기압 보다 높기 때문에 "양압"이라 부름</td><td>매듭을 풀면 정압이 속도압으로 전환되면서 정압은 낮아짐(T_P = S_P+V_P)</td></tr>
<tr><td>정압과 속도압의 관계</td><td colspan="2">
(a)
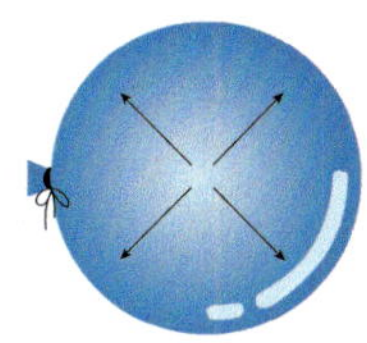
(b)
• 동일한 풍선을 (a)는 크게 불고 (b)는 작게 불어서 매듭을 묶었다가 매듭을 풀면 어떤 풍선에서 토출되는 공기의 속도가 빠를까?
• 상상을 해보면 당연하게 (a) 풍선에서 토출되는 바람의 속도가 빠를 것으로 예상됨. 왜 그럴까?
• 바로 정압의 차이 때문임. 정압이 속도압으로 전환한다고 위에서 설명했는데, 정압이 높으면 전환되는 속도압도 높아지고 결과적으로 속도가 빨라지게 됨
• 만일 풍선에 진공을 걸어서 대기압보다 낮은 "음압"조건으로 유지하고 매듭을 푼다면 공기가 풍신으로 유입될 것임. 풍선 입구가 후드라면 후드로 공기가 유입되는 것과 같은 원리임</td></tr>
<tr><td>정압과 속도압</td><td colspan="2">• 정압은 공기를 움직이게 하기 위해 잠재적으로 가지는 힘(에너지)을 말함
• 속도압은 움직이는 공기가 가지는 힘(에너지)을 말함</td></tr>
</table>

정압이란 공기를 움직이게 하기 위해 잠재적으로 가지는 힘(에너지)을 말하고 "정압이 높다"와 "정압이 낮다"로 표현한다. 정압이 높으면 공기를 움직이기 위한 잠재 에너지가 크고, 정압이 낮으면 공기를 움직이는 잠재 에너지가 낮은 것을 의미한다. 따라서, 작게 분 풍선보다 크게 분 풍선의 정압이 높기 때문에 매듭을 풀었을 때 크게 분 풍선에서 토출되는 공기의 속도가 빠른 것이다.

속도압은 정압에 의해 토출되는 공기가 가지는 힘(에너지)을 말하는데, 속도압(VP, mmH_2O)과 공기속도(V)의 관계는 식(9-1)과 같고, 표준상태에서는 속도와 속도압의 관계는 식(9-2)와 같다. 덕트 내부 속도(덕트 반송속도)를 측정하여 속도압을 계산하거나, 속도압을 측정하여 덕트 내부 속도로 환산할 수 있다.

$$VP = \frac{rV^2}{2g} \qquad \text{식 (9-1)}$$

$$V = 4.043\sqrt{VP} \qquad \text{식 (9-2)}$$

여기서 V=공기속도, m/s,

VP=속도압, mmH_2O

r=공기밀도, g=중력가속도

| 표 9-5 | 정압과 속도압 측정 방법

구분	국소배기장치 내부의 압력변화
덕트 내부 압력	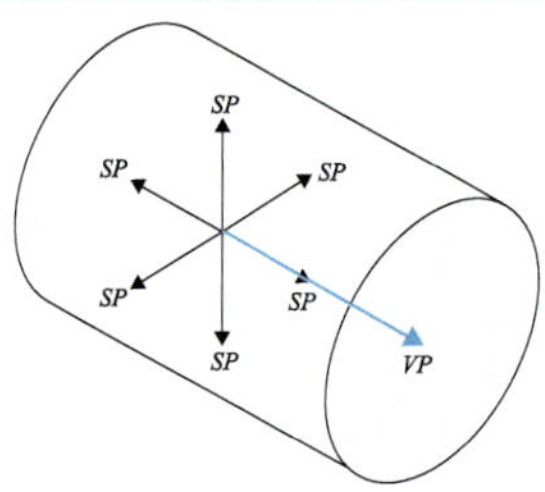 • 덕트내부에서 정압은 모든 방향으로 작용하고, 동압은 공기가 흐르는 방향으로 작용. • 공기가 흐르는 방향의 압력은 정압과 동압이 합해진 전압이 됨.
정압과 속도압 측정 방법	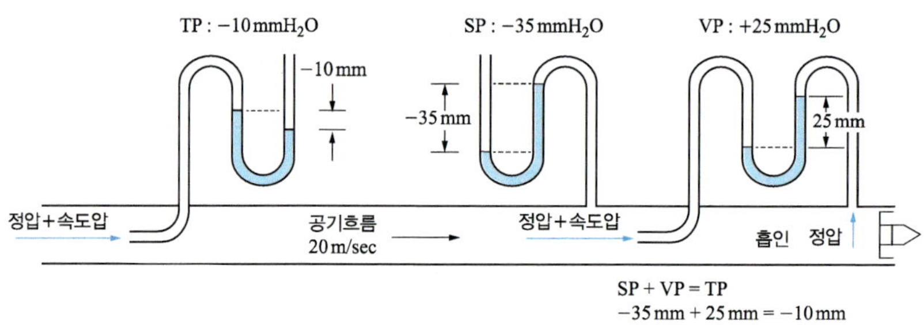 • 전압(T_P)은 왼쪽에서 측정한 덕트 내부 전압(정압과 속도압의 합)과 오른쪽에서 측정한 대기압과 차이로 측정 • 정압(S_P)은 왼쪽에서 측정한 대기압과 오른쪽에서 측정한 덕트내부 정압과 차이로 측정 : 덕트 내부 정압이 높으면 "양압" 낮으면 "음압"이 됨 : 벽면은 속도압이 작용하지 않고 순수 정압이 측정됨. • 속도압(V_P)은 왼쪽에서 측정한 덕트 내부 전압(정압과 속도압의 합)과 오른쪽에서 측정한 덕트 내부 정압과 차이로 측정

표 9-5는 정압과 속도압 측정 방법을 설명한 것이다. 덕트 내부 압력을 보면 정압은 모든 방향으로 작용하게 되고, 동압은 공기가 흐르는 방향으로 작용한다. 공기가 흐르는 방향의 압력은 정압과 속도압이 합해진 전압이 된다.

일반적으로 "양압"과 "음압"을 구분하는 것은 전압이 아닌 정압을 기준으로 비교하고, 정압이 높다는 것은 속도압으로 전환될 에너지가 높다는 것을 의미한다.

정압과 속도압 측정 방법을 보면, 정압은 덕트 벽면에 홀을 뚫어서 벽면에서 측정하고, 전압은 공기가 흐르는 방향에서 정압과 동압이 합한 값으로 측정한다. 속도압을 별도로 측정하는 방법은 없고, Tp=Sp-Vp의 공식과 같이 전압에서 정압을 뺀 값으로 측정하게 된다.

그림 9-2는 송풍기 전후의 덕트 내부 압력을 정리한 것이다. 송풍기 전단은 정압이 −35 mmAq이므로 음압이고, 송풍기 후단은 정압이 10 mmAq이므로 양압이 된다. 그리고 공기의 흐름에 의해 발생되는 속도압은 송풍기 전후 위치에 상관없이 항상 양압으로 표현된다.

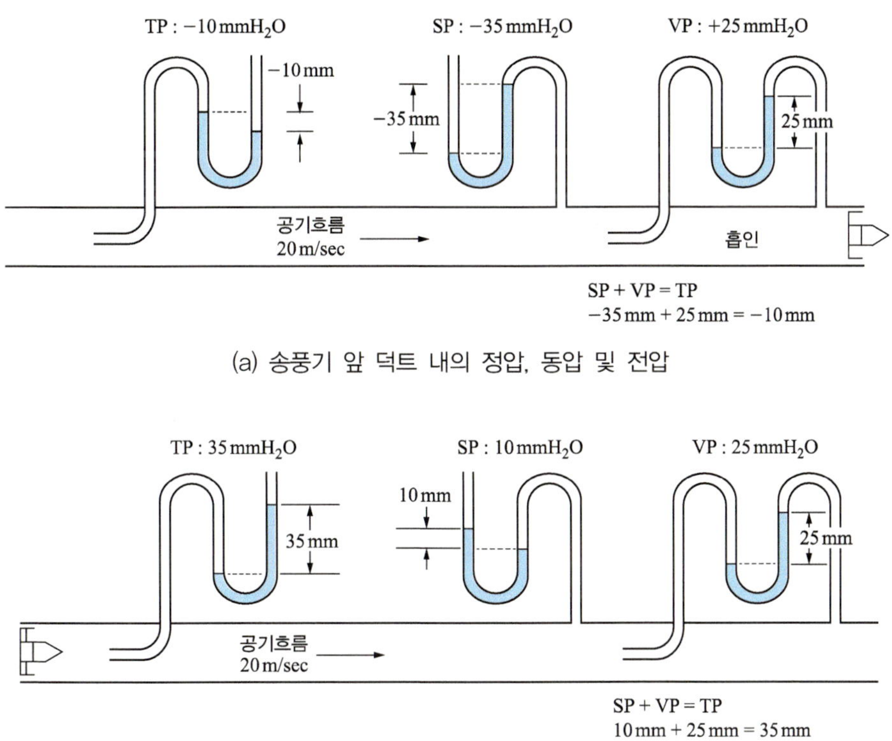

(a) 송풍기 앞 덕트 내의 정압, 동압 및 전압

(b) 송풍기 뒤 덕트 내의 정압, 동압 및 전압

그림 9-2 국소배기장치내부 압력 변화

2.3 덕트 내부 압력 손실

표 9-6은 국소배기장치에서 발생되는 압력손실의 종류와 각 위치에 따른 정압과 동압의 변화를 설명한 자료이다. 송풍기 전단에서 발생되는 압력손실은 공기가 후드로 유입

표 9-6 대기오염 제어시스템 각 요소에서의 압력변화

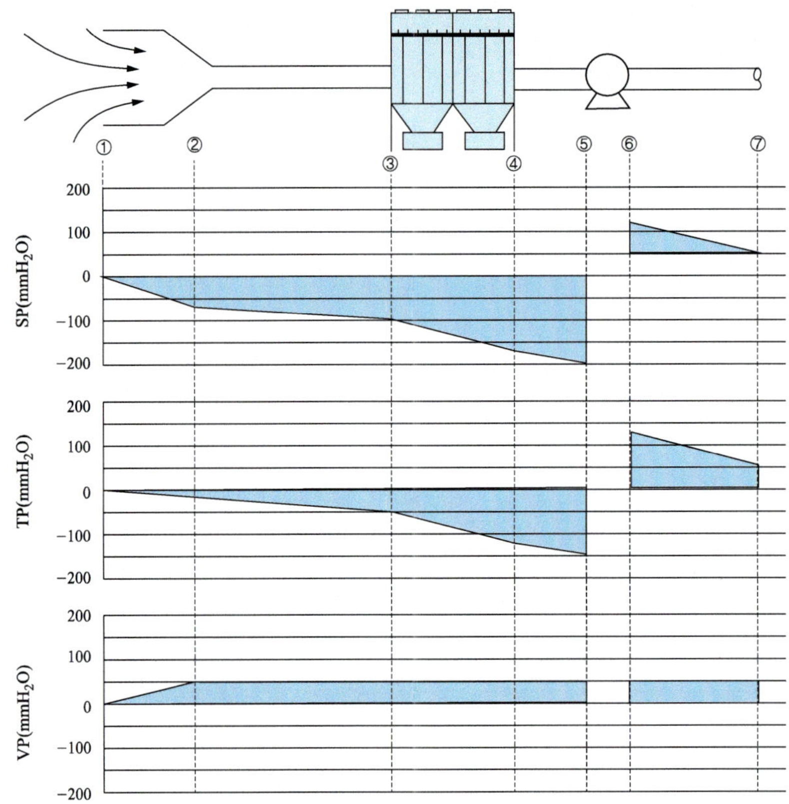

구간	①-②	②-③	③-④	④-⑤	⑤-⑥	⑥-⑦
압력 손실의 종류	후드 유입손실	덕트 마찰 손실	공기정화기 손실	덕트 마찰 손실	송풍기	굴뚝 마찰 손실
정압 (Sp)	• 후드로 유입되면서 점점 압력손실이 증가함 • ②번 지점이 후드 정압으로 후드로 유입되는 공기 속도가 빠를 경우 후드 정압이 증가함	• 덕트 마찰과 공기정화기에 의해 정압이 감소되고 송풍기 전단에서 정압이 가장 낮음 • 덕트 재질 및 반송속도 그리고 공기정화기 종류에 따라 정압 감소가 다양함			압력 점프	• 굴뚝 마찰 손실 • 토출이므로 양압임
속도압 (Vp)	• 후드로 유입될수록 속도가 빨라지면서 속도압이 상승함	• 관경의 변화가 없으면 속도 변화가 없기 때문에 속도압은 동일함				

될 때 발생되는 유입손실과 덕트 마찰 손실 및 공기정화기 정압 손실 등으로 구분할 수 있다. 정압이 가장 낮은 지점은 송풍기 입구이고 송풍기를 지나면 덕트 내부 압력이 양압으로 전환되어 덕트 내부 공기가 외부로 토출된다. 속도압의 경우 덕트 내부 공기 유속이 동일하게 항상 일정하게 유지된다. 단, 덕트가 확대 또는 축소될 경우 속도압도 같이 변동하게 된다.

3 후드

3.1 후드의 종류

후드 형태를 설계할 때 표준화된 형태는 없지만, 작업공정의 특성(온도, 오염물질 형태 등)과 작업장 여건 등을 고려하여 적절한 형태의 후드를 선정해야 한다. 후드 형태는 어떤 것이 있는지, 후드 형태별 필요 배기유량을 어떻게 설계하는지를 이해해야 한다.

그림 9-3과 같이 후드는 형태별로 포위식, 외부식 그리고 레시버형 등 3가지로 구분하는 것이 일반적이다.

그림 9-4는 후드종류별 형태를 그림으로 표현한 것인데, 포위식 후드는 5면은 막혀있고, 전면부만 개방된 형태로써 실험실 흄 후드가 대표적인 형태인데, 오염물질을 가장 효과적으로 포집할 수 있어 효율적인 환기를 위해서 가장 적합한 형태의 후드이다. 하지

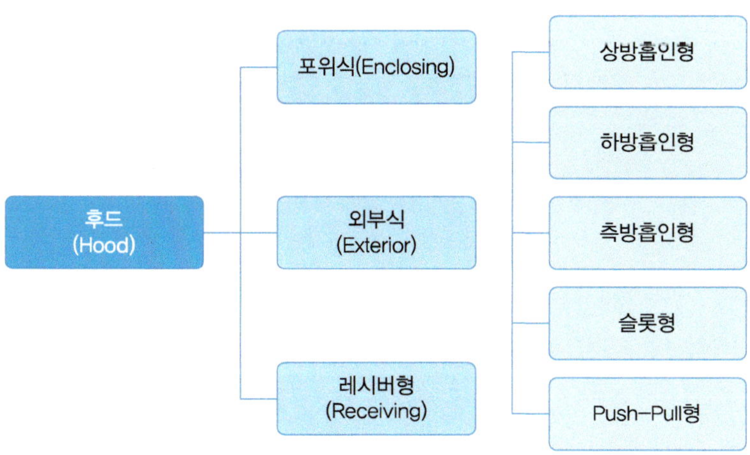

그림 9-3 후드 형태별 분류

만, 작업성 및 작업자 동선 때문에 포위식 후드를 설치할 수 없을 때 외부식 후드를 설치한다.

외부식 후드는 흡입 방향에 따라 상방흡인형, 하방흡인형, 측방흡인형이 있고, 특수한 형태의 후드로는 슬롯형(Slot) 후드, 푸쉬-풀형(Push-pull) 후드가 있다. 외부식 후드에서 가장 중요한 것은 "가능한" 오염물질 발생원에 근접하게 설치해야 한다는 것이다.

그라인더 휠과 같이 오염물질이 일정한 방향으로 토출될 때 토출되는 방향에 후드를 설치하여 토출된 오염물질을 "받는다"라는 의미에서 이름 붙여진 레시버식(Receiver type) 후드가 있다.

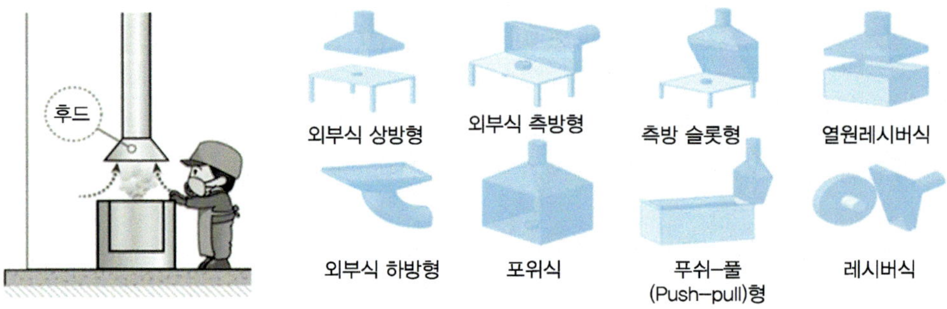

그림 9-4 후드종류별 형태

3.2 후드 유량 계산 방법

3.2.1 후드 형태 결정

후드 설계 시 가장 먼저 작업형태 및 오염물질 발생 특성을 고려하고, 작업자 호흡영역을 보호할 수 있는 후드 형태 및 크기를 결정해야 한다.

효과적인 후드는 오염물질 발생원을 포위할 수 있는 포위식 형태가 효과적이지만, 설치가 어려운 경우 그림 9-5에 정리된 외부식 후드를 설치할 수 있다.

후드 크기와 형태는 정해진 것이 아니고 설계자가 작업 형태를 고려하여 적절하게 선정해야 된다.

3.2.2 후드 형태에 따른 배기 유량 계산

그림 9-5에는 일반적인 후드 8가지 형태에 대한 유량 산정 공식이 정리되어 있는데, 기본적인 후드 형태에 대한 배기유량 계산방법은 반드시 알아둘 필요가 있다.

가장 간단한 부스형 후드는 후드개구면적(A)×후드제어유속(V)으로 계산할 수 있다. 일반적으로 가장 많이 사용하는 외부식 후드의 유량 산정 공식은 식 (9-3)과 같다.

$$Q(\mathrm{m^3/min}) = 60(s/\mathrm{min}) \times V(\text{제어유속, m/s}) \times (10X^2(\text{제어거리, m}) + A(\text{후드면적, m}^2)) \quad \text{식(9-3)}$$

후드형태		유량계산(m³/min)	후드형태		유량계산(m³/min)
외부식 측방형	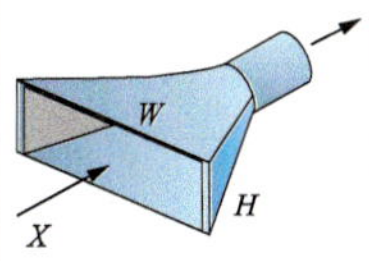	$Q = 60 \times V \times (10x^2 + A)$ $A = W \times H$	플랜지가 있는 외부식 측방형	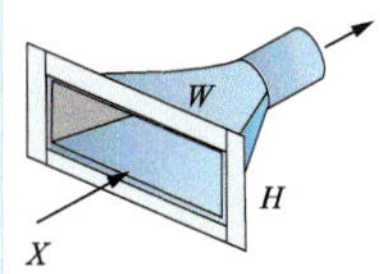	$Q = 60 \times 0.75 \times V \times (10x^2 + A)$ $A = W \times H$
단단 슬롯형	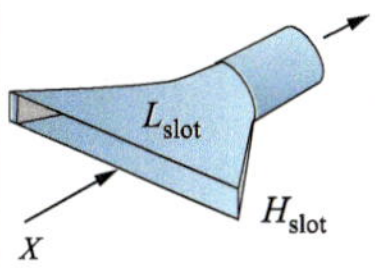	$Q = 3.7 \times 60 \times L \times V \times X$	플랜지가 있는 단단 슬롯형	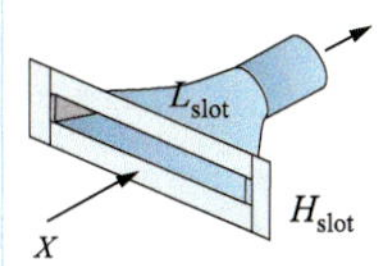	$Q = 2.6 \times 60 \times L \times V \times X$
다단 슬롯형	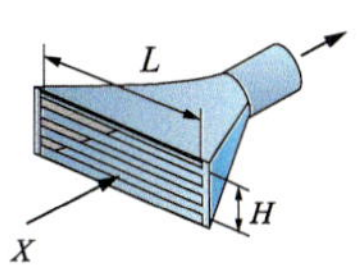	$Q = 60 \times V \times (10x^2 + A)$ $A = W \times L$	플랜지가 있는 다단 슬롯형	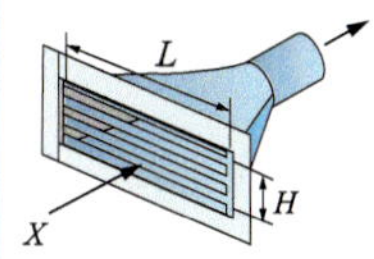	$Q = 60 \times 0.75 \times V \times (10x^2 + A)$ $A = H \times L$
포위식 또는 부스식	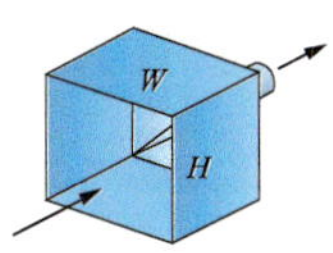	$Q = 60 \times V \times A$ $A = W \times H$	캐노피식	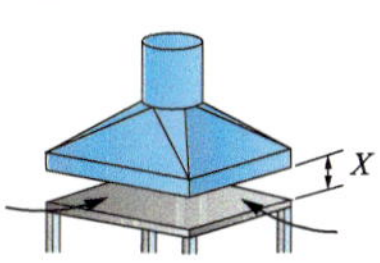	$Q = 60 \times 1.4 \times P \times V \times X$ P = Perimeter of work or tank X = Height above work

그림 9-5 후드 형태별 배기유량 계산 방법

식 (9-3)을 보면 외부식 후드의 배기유량에 가장 많은 영향을 주는 인자는 제어거리(X)인 것을 알 수 있다. 제어거리는 제곱에 비례하기 때문에 제어거리가 2배가 되면 필요 배기유량은 약 4배가 증가하고, 제어거리를 "0"으로 두면 $Q(\mathrm{m^3/min}) = 60 \times v$(제어유속, m/s)$\times A$(후드 면적, m²)으로 포위식 후드 유량 계산식과 같게 된다. 즉, 제어거리가 "0"인 후드를 포위식 후드라고 말한다.

그림 9-6은 동일한 형태의 포위식 후드 그림이지만, 오염물질 발생위치에 따라 외부식과 포위식으로 구분하고 있다. 후드 형태에서 외부식과 포위식은 후드 형태가 아니고 오염물질 발생원이 후드 외부에 있으면 외부식 후드가 되고, 후드 내부에 있으면 포위식 후드가 된다는 것을 반드시 기억해야 한다.

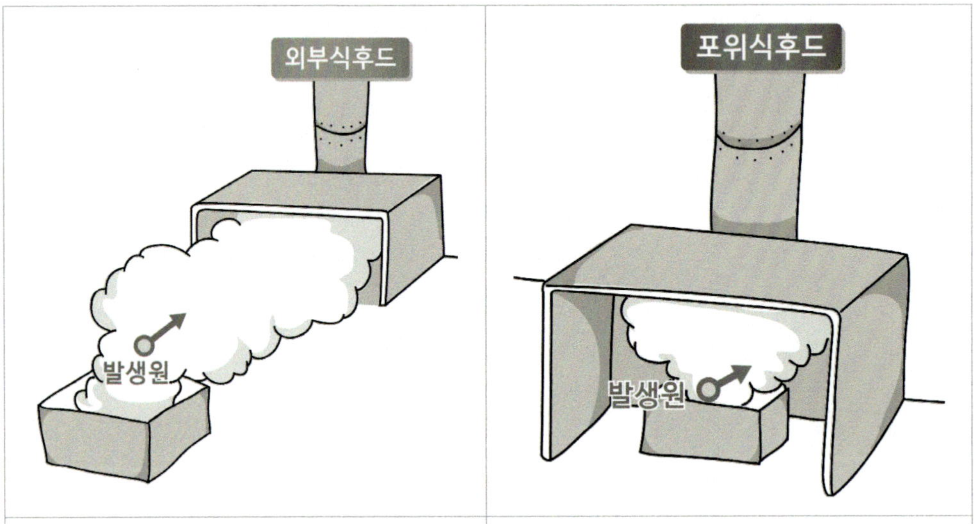

외부식 후드	포위식 후드

그림 9-6 오염물질 발생원에 따른 후드 구분

외부식 후드인데 플랜지가 달린 외부식 후드의 배기유량 계산 공식을 보면 0.75가 곱해져 있다. 이는 플랜지를 설치하면 약 25% 정도의 유량을 절감할 수 있다는 것을 의미한다. 그림 9-7과 그림 9-8은 원형 후드 개구부에서 거리에 따른 등속 흡인 속도를 정리한 것인데, 그림 9-7에서 X 축의 덕트직경 100%라는 것은 후드 직경과 동일한 거리(후드 직경이 100 mm라고 한다면 X 축의 덕트직경 100%은 후드 입구에서 100 mm 떨어진 지점을 의미함)를 말하고 그 지점에서 유속은 후드 입구 유속의 7.5%(대략 10%라고도 함)다. 플랜지를 설치한 그림9-8을 보면 동일 지점에서 후드 입구 유속의 10%로 플랜지 설치 전보다 유속이 상승한다는 것을 의미한다. 동일 유량으로 배기하여도 플랜지를 설치할 경우 제어유속이 증가하여 약 25% 정도 환기 효과가 높아진다는 것을 의미한다.

슬롯형 후드는 높이(H)와 후드 길이(L)의 비율이 0.2(H/L) 이하인 것을 말하는데, 슬롯 후드를 설치하는 이유는 후드 개구면에서 균일류를 형성시키고 후드 입구 유속을 증가시켜서 환기효율을 높이기 위해 설치한다. 식 (9-4)은 슬롯 후드 배기량을 계산하는 공식인데, 외부식 후드는 후드 개구면적(A)가 유량 계산식에 사용되지만, 슬롯 후드에는 후드 개구면이 아닌 후드 길이만 유량 공식에 적용되고 있다.

공식에서 슬롯 후드 높이를 알 수 없는데, 슬롯 후드 높이는 어떻게 결정해야 될까?

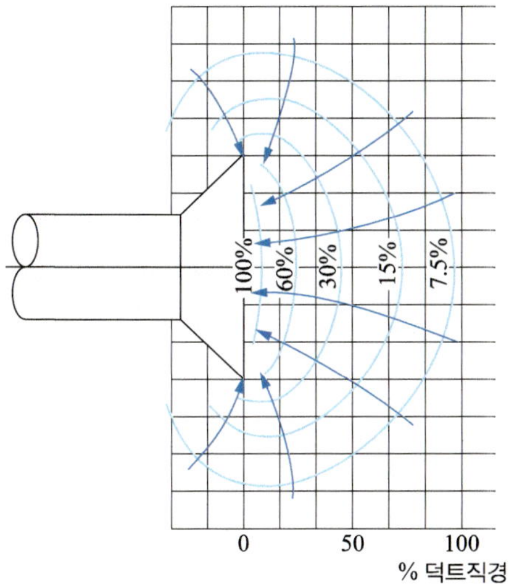

그림 9-7 원형 후드 개구부에서 거리에 따른 등속흡인 속도

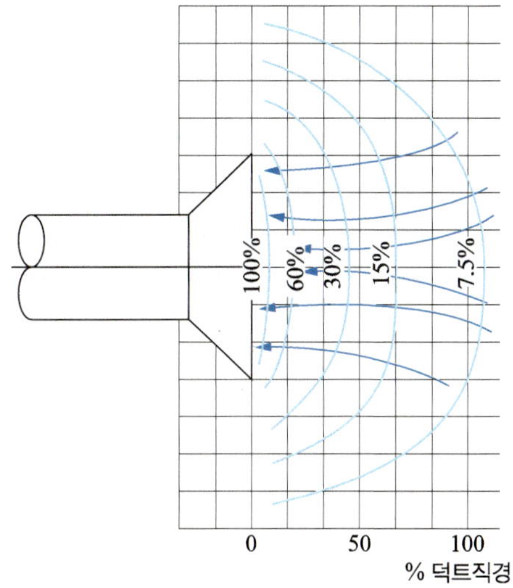

그림 9-8 플랜지가 달린 원형 후드 개구부에서 거리에 따른 등속흡인 속도

슬롯 후드에서 가장 중요한 것은 슬롯 후드 개구면에서 균일류를 형성하는 것이다. 수많은 실험과 연구에서 슬롯 후드 개구면 유속이 10 m/s일 때, 슬롯 후드 개구면에서 균일류가 형성된다고 결론을 내고 있다. 슬롯 후드에서 높이는 슬롯 후드 배기유량을 계산한 후 슬롯 개구면 유속이 10 m/s가 되도록 슬롯 높이를 계산한다.

$$Q(\mathrm{m^3/min}) = 60 \times 3.7 \times L(\text{후드길이, m}) \times V(\text{제어유속, m/s}) \times X(\text{제어거리, m}) \qquad \text{식(9-4)}$$

현장에서 아주 많이 사용하는 상방형 캐노피 후드의 배기유량은 열원이 없는 조건에 적용하는 것이다. 열원이 있는 캐노피 후드 배기량 산정 공식은 복잡하고 어려워 이 교재에는 다루지 않겠다.

열원이 없는 상방형 캐노피 후드 배기량 산정 공식은 식(9-5)와 같다.

$$Q(\mathrm{m^3/min}) = 60 \times 1.4 \times P(\text{오염물질 발생원 둘레 길이, m}) \times V(\text{제어유속, m/s}) \times X(\text{제어거리, m}) \qquad \text{식(9-5)}$$

상방형 캐노피 후드 배기량 산정 공식에는 후드 제원에 대한 내용이 없고, 오염물질 둘레 길이만 적용된다. 그렇다면 후드 면적은 어떻게 계산해야 할까?

캐노피 후드는 오염물질 발생원에서 상승하는 오염물질이 확산하여도 후드가 잘 포집하도록 오염물질 발생원보다 최소 20 cm 이상 크게 설치하는 것이 일반적이다.

상방형 캐노피 후드는 오염물질 발생원과 후드사이에 작업자 호흡영역이 위치함으로 인해 작업자 호흡영역을 충분히 보호해주지 못하는 문제가 발생한다.

3.2.3 제어거리 및 제어유속

외부식 후드의 배기유량 계산을 위해서는 제어거리와 제어유속을 알아야 하는데, 먼저 제어유속은 후드 개구면에서 가장 먼 오염물질 발생원(제어거리)에서의 풍속을 말하는 것이다. 가끔 후드 개구면 유속을 제어유속을 오해하는 경우가 있는데, 후드 개구면 유속이 제어유속이 되는 경우는 부스형 후드밖에 없다.

그림 9-9는 제어거리 범위를 그림으로 표현한 것인데, 유해물질 발생원까지의 거리가 아니고 유해물질 발생원에서 확산된 후 후드 개구면에서 가장 먼 지점의 거리를 제어거리라고 표현한다. 그림 9-10은 연기 발생기를 사용하여 제어거리를 시각화한 것인데, 연기발생기에서 분사된 연기가 후드 반대편으로 확산된 후 후드로 유입되는 것을 볼 수 있다. 연기를 포집하기 위한 제어거리는 후드반대편에서 가장 먼 곳까지 확산된 연기까지의 거리임을 이해해야 한다.

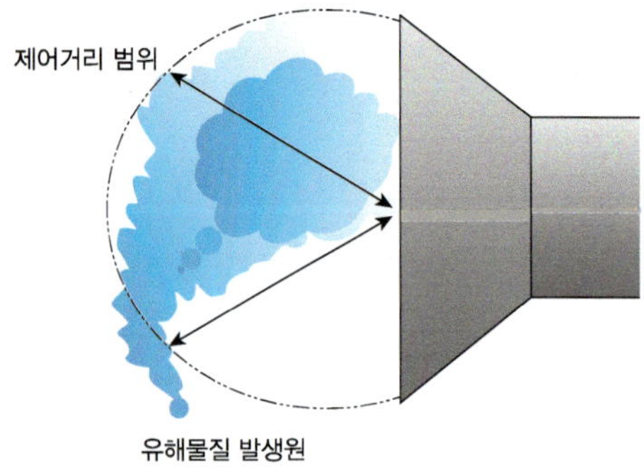

그림 9-9 제어거리 범위 모식도

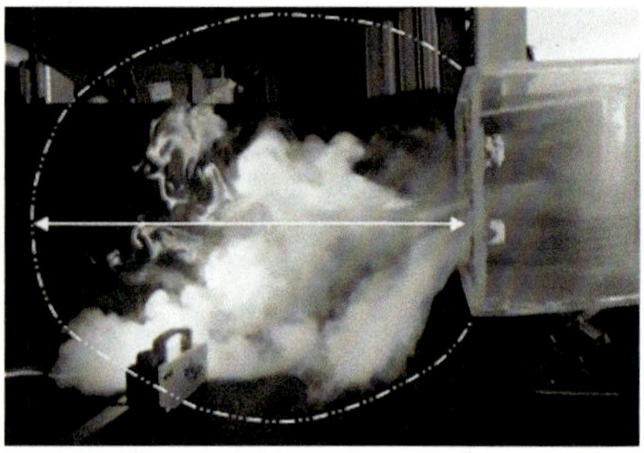

그림 9-10 실제 오염물질 발생을 가정한 제어거리 설정

제어유속은 "산업안전보건기준에 관한 규칙"에 제정되어 있는데 관리 대상 오염물질, 허가 대상 오염물질, 금지 대상 오염물질, 분진 작업장소에 대해 물질 성상, 후드 형태에 따라 제어유속 기준이 제시되어 있다. 특히, 가장 많은 부분을 차지하고 있는 관리 대상 오염물질의 제어유속 기준은 후드 형태 및 배기 방향별로 값을 달리하고 있다. 그림 9-11과 그림 9-12는 물질별 제어유속을 정리한 것이다.

관리대상 유해물질

물질 상태	후드 형식	제어풍속 기준 (m/s)
가스상	포위식 포위형	0.4
	외부식 측방흡인형	0.5
	외부식 하방흡인형	0.5
	외부식 상방흡인형	1.0
입자상	포위식 포위형	0.7
	외부식 측방흡인형	1.0
	외부식 하방흡인형	1.0
	외부식 상방흡인형	1.2

허가대상 유해물질

물질 상태	후드 형식	제어풍속 기준 (m/s)
가스상	포위식 또는 부스식 외부식 후드 (상방흡인형 제외)	0.5
입자상	포위식 또는 부스식 외부식 후드 (상방흡인형 제외)	1.0

금지유해물질

물질 상태	후드 형식	제어풍속 기준 (m/s)
가스상	밀폐식 구조 밀폐식 구조로 하는 것이 작업의 성질상 현저히 곤란한 경우 부스식 후드의 내부에 설치하는 경우	0.5
입자상	밀폐식 구조 밀폐식 구조로 하는 것이 작업의 성질상 현저히 곤란한 경우 부스식 후드의 내부에 설치하는 경우	1.0

그림 9-11 관리대상 오염물질, 허가대상 오염물질, 금지오염물질 제어유속 기준

분진(회전체 작업 포함)

후드의 설치 방법	제어풍속 (m/sec)
회전체를 가지는 기계 전체를 포위하는 방법	0.5
회전체의 회전으로 발생하는 분진의 흩날림 방향을 후드의 개구면으로 덮는 방법	5.0
회전체만을 포위하는 방법	5.0

분진(회전체 작업 제외)

분진 작업 장소	제어풍속(m/sec)			
	포위식 후드	외부식 후드		
		측방	하방	상방
암석등 탄소원료 또는 알루미늄박을 체로 거르는 장소	0.7	–	–	–
주물 모래를 재생하는 장소	0.7	–	–	–
주형을 부수고 모래를 터는 장소	0.7	1.3	1.3	–
그밖의 분진작업 장소	0.7	1.0	1.0	1.2

그림 9-12 분진 작업장소 제어유속 기준

3.3 후드 효율 향상 방안

3.3.1 플랜지 설치효과

그림 9-5와 같이 후드 배기유량을 계산할 때 오염물질이 가스상인지 입자상인지에 따라 제어유속은 이미 결정되어 있고, 외부식 후드의 경우 제어거리의 제곱에 비례해서 유량이 증가하므로, 제어거리를 가능한 한 짧게 하는 것이 매우 중요하다.

그림 9-8의 후드 입구 등속흡인속도에서 후드 개구면의 1직경에서의 유속은 후드 개구면 유속의 10%라고 설명하였다.

쉽게 설명하면 후드 직경이 30 cm이고 후드 입구 유속이 5 m/s일 때, 후드 개구면에서 제어거리가 30 cm인 지점의 제어유속은 후드 입구 유속의 10%인 0.5 m/s가 된다.

입자상 물질을 포집할 때 제어유속은 1 m/s인데, 후드 개구면 유속이 10 m/s라면 입

자상 물질의 제어유속 1 m/s를 만족하기 위해서 제어거리가 후드 직경길이보다 짧아야 한다는 것을 알 수 있다. 가스상 물질의 경우에도 후드 개구면 유속이 10 m/s일 때 제어유속 0.5 m/s를 만족하기 위해서는 제어거리가 후드 직경길이의 1.5배 이내에 위치해야 한다. 하지만, 후드 개구면 유속을 10 m/s로 설계하면 후드 입구에서 발생 되는 기류 소음 때문에 작업자 불평이 발생될 우려가 매우 크다.

간단하게 설명하자면, 외부식 후드의 경우 제어거리가 후드 직경보다 길면 제어유속을 절대 만족하지 못하기 때문에 "외부식 후드의 제어거리는 반드시 후드 1직경 이내에 위치해야 한다"라는 것을 꼭 기억해야 한다.

그림 9-13은 플랜지 설치 유무에 따른 기류 포집 성능을 평가하기 위해 설계된 후드 모습이고, 그림 9-14와 그림 9-15는 동일한 유량으로 배기했을 때 플랜지 설치 유무에 따른 후드 흡입 효과를 기류 가시화한 결과이다.

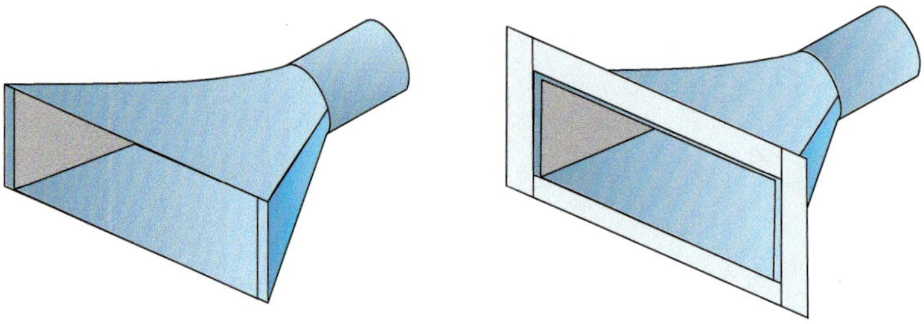

그림 9-13 플랜지가 없는 후드와 플랜지를 설치한 후드

그림 9-14와 같이 플랜지를 설치하지 않은 후드는 연기가 후드 반대편으로 확산되는 데 반해, 그림 9-15와 같이 플랜지를 설치한 오른쪽 후드에서는 연기가 원활하게 흡입되고 있는 것을 볼 수 있다. 플랜지 설치시 약 25% 정도 후드 포집효율이 높아진다고 설

그림 9-14 플랜지가 없는 후드의 기류

그림 9-15 플랜지가 있는 후드의 기류

명하였는데, 실제 기류 실험 결과 후드 포집 성능은 매우 큰 차이를 보이고 있다. 후드 설계 시 배기유량을 최소화하는 것이 효과적이라고 설명했는데, 배기유량을 최소화하기 위해서는 제어거리를 최소로 하고 나아가 플랜지를 설치하는 것이 매우 효과적인 방법이라고 할 수 있다.

3.3.2 후드 크기

외부식 후드에 있어 후드 유량을 결정하는 또 다른 요소는 후드 면적인데, 후드 면적이 커질수록 필요 배기 유량이 증가한다. 오염물질을 전부 포집할 수 있도록 크게 설치하는 것이 좋으나 발생원에 비해 불필요하게 크게 설계하면 제어유속을 만족시키기 위해 많은 배기 유량이 필요하게 된다. 그림 9-16과 같이 오염물질을 포집할 수 있도록 적절한 크기의 후드를 설치하는 것이 좋으며, 그림 9-17과 같이 후드를 발생원보다 작게 설치하여 오염물질을 전부 포집하지 못할 수도 있다. 따라서 오염물질을 충분히 포집 가능한 크기로 설계하는 것이 중요하다.

그림 9-16 오염물질 포집이 충분한 후드 크기

그림 9-17 오염물질 포집이 불충분한 후드 크기

3.3.3 방해기류의 차단

후드 포집효율을 결정하는 중요한 요소 중의 하나가 방해기류의 존재 여부인데, 그림 9-18과 같이 방해기류는 주로 출입문이나 창문으로 유입되는 외기에 의해 생기거나 작업장 내에 설치되어있는 선풍기나 공조기 기류에 의해 생기기도 한다.

후드 설치시 창문 등에 의해 발생될 수 있는 방해기류 영향을 최소화해야 할 수 있도

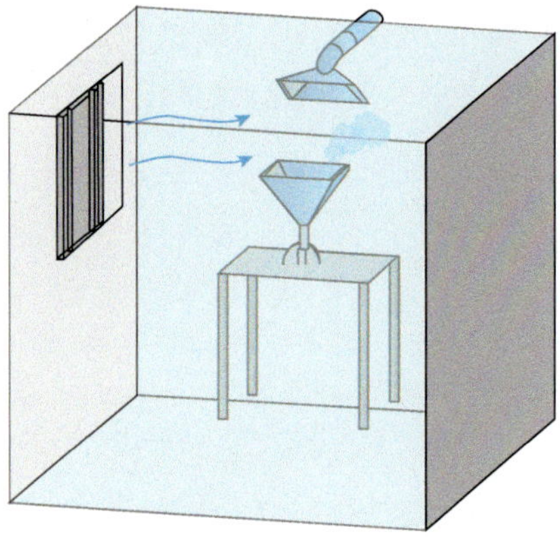

그림 9-18 외기 유입에 의한 방해기류로 후드 배기 불량

록 기류 차단판 등을 설치하는 것이 필요하다.

3.3.4 작업자 호흡영역 보호

오염물질이 후드로 원활하게 포집된다고 하더라도 작업자가 후드의 흡입 방향과 마주보면 오염물질이 작업자의 호흡영역을 보호할 수 없기 때문에 효과적인 후드라고 할 수 없다. 그림 9-19의 (a)는 부스식 후드 내에서 작업을 하는 모습인데 작업자가 배기 기류 방향을 등지고 있는 경우에는 호흡 영역이 보호되지만, 그림 9-19의 (b)는 작업자가 배기 기류 방향과 마주보면 오염물질이 작업자의 호흡 영역으로 유입된다. 그림 9-19의 (c)에서는 오염물질이 발생하면 바로 측방형 후드로 유입되면서 작업자의 호흡 영역이 보호되지만 그림 9-19의 (d)에서는 오염물질이 상승하여 캐노피 후드로 배기가 되면서 작업자의 호흡 영역을 통과하기 때문에 효과적인 후드라고 할 수 없다. 그림 9-19의의 (b)와 (d)와 같은 방식으로 설치되지 않도록 후드 설계 시 오염물질의 이동 방향과 작업자의 위치가 고려되어야 한다.

3.3.5 밀폐형 후드 설치 시 유의 사항

밀폐식 구조로 설치된 후드에는 항상 공기가 유입될 수 있는 유입구가 설치되어 있어야 한다. 그림 9-20과 같은 시약 보관함이나 그림 9-21과 같은 밀폐식 후드에서 배기하는 경우 공기가 유입되는 유입구가 없으면 내부가 음압 상태가 되어 배기 효율이 크게 저하될 수밖에 없다. 음압이 형성되어 배기량이 감소한다면 부스 내부에서 오염물질이 정체하게 된다.

그림 9-19 작업자 위치별 호흡 영역

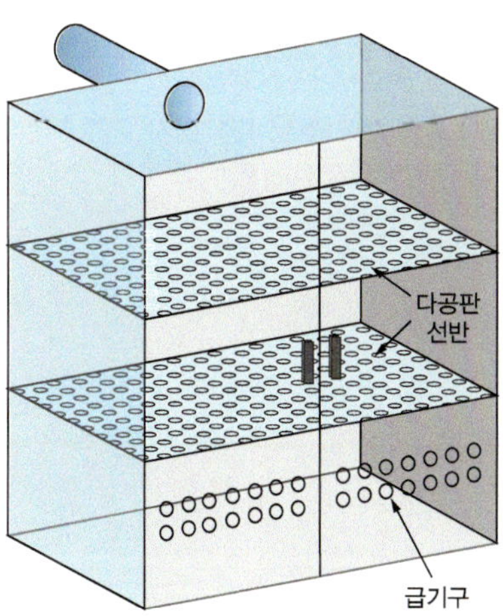

그림 9-20 시약 보관함의 급기구 및 다공판 선반 설치

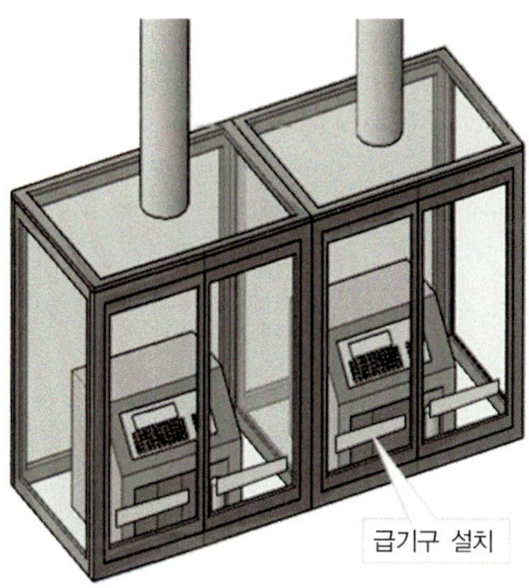

그림 9-21 부스식 후드의 급기구 설치 모식도

항상 밀폐된 상태로 둔다면 문제가 되지 않겠지만 시약 보관함이나 부스의 문을 열게 되면 순간적으로 체류하고 있던 오염물질이 외부로 유출되게 된다. 내부 음압을 해소하고 오염물질이 체류 되지 않고 계속해서 배기 되도록 하기 위해서는 최소한의 급기구를 설치하는 것이 바람직하다. 또한 시약 보관함처럼 선반이 있는 경우 기류의 막힘이 없도록 각 선반은 다공판으로 설치하여 하부에서 급기된 공기가 후드를 통해 원활하게 배출되도록 하는 것이 효과적이다.

후드 유량 계산 연습

후드 형태 및 제어거리에 따른 유량 계산을 하고, 유량 계산 방법을 알아보도록 하자.

1) 후드 형태에 따른 유량 계산

그림 9-22의 왼쪽 그림과 같이 테이블 위에 오염물질 발생원이 놓여 있으며 가스상으로 배출된다고 하면, 개구면은 가로 30 cm, 세로 20 cm이고, 제어거리가 20 cm인 조건에서 후드 배기유량을 계산해보자. 오염물질 발생원이 테이블 위에 있기 때문에 계산식은 식(9-6)과 같다.

$$Q = 60 \times V \times (5X^2 + A) \qquad \text{식(9-6)}$$

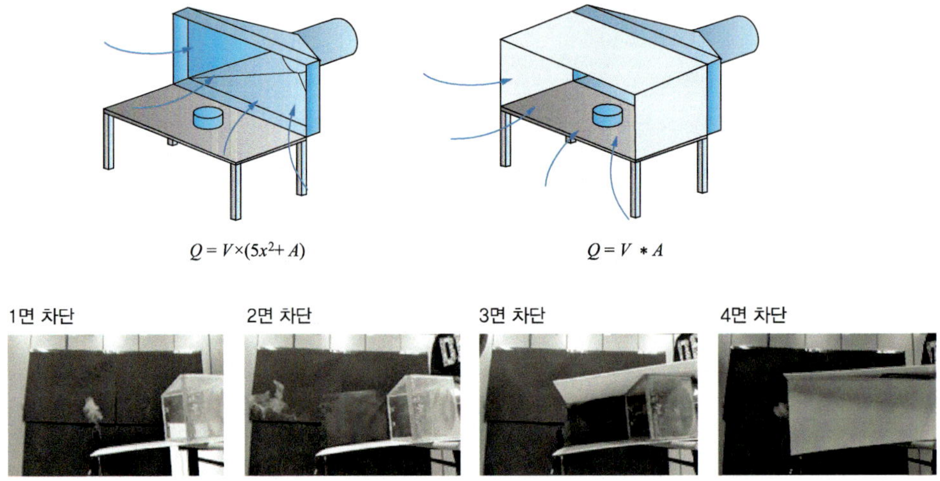

그림 9-22 외부식 후드와 포위식 후드의 유량 산정식 비교

오염물질이 가스상 물질이고 외부식 측방 흡인형이므로 제어유속(V)은 0.5 m/s이고, 제어거리(X)는 0.2 m이고, 후드 면적은 0.06 m^2이 된다. 배기유량은 식 (9-7)과 같이 7.8 m^3/min으로 계산되었다.

$$Q = 60 \times 0.5 \times (5 \times 0.2^2 + 0.06) = 7.8\text{m}^3/\text{min} \qquad \text{식(9-7)}$$

그림 9-22의 오른쪽과 같이 오염물질 발생원을 포위할 수 있도록 좌·우면과 상단면을 차단하면 포위식 후드가 되고, 후드 배기유량 계산식은 식(9-8)과 같다.

포위식 후드의 제어유속 기준이 적용되어 제어유속(V)은 0.4 m/s이고, 후드 면적은 0.06 m^2, 배기유량은 1.44 ㎥/min으로 계산된다.

같은 조건에 포위식 후드로 설치하면 외부식 후드의 필요 배기유량보다 80% 감소한 것을 알 수 있다.

$$Q = 60 \times V \times A \qquad \text{식(9-8)}$$

$$Q = 60 \times 0.4 \times 0.06 = 1.44\text{m}^3/\text{min} \qquad \text{식(9-9)}$$

2) 제어거리의 영향

후드의 제어거리가 길수록 배기 효율이 어떻게 차이나는지 알아보기 위해 그림 9-23과 같이 기류 가시화 실험을 하였다. 후드 앞에 거리별(후드 개구면 세로 길이의 각 1배, 1.5배, 2배)로 세 지점에서 연기를 분사한 후 후드 포집효율을 비교하였다.

첫 번째 그림은 발생원과 후드가 아주 가까워 오염물질이 후드로 원활하게 포집되는 모습이고, 두 번째 그림은 오염물질의 일부는 후드로 포집되고 일부는 후드 흡인 범위를 벗어나 공간에서 정체하거나 후드 반대 방향으로 흘러가는 모습이며, 세 번째 사진은 오염물질이 후드로 거의 접근하지 못하고 주변으로 비신되는 모습을 볼 수 있다. 이렇게

〈세로 길이 1배 거리〉 〈세로 길이 1.5배 거리〉 〈세로 길이 2배 거리〉

그림 9-23 후드와 오염물질 발생원의 거리별 배기 효율 시각화 비교

후드에서 오염물질 발생원과의 거리에 따라 포집 효과가 극명하게 차이가 난다. 후드가 오염물질 발생원에서 멀어진다면 그만큼 많은 배기 유량이 필요함을 의미하며, 포집 효과도 낮아지게 된다.

제어거리에 따라 필요 배기유량이 얼마나 차이나는지 알아보도록 하자.

그림 9-24와 같이 후드 직경이 20 cm일 때 제어거리를 20 cm, 40 cm로 가정한 후 필요배기유량을 계산해보면, 20 cm일 때 13 m^3/min이고, 40 cm일 때 49 m^3/min으로 필요배기유량이 약 4배 증가하는 것을 알 수 있다. 즉, 제어거리의 제곱에 비례하기 때문에 필요배기유량을 줄이기 위해서는 반드시 제어거리를 최소화하는 것이 필요하다.

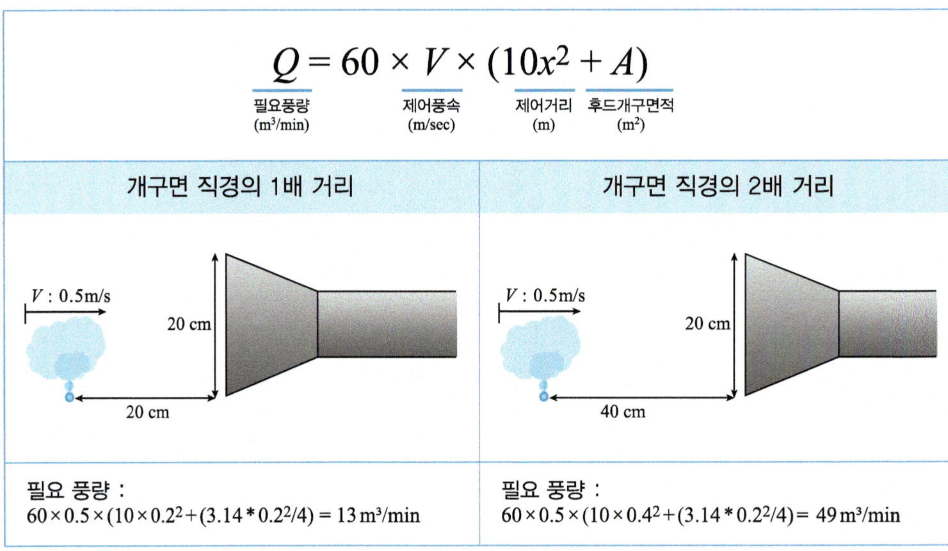

그림 9-24 제어거리별 후드 필요 풍량 비교

4 덕트 반송속도 및 압력손실 계산

덕트는 분진 퇴적없이 후드에서 포집된 오염된 공기를 최소한의 압력손실로 공기정화기까지 이송하는 역할을 하는 것이다. 덕트에서는 분진이 퇴적되지 않도록 하기 위한 최소반송속도에 따른 덕트 직경 계산 방법과 덕트에서 발생되는 압력손실(마찰손실, 곡관손실 및 합류관 손실 등) 계산 방법을 이해해야 한다.

4.1 덕트의 반송속도와 압력손실

덕트의 반송속도란 덕트를 통해서 이송하는 오염물질이 덕트 내에서 퇴적이 일어나지 않도록 이송시키기 위해 필요한 최소한의 속도를 말한다. 후드를 통해 포집된 오염물질이 덕트 내에서 이송되면서 그 속도가 낮아 덕트의 특정 구간에서 퇴적이 발생되면 결국 덕트의 통과 단면은 좁아지면서 저항이 커지고 유량은 감소하게 된다. 그렇기 때문에 오염물질별로 필요한 최소 반송속도가 있는데 오염물질이 가스상이거나 가벼운 분진인 경우 낮은 반송속도가 적용되며 무겁고 습할수록 높은 반송속도가 적용된다. 유해물질 특성별로 적정 반송속도는 표 9-7과 같다.

표 9-7 물질 성상별 설계 반송속도

유해물질의 특성	실례	설계속도(m/s)
증기, 가스 연기	아주 많은	5 - 10
흄	용접 흄	10 - 12.5
미세하고 가벼운 분진	면화 가루, 목재 분진	12.5 - 15
건조한 분진 또는 분말	고무 분진, 가죽 분진	15 - 20
일반 산업 분진	그라인딩 분진, 석면 분진	17.5 - 20
무거운 분진	주물 분진, 모래 분진	20 - 22.5
무겁고 습한 분진	습한 시멘트 분진	22.5 이상

그럼 반송속도를 무조건 빠르게 설계하면 좋을까?

반송속도는 국소배기장치에서 발생되는 압력손실과 밀접한 관련이 있다. 표 9-8에 보면 후드 유입손실과 곡관손실 및 합류관 손실에 동압(Vp)를 곱해주는 것을 알 수 있다. 압력손실에 계산되는 동압이 덕트 반송속도로 계산하는데 식 (9-1)과 같이 속도압은 속도(덕트반송속도)의 제곱에 비례한다. 즉, 덕트 반송속도가 2배 빨라지면 속도압은 4배가 되면서 압력손실도 4배가 증가한다는 것을 알 수 있다.

또, 지관(후드에 연결된 덕트)과 주관(후드가 합류된 주덕트)에서 반송속도 차이가 크게 발생하면 충격 손실이 발생하므로 모든 덕트의 반송속도는 10% 이상 차이나지 않도록 설계하는 것이 좋다.

4.2 덕트 직경 계산

후드 배기 유량과 덕트 반송속도가 주어지면 그림 9-25와 같이 $Q = A \times V$ 식을 이

$$\underset{\text{유량 }(m^3/sec)}{Q} = \underset{\text{단면적 }(m^2)}{A} \times \underset{\text{반송속도 }(m/sec)}{V}$$

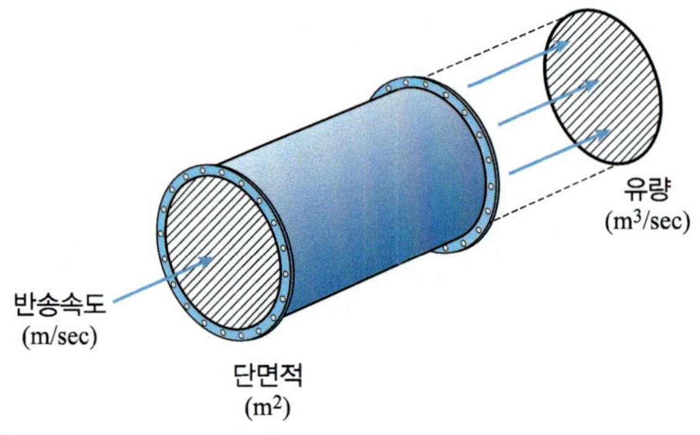

그림 9-25 덕트 유량, 단면적, 반송속도와의 관계)

용하여 간단하게 덕트 직경을 계산할 수 있다.

여기서 Q는 유량(m^3/min)이고, V는 반송속도(m/s), A는 단면적(m^2)이다.

덕트가 원형일 경우에는 직경 D는 다음과 같이 계산할 수 있다.

$$D = \sqrt{4 \times A / 3.14} \qquad \text{식(9-10)}$$

덕트가 장방형이라면 그림 9-26과 같이 L(가로)×H(세로)= A로 계산할 수 있다.

배기유량이 1.8 m^3/s이고 덕트 반송속도가 18m/s라고 하면 덕트 면적은 0.1 m^2이 된다. 원형 덕트라고 가정을 하면 덕트 직경은 357 mm로 계산된다.

덕트는 철재질로 만들어지고 상용 제품이 5 mm 또는 10 mm 단위로 제작되기 때문에 반송속도에 따라 덕트 직경을 계산한 후 직경을 5 mm 단위로 다시 계산할 필요가 있다. 357 mm인 경우에는 360 mm로 덕트 직경을 결정하면 최소 반송속도를 만족하지

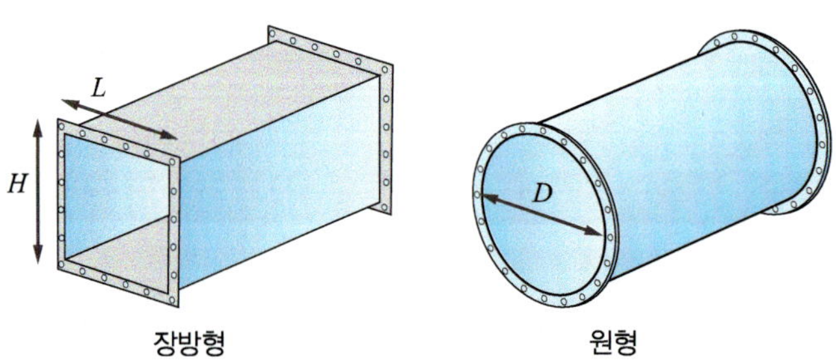

그림 9-26 장방형 덕트 및 원형 덕트의 크기

못하기 때문에 355mm로 덕트 직경을 결정해야 한다. 덕트 직경이 작아진 만큼 덕트 반송속도가 빨라졌기 때문에 덕트 반송속도를 재계산해야 한다. 식 (9-13)은 덕트 직경 355 mm일 때 반송속도를 계산한 결과이고, 조정된 반송속도 18.19m/s로 계산한 속도압은 식(9-14)에 정리하였다.

$$A = \frac{Q}{V} = \frac{1.8(m^3/s)}{18(m/s)} = 0.1m^2 \qquad \text{식(9-11)}$$

$$D = \sqrt{\frac{4A}{\pi}} = \sqrt{\frac{4\times 0.1}{\pi}} = 0.357\,m = 357\,mm \qquad \text{식(9-12)}$$

$$V = \frac{Q}{A} = \frac{1.8}{\frac{\pi}{4}\times(0.355)^2} = 18.19\,m/s \qquad \text{식(9-13)}$$

$$VP = \left(\frac{V}{4.043}\right)^2 = \left(\frac{18.19}{4.043}\right)^2 = 20.2\,mmH_2O \qquad \text{식(9-14)}$$

덕트 직경을 구하는 간단한 예제를 풀어보자.

유량이 2.5 m^3/sec, 반송속도가 15 m/s일 때 원형 덕트 직경(ϕ)은 얼마인가?

풀이 $A = Q/V$

$$A = \frac{2.5\,m^3/s}{15\,m/s} = 0.167m^2$$

$$D = \sqrt{4\times A/3.14} = \sqrt{4\times 0.167/3.14} = 0.46\,m = 460\,mm$$

4.3 덕트 압력손실과 속도압의 관계

덕트 내부에서 발생되는 압력손실의 개념을 이해하기 위해 그림 9-27과 같이 크기가 다른 빨대를 이용하여 물을 마신다고 상상해 보자. 환기가 어려운 이유는 공기가 눈에 보이지 않기 때문인데, 상상으로 기류 흐름을 예측하는 것도 환기를 잘 이해하는데 도움이 된다.

음료수를 오염된 공기, 빨대 입구는 후드, 빨대는 덕트 그리고 사람이 빨아들이는 힘을 송풍기로 가정하여 국소배기시스템에서 발생되는 유량과 압력 사이의 관계를 이해하고자 한다. 직접 컵에 물을 담고 빨대 2개를 준비해서 그림 9-27과 같은 조건으로 실험을 해보면 더욱 이해하기가 쉬울 것이다.

구분	a. 작은 빨대(직경 1 mm)	b. 큰 빨대(직경 3 mm)
음료 마시는 조건		
상황 1	Q. 동일한 힘으로 물을 빨이 들일 때 a, b 빨대 중 어느 것이 더 많은 물을 마실 수 있을까요?	
상황 2	Q. a, b 빨대에서 동일한 양의 물을 마시고 싶다는 어느 것이 더 많이 힘이 들까요?	

그림 9-27 빨대 직경에 따른 압력손실 비교

상황 1

Q 동일한 힘으로 물을 빨이 들일 때 a, b 빨대 중 어느 것이 더 많은 물을 마실 수 있을까?

A 동일한 힘으로 물을 빨아들일 경우 빨대를 통과하는 물의 속도는 동일하게 된다. 즉, $Q = A \times V$이므로 직경이 3배가 더 큰 b 빨대에서 9배의 물을 마실 수 있다.

상황 2

Q a, b 빨대에서 동일한 양의 물을 마시고 싶다면 어느 것이 더 많이 힘이 들까?

A a 빨대보다 b 빨대의 면적이 9배 크기 때문에 동일한 양의 물을 마시기 위해서는 a 빨대에서 9배 빠른 속도로 물을 마셔야 한다. 그럼 빨대를 통과하는 물의 속도가 빨라지는데 왜? 물을 마시는 힘이 더 많이 필요한 것일까?

빨대를 통과하는 물의 속도가 빨라지면 입으로 빨아들이는 힘이 더 필요하다는 것은 매우 당연하지만, 덕트 내부에서 발생하는 압력 손실을 이해하는데 매우 중요한 의미를 가진다.

국소배기장치 내부에서 발생되는 압력손실은 속도압에 비례 한다고 식 (9-1)에서 설명하였다. 그림 9-28에서 보면 a 빨대가 b 빨대보다 속도가 9배 빠르기 때문에 압력손실은 속도의 제곱인 81배가 더 크게 발생하게 된다. 즉, a 빨대로 b 빨대와 같은 양의 물을 마시기 위해서는 약 81배 정도의 힘이 더 필요하다.

덕트 반송속도가 이처럼 정압손실에 직접적인 영향을 주기 때문에 적절한 반송속도를 선정하는 것이 매우 중요하다.

4.4 국소배기장치 압력손실 종류

그림 9-28은 국소배기장치에서 발생되는 압력손실의 종류를 각 위치별로 표시한 것이다. 후드로 유입될 때 발생되는 후드 유입손실, 덕트에서는 덕트 재질에 따른 마찰손실, 곡관손실 및 합류관 손실 등이 있다. 공기정화기는 종류별로 적정 정압손실 범위가 있어 그 값으로 압력손실을 계산하게 된다. 굴뚝은 비유입 방지 덮개 등에서 발생되는 압력손실을 고려해야 한다.

정압손실을 계산하기 위해서는 덕트 내부의 공기 유속인 반송속도를 먼저 계산하고, 그 반송속도에 따른 속도압을 계산해야 한다. 그리고 압력손실이 발생하는 각 부분의 압력손실 계수를 곱해서 전체 압력손실을 계산하게 된다.

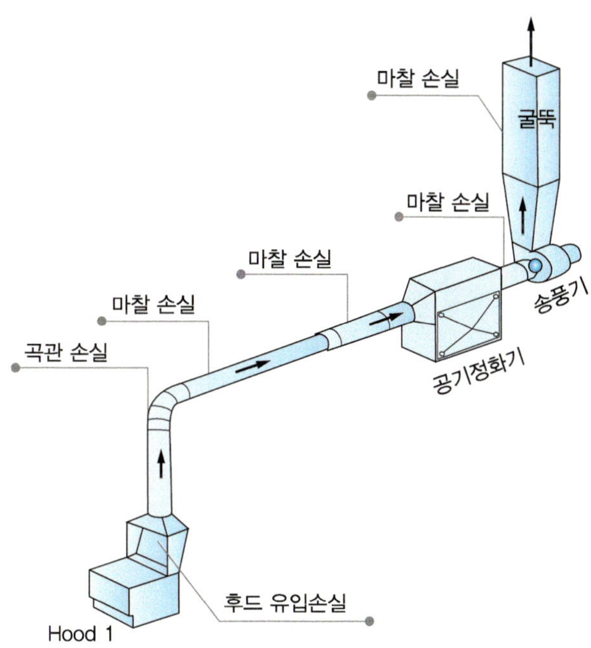

그림 9-28 국소배기장치 압력손실 발생 위치

표 9-8에 각 부분별 압력손실 계산방법과 공식을 정리하였다.

| 표 9-8 | 국소배기시스템 내부 압력손실 계산 순서 및 방법

<table>
<tr><th colspan="2">구분</th><th>계산 방법</th><th>비고</th></tr>
<tr><td colspan="2">후드 유량 계산</td><td>후드 풍량 산정방법 참조</td><td></td></tr>
<tr><td colspan="2">최소 반송속도 결정</td><td>덕트 반송속도 표 참조</td><td></td></tr>
<tr><td colspan="2">덕트 크기 결정</td><td>$A=\frac{Q}{V}$ $D=\sqrt{\frac{4\times A}{\pi}}$</td><td></td></tr>
<tr><td colspan="2">후드 유입손실</td><td>$\Delta P=K\times VP$</td><td>K : 후드 형태에 따른 압력손실 계수 적용
VP : 덕트 반송속도에 따른 동압 (mmAq)</td></tr>
<tr><td colspan="2">후드 가속 손실 계수</td><td>$\Delta P=VP$</td><td>정지된 공기가 후드로 유입될 때 발생되는 압력손실
가속손실 계수는 항상 "1"임</td></tr>
<tr><td rowspan="3">덕트 압력 손실</td><td>마찰 손실</td><td>$H_f=\frac{f}{D}=a\frac{V^b}{Q^c}$</td><td>$Q$: 유량(m^3/s), D : 관 직경(m),
V : 덕트 반송속도 (m/s)
a, b, c : 덕트 재질에 따른 계수 적용</td></tr>
<tr><td>곡관 손실</td><td>$\Delta P=K\times VP$</td><td rowspan="2">K : 곡관 및 합류관 각도에 따른 계수 적용
VP : 덕트 반송속도에 따른 동압 (mmAq)</td></tr>
<tr><td>합류관 손실</td><td>$\Delta P=K\times VP$</td></tr>
</table>

4.5 국소배기장치 압력손실 계산 방법

4.5.1 국소배기장치의 압력손실이란?

표 9-4에서 정압과 속도압의 관계를 설명할 때 크게 분 풍선은 정압이 높기 때문에 정압이 속도압으로 전환되어 속도도 빠르다고 설명하였다. 압력손실이 전혀 발생되지 않는 이상적인 조건이라면 정압이 100% 속도압으로 전환되게 된다. 표 9-9는 풍선 내부에 −10 mmAq의 음압이 항상 유지된다고 가정하고, 압력손실이 발생되지 않는 이상적인 경우와 후드 유입시 5 mmAq의 압력손실이 발생되는 경우의 후드 유입속도를 계산하였다. 이상적인 경우는 풍선 내부 음압인 −10 mmAq가 100% 속도압으로 전환되어 유입속도가 12.8 m/s가 되고, 5 mmAq의 압력손실이 발생한 경우에는 후드 입구에서 −5 mmAq가 속도압으로 전환되어 후드 유입속도는 9 m/s가 된다.

후드 유입시 5 mmAq의 압력손실이 발생하는 경우에 후드 유입속도를 12.8 m/s로 유지하기 위해서는 풍선 내부 압력은 −15 mmAq로 유지해야 한다는 것을 알 수 있다.

| 표 9-9 | 국소배기시스템 내부 압력손실 계산 순서 및 방법

구분	후드 유입시 압력손실이 없는 이상적인 경우	후드 유입시 5 mmAq의 압력손실이 발생하는 경우
조건	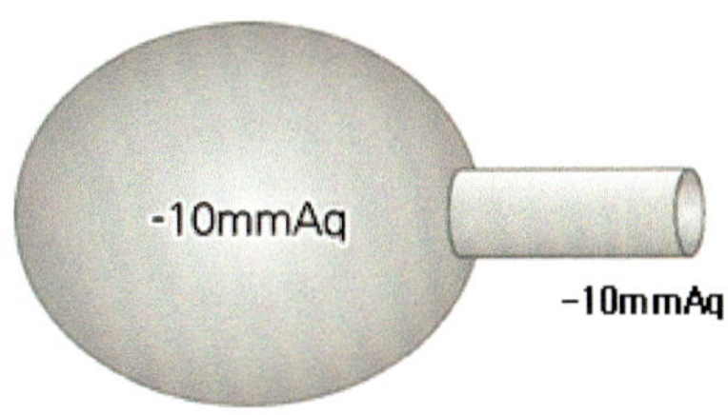	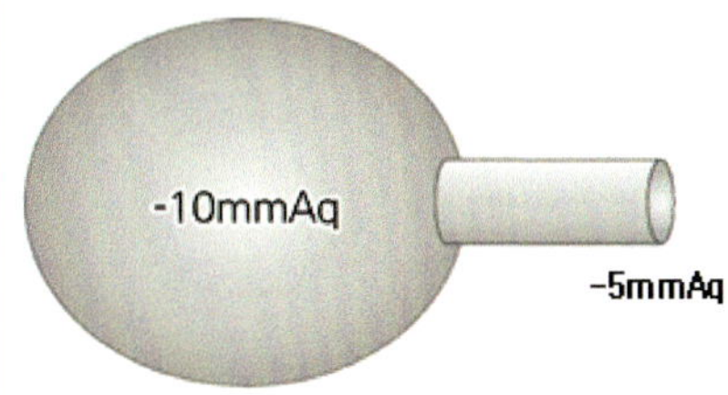
후드 입구 유속 계산	Sp = loss + Vp Sp = 0 + Vp Vp = 10−0 = 10mmAq $Vp = \frac{rV^2}{2g}$ => $V = 4.043\sqrt{Vp}$ $V = 4.043\sqrt{Vp}$ = 12.8m/s	Sp = loss + Vp Sp = 5 + Vp Vp = 10 − 5 = 5mmAq $Vp = \frac{rV^2}{2g}$ => $V = 4.043\sqrt{Vp}$ $V = 4.043\sqrt{5}$ = 9m/s
후드 입구 유속	12.8 m/s	9 m/s
비고		압력손실을 고려할 때 후드 입구 유속을 12.8m/s로 유지하기 위해서는 -15mmAq의 음압이 필요함

그림 9-29는 국소배기장치 내부 압력손실을 구간별로 나타낸 것인데 후드 정압이 −10 mmAq일 때 덕트 압력손실이 50 mmAq, 공기정화장치 압력손실 100 mmAq 그리고 공기정화기에서 송풍기 입구까지 압력손실 10 mmAq인 경우에 필요한 송풍기 정압은 얼마일까? 후드전단까지 발생되는 압력손실이 170 mmAq이기 때문에 송풍기 정압은 −170 mmAq 이상 확보해야만 후드 정압 −10 mmAq를 유지하게 된다.

국소배기장치에서 후드 필요 배기량 이상 확보하는 것이 가장 중요한데, 국소배기장치에서 발생되는 정압 손실을 정확하게 계산해야만 적정한 정압의 송풍기를 선정할 수 있게 된다.

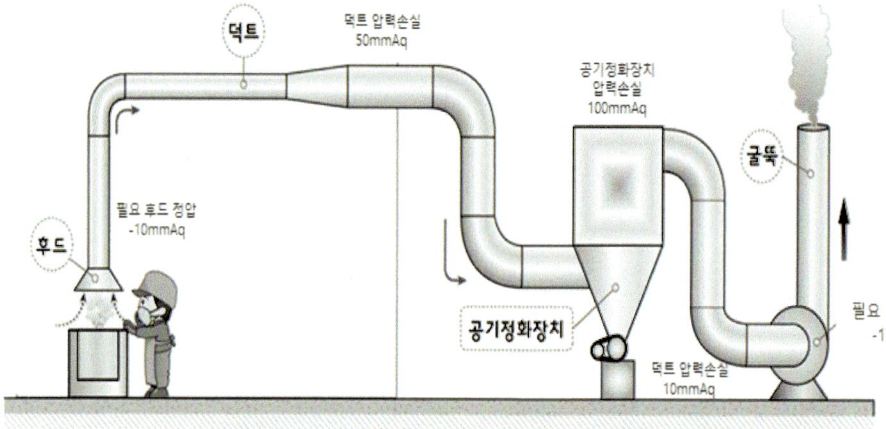

그림 9-29 국소배기장치 내부 압력손실 계산 목적

4.5.2 후드 유입손실

후드 정압(SP_h)은 정지된 공기를 덕트 내로 흡인하여 덕트 내의 속도압(V_P)이 되도록 하기 위하여 후드와 덕트의 접속 부분에 걸어 주어야 하는 부압(Negative Pressure)을 의미한다. 그림 9-30은 후드 형태에 따라 발생되는 후드 정압 손실을 그림으로 설명한 것이다. 후드 형태가 기류 흐름이 원활할 경우 정압손실이 적게 발생하지만, 기류 흐름이 원활하지 않을 경우 정압손실이 크게 발생한다.

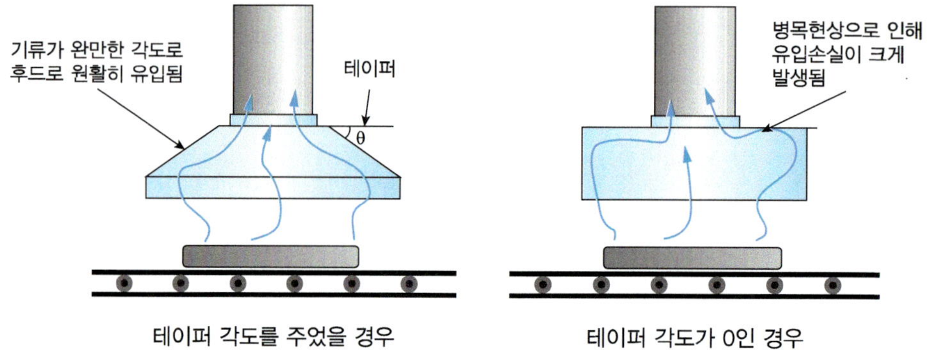

그림 9-30 후드유입 손실 발생원인

기류 흐름이 원활한 이상적인 후드에 가장 가까운 후드로 나팔형(Bellmouth) 후드를 들 수 있으나 일반적인 후드의 경우 공기가 후드로 유입되면서 상당한 압력손실을 발생시킨다. 이러한 압력손실을 유입손실(Entry Loss), h_e라 부른다.

$$SP_h = h_e + VP \qquad 식(9\text{-}15)$$

유입손실, h_e는 앞에서 설명한 바 있는 덕트 내의 충격손실과 마찬가지로 덕트 내의 동압에 비례하며, 비례상수를 유입손실계수(Entry Loss Factor : F_h)라 한다.

$$h_e = F_h \times VP \qquad 식(9\text{-}16)$$

$$SP_h = VP(1 + F_h) \qquad 식(9\text{-}17)$$

유입손실계수(F_h)가 '0'이면 유입손실이 '0'으로서 압력손실이 전혀 없는 이상적인 후드, 즉 덕트에 걸려 있는 부압 전부를 후드로 유입되는 공기의 동압으로 완벽하게 변환시킬 수 있는 후드이다. 따라서 Fh가 작을수록 에너지 전환효율이 좋은 후드라 할 수 있다. 그림 9-31에 후드 형태별 유입지수 및 유입손실계수를 정리하였다.

후드 형태	명칭	유입지수(C_e)	유입손실계수(F_h)
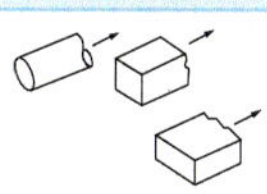	편편형 개구 (Plain Opening)	0.72	0.93
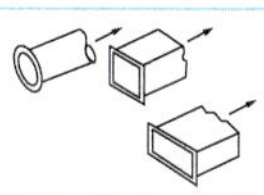	플랜지 개구 (Flanged Opening)	0.82	0.49
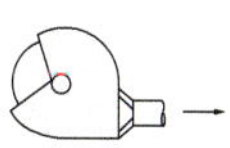	그라인더 후드	0.78 0.85	0.65(직관식) 0.40(점감식)
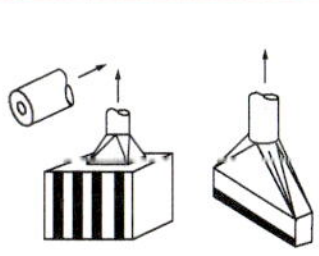	오리피스형 개구	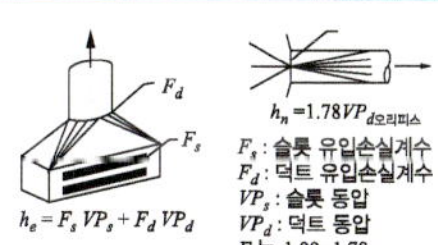	
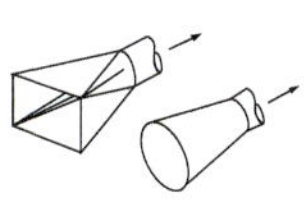	점감식 개구 (Taper or Cone Hood)	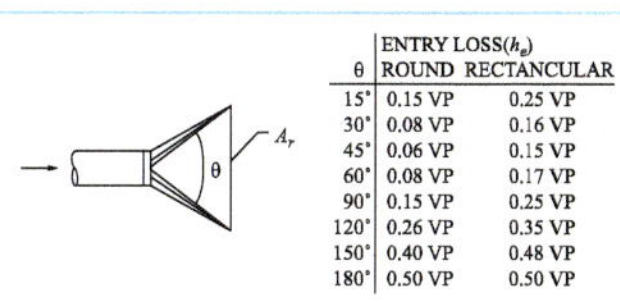	

그림 9-31 후드형태별 유입지수 및 유입손실계수

4.5.3 마찰손실 계산 방법

공기가 덕트 내를 흐르면서 덕트 단면상에서 외곽 쪽 공기는 덕트 내벽과 부딪히게 된다. 이때 발생하는 압력손실이 마찰손실이다. 덕트 내 유속이 빠를수록, 덕트 크기가 작을수록, 덕트 재질이 거친 재질일수록 마찰손실은 증가한다.

국소배기에서 마찰손실은 동압법으로 주로 계산하는데, 동압법은 (f/D)를 H_f로 대체한 후, H_f를 사용하기 쉬운 식(9-18)로 나타냄으로써 유량과 유속이 주어지면 덕트 1 m당 발생하는 마찰손실을 그 덕트의 동압으로 표시하는 방법이다.

덕트의 마찰손실 ΔP를 계산하는 식 (9-19)와 같고 식에 필요한 상수는 표 9-10에 정리하였다. 여기서 L은 덕트의 길이, D는 원형 덕트의 직경이고, 장방형일 경우에는 D에 상당직경으로 계산한다.

$$\Delta P = f \times \frac{L}{D} \times \frac{rV^2}{2g} = f \times \frac{L}{D} \times VP = \frac{f}{D} \times L \times VP \qquad 식(9\text{-}18)$$

$$H_f = \frac{f}{D} = a\frac{V^b}{Q^c} \qquad 식(9\text{-}19)$$

| 표 9-10 | 덕트 재질별 a b, c상수값

덕트재질	a	b	c
알루미늄, 흑철, 스테인레스 스틸	0.0162	0.465	0.602
아연도강판	0.0155	0.533	0.612
주름관	0.0186	0.604	0.639

※ 상당직경 : $D = \frac{2ab}{a+b}$

아연도 강판 덕트의 유량(Q)=1m^3/sec, 유속(V)=15 m/sec일 때 원형 덕트 마찰손실을 구하시오.

풀이 $H_f = \frac{f}{D} = a\frac{V^b}{Q^c} = 0.0155 \times \frac{15^{0.533}}{1^{0.612}} = 0.066$

$\Delta P = \frac{f}{D} \times L \times VP = 0.066 \times L \times VP$

$\Delta P = 0.066\, VP/m$

VP에 13.78 mmAq를 대입하면 $\Delta P = 0.066 \times 13.78/\mathrm{m} = 0.91/\mathrm{m}$

덕트 1 m 당 0.91 mmAq의 마찰손실이 발생함

4.5.4 곡관의 압력손실 계수

곡관에서는 주로 기류가 90도 방향 전환이 이루어지기 때문에 굴곡의 완만함에 따라 압력손실이 달라진다. 이 완만함의 비율을 나타내는 것이 곡관의 곡률반경(R/D)비이다. 여기서 D는 덕트 직경이고, R은 덕트의 곡률반경이다. 곡관의 압력손실은 이 곡률반경비가 작을수록 커지는데, 급격하게 구부러질수록 압력손실이 커지게 된다. 원형 곡관일 때와 사각형 곡관일 때 적용하는 계수가 다르기 때문에 덕트 형상에 따라 그림 9-32와 그림 9-33에서 압력손실을 찾으면 된다.

덕트의 압력손실 ΔP를 계산하는 식 (9-20)과 같다.

$$\Delta P = K \times VP \qquad \text{식(9-20)}$$

1) 원형 곡관 압력손실

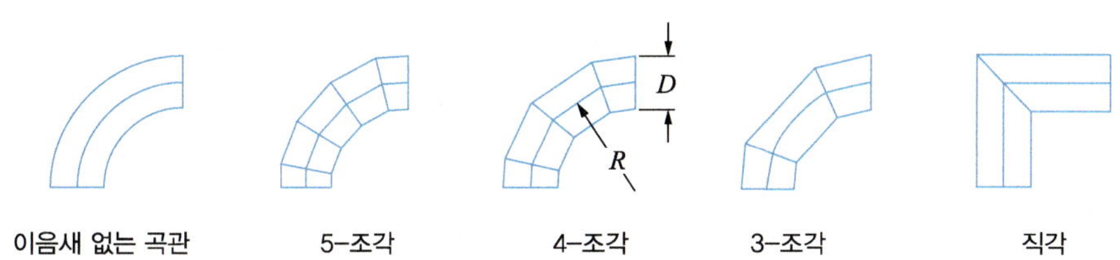

덕트 모양	곡률반경(R/D)					
	0.5	0.75	1.00	1.50	2.00	2.50
이음새 없는 곡관	0.71	0.33	0.22	0.15	0.13	0.12
5조각으로 접합된 곡관	–	0.46	0.33	0.24	0.19	0.17
4조각으로 접합된 곡관	–	0.50	0.37	0.27	0.24	0.23
3조각으로 접합된 곡관	0.9	0.54	0.42	0.34	0.33	0.33

그림 9-32 원형 곡관 압력손실

예제

곡률반경(R/D)은 2.0, 속도압(VP)은 13.78 mmAq, 5조각으로 접합된 곡관일 때 원형 곡관의 압력손실을 구하면?

풀이 $\Delta P = K \times VP = 0.19 \times 13.78$

$\Delta P = 2.62$ mmAq

2) 사각형 곡관 압력손실

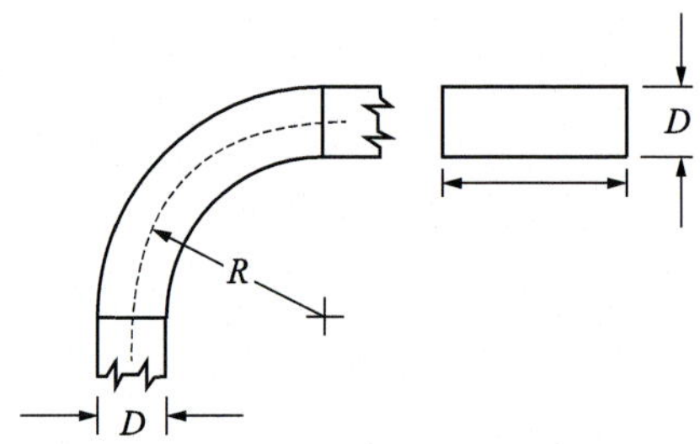

곡률반경(R/D)	종횡비(W/D)					
	0.25	0.5	1.0	2.0	3.0	4.0
0.0	1.5	1.32	1.15	1.04	0.92	0.86
0.5	1.36	1.21	1.05	0.95	0.84	0.79
1.0	0.45	0.28	0.21	0.21	0.2	0.19
1.5	0.28	0.18	0.13	0.13	0.12	0.12
2.0	0.24	0.15	0.11	0.11	0.1	0.1
3.0	0.24	0.15	0.11	0.11	0.1	0.1

그림 9-33 사각형 곡관 압력손실 계수

예제

곡률반경(R/D)은 2.0, 종횡비(W/D)는 1.0, 속도압(VP)은 15 mmAq일 때 사각형 곡관의 압력손실을 구하면?

풀이 $\Delta P = K \times VP = 0.11 \times 15$

$\Delta P = 1.65$ mmAq

4.5.5 합류관 유입손실 계수

합류관에서는 합류 시 발생하는 충격손실을 합류관 손실 또는 유입손실이라고 하는데 유입 각도가 완만할수록 압력손실은 적게 발생하며, 90도 각도에 가까울수록 압력손실이 크게 발생한다. 덕트의 압력손실(ΔP)계산은 식 (9-21)와 같고 각도에 따른 유입계수는 그림 9-34와 같다.

$$\Delta P = K \times VP \qquad \text{식(9-21)}$$

참고사항	합류각도(θ°)	압력손실계수
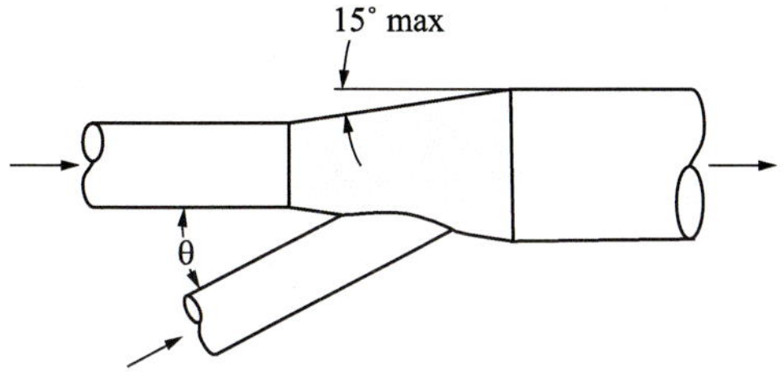	10	0.06
	15	0.09
	20	0.12
	25	0.15
	30	0.18
	35	0.21
주의 : 1) 분지덕트의 유입손실은 분지덕트 안에서 발생된다고 가정 2) 분지덕트 입구 확대에 따른 유입손실의 감소는 계산에 고려치 않았음	40	0.25
	45	0.28
	50	0.32
	60	0.44
	90	1.00

그림 9-34 합류관 유입손실 계수

예제

합류각도는 30도, 속도압(VP)은 15 mmAq일 때 유입손실을 구하면?

풀이 $\Delta P = K \times VP = 0.18 \times 15$

$\Delta P = 2.7$ mmAq

주름관 덕트 마찰손실 측정 실험

주름관은 일반적인 덕트보다 마디 굴곡이 있기 때문에 마찰손실이 크다. 물론 자유자재로 설치가 가능한 장점이 있기 때문에 현장에서 많이 사용하는데 잘못 설치할 경우 주름관이 꼬여 마찰손실이 크게 증가할 수 있다. 주름관 덕트를 사용할 경우 발생되는 압력손실에 대한 실험결과를 정리하였다.

① 동일 반송속도

그림 9-35는 덕트가 꼬임이 없을 때와 꼬임이 있을 때 동일한 반송속도로 각 덕트 구간별 정압을 측정한 실험결과이다. 반송속도는 9.0 m/s로 동일하며 후드 정압도 5.4 mmAq로 동일한 조건이다.

덕트 꼬임이 없을 때에는 정압이 송풍기 방향으로 갈수록 점진적으로 증가하여 송풍기 입구에서는 최대 7.7 mmAq로 측정되었다. 반면 한번 꼬임이 있는 덕트인 경우에 정압이 송풍기 방향으로 갈수록 점진적으로 증가하다가 꼬인 구간에서 급격히 증가하여 송풍기 입구에서는 36.6 mmAq로 측정되었다.

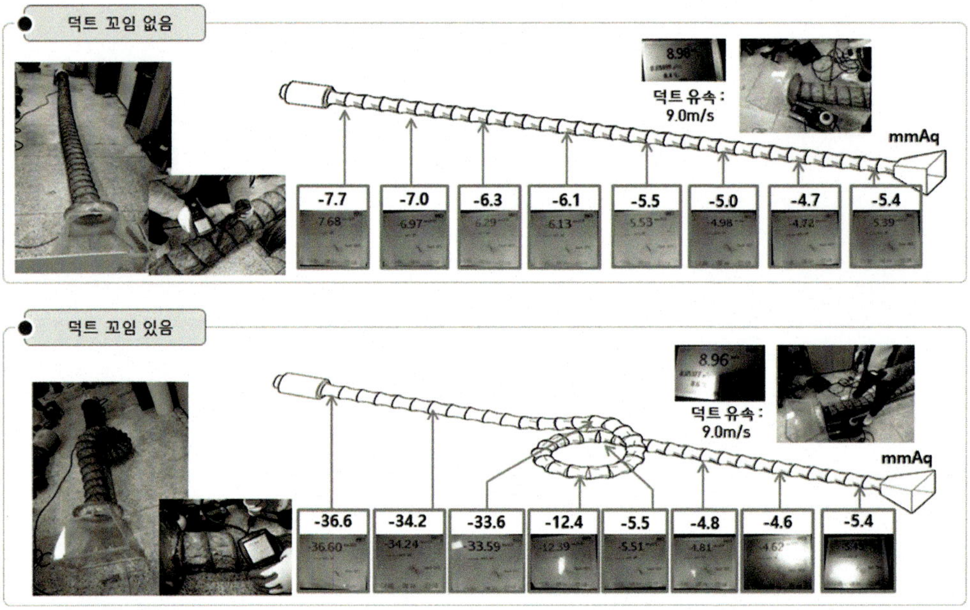

그림 9-35 동일 덕트 반송속도일 때 주름관의 꼬임 여부에 따른 구간별 정압

이로 알 수 있는 것은 덕트가 꼬여 있다면 덕트 내 공기의 흐름이 방해되어 마찰손실이 크게 발생하므로 꼬임이 없는 덕트에 비해 송풍기의 필요한 정압이 크게 증가한다는 것을 알 수 있다.

② 동일 정압 기준

그림 9-36은 송풍기 입구정압을 -22.8mmAq로 동일하게 유지한 후 덕트 꼬임이 없을 때와 꼬임이 있을 때로 구분한 후 구간별 정압과 후드 정압을 측정한 실험결과이다.

덕트 꼬임이 없을 때의 정압은 송풍기입구에서 −22.8 mmAq에서 점진적으로 감소한 후 후드 정압은 −15.2 mmAq이고 덕트 반송속도는 16.5 m/s로 측정되었다. 반면 덕트 꼬임이 있을 때의 정압은 송풍기입구에서 −22.8 mmAq에서 점진적으로 감소하다가 꼬인 구간에서 급격히 감소한 후 후드 정압은 −3.7 mmAq이고 덕트 반송속도는 7.2 m/s로 측정되었다. 주름관 덕트를 한번 꼬았을 경우 덕트 반송속도가 16.5에서 7.2 m/s로 절반 이하로 감소하는 것으로 측정되었다.

이를 통해 알 수 있는 것은 덕트가 꼬여 있다면 덕트 내 공기의 흐름이 방해되어 마찰손실이 크게 발생하면서 후드의 흡입성능이 크게 감소할 수 있다는 것이다.

주름관 덕트는 설치하기는 쉽지만 덕트 마찰 손실 등 불필요한 압력손실이 발생한다는 것을 이해해야 한다.

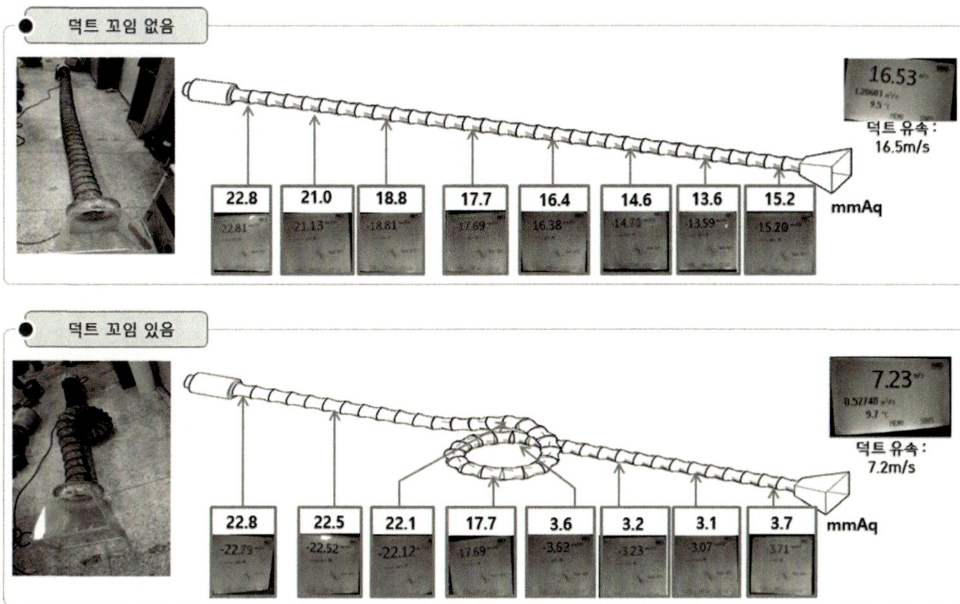

그림 9-36 송풍기 입구가 동일 정압일 때 주름관의 꼬임 여부에 따른 구간별 정압

5 공기정화기

5.1 공기정화장치의 역할

공기정화장치는 후드에서 포집한 유해물질을 대기 중으로 배출하기 전 깨끗하게 정화하는 역할을 한다. 공기정화장치를 꼭 설치해야 하는 경우는 아래와 같다.

- 환경부의 "대기오염물질 배출시설"에 해당될 때 배출허용기준 만족을 위해
- 악취와 같이 인근 주민에 의해 민원이 제기될 소지가 있을 때
- 오염물질 함유공기를 공장 내부로 재순환시킬 필요가 있는 경우
- 오염물질을 배출시킬 때 공장으로 재유입되어 심각한 문제가 발생하는 경우

5.2 입자상 물질의 처리

입자상 물질을 처리하기 위한 공기정화장치는 일반적으로 집진장치 또는 집진기로 불린다. 그 종류는 집진 원리에 따라 중력, 관성력, 원심력, 세정, 여과 및 전기집진장치 등으로 구분된다. 여기서 중력, 관성력, 원심력 및 세정 집진장치는 비교적 큰 입자상 물질의 처리가 가능하기 때문에 세정 집진장치를 제외하고는 모두 본처리 집진장치의 분진 부하를 줄이기 위한 전처리 집진장치로 사용되고, 여과, 전기집진장치는 미세한 입자상 물질의 처리가 가능하기 때문에 본처리 집진장치로 사용된다.

표 9-11은 전처리용 집진장치에 대한 내용으로 중력과 관성력집진장치의 경우 집진효율이 낮은 반면 원심력 집진장치(Cyclone)는 전처리용 집진장치 중 가장 미세입자까지 처리가 가능하고 처리효율이 우수하여 널리 사용되고 있다. 하지만 설계 차압이 비교적 높고, 점성 분진을 처리할 경우 내부에 분진이 퇴적되어 압력손실만 증가시키고 처리가 제대로 되지 않는 경우가 많기 때문에 주의가 요구된다.

| 표 9-11 | 전처리용 집진장치

<table>
<tr><th>중력 침강실</th><th>관성력집진기</th><th>원심력집진기(Cyclone)</th></tr>
<tr><td>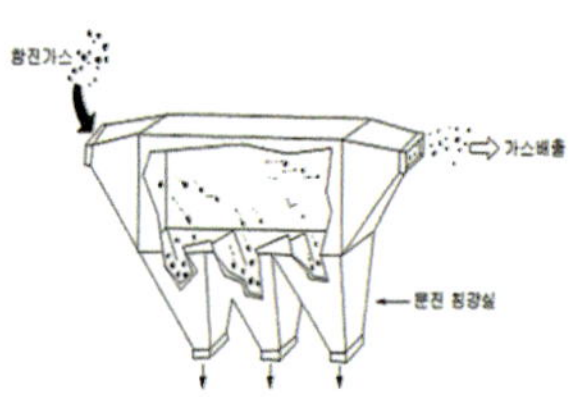
</td><td>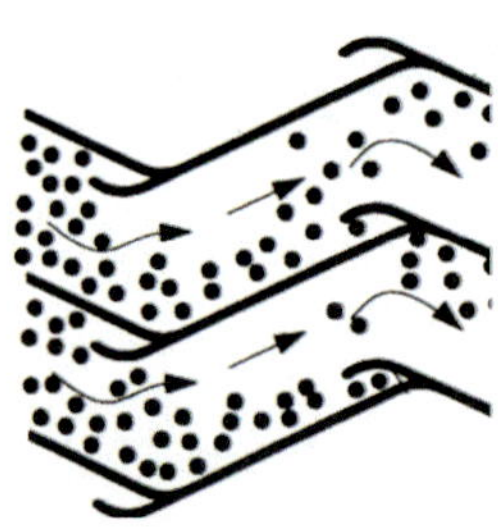</td><td>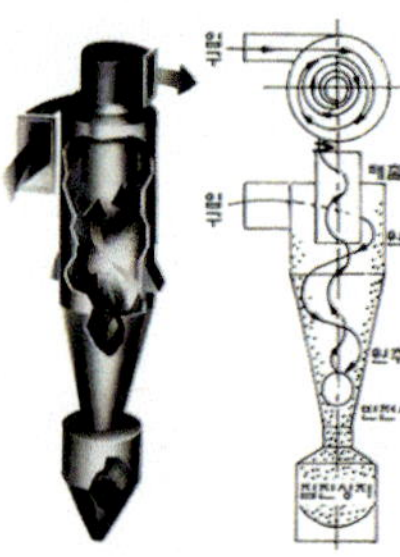</td></tr>
<tr><td>
</td><td></td><td></td></tr>
<tr><td>함진공기 중의 입자를 중력에 의한 자연침강에 의해 분리, 포집함</td><td>처리가스를 방해판에 충돌시켜 기류의 방향을 급격히 바꿈으로써 입자에 작용하는 관성력에 의해 조대 입자를 분리, 포집함</td><td>함진가스에 선회류를 형성시켜 입자에 작용하는 원심력에 의해 분리, 포집함(전처리용으로 가능 널리 이용되고 있음)</td></tr>
</table>

표 9-12는 본 처리용 집진장치로 사용되는 집진기를 정리한 내용이다. 세정 집진장치는 일명 스크러버(Scrubber)라고도 불리며 가스상 물질을 처리하는 기술로써 적용된다. 하지만 비교적 조대입자의 처리만 가능하고 미세입자의 처리효율이 높지 않기 때문에 현장 적용에 주의가 요구된다.

반면 여과 집진장치(Bag filter)는 고효율 분진 집진을 위해 가장 널리 사용되는 기술로써 함진가스를 여과재에 통과시켜 입자를 분리, 포집하는 장치이며, 필터에 부착된 분진을 자동으로 연속 탈진하기 때문에 지속적인 여과 기능을 수행할 수 있다. 여재의 재질로는 면, 폴리프리필렌계(P.P), 폴리에스터계(P,E), 노멕스(Nomex), 테플론(Teflon), 유리섬유(Glass fiber) 등 다양하게 사용되고 있으며, 최고 사용온도, 내산성, 내알칼리성 및 내마모성 등에 많은 차이가 있기 때문에 여재 선정시 이를 충분히 고려해야 한다.

| 표 9-10 | 본 처리용 집진장치

세정집진기	여과집진기(Bag filter)	전기집진기
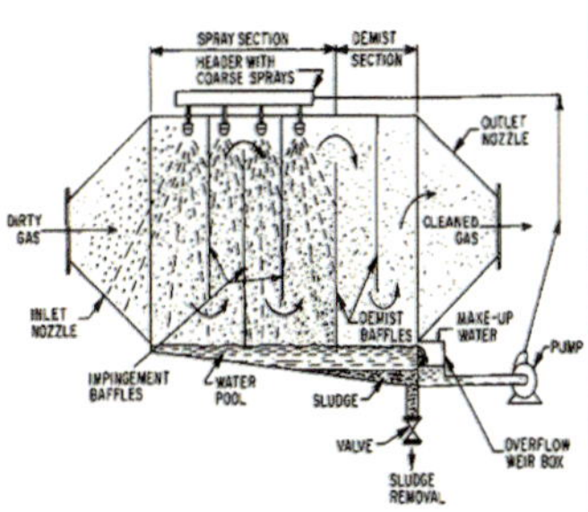	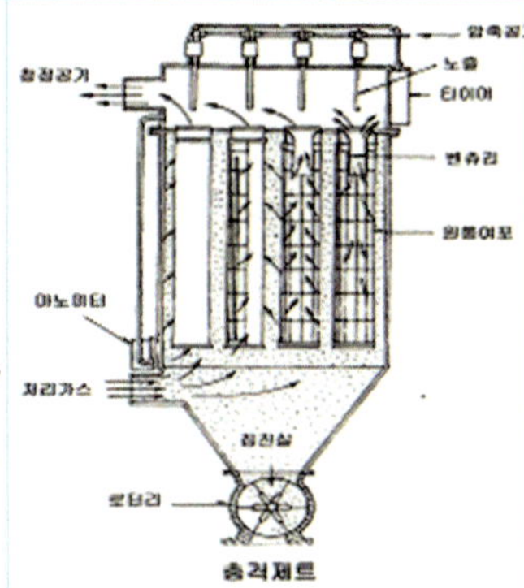	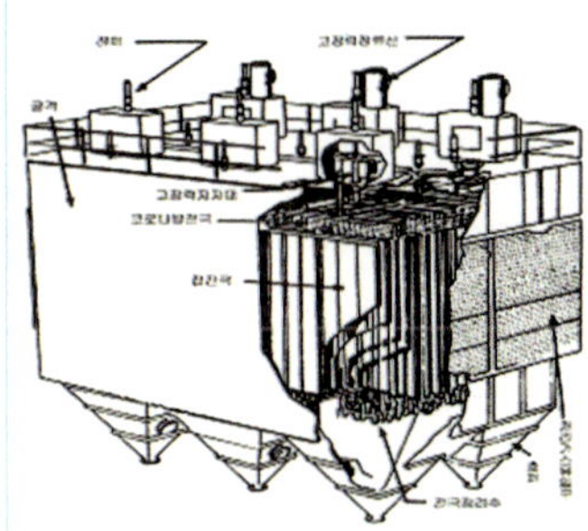

함진 공기 중에 물을 분사하여 씻어내려 입자를 분리, 포집하는 기술로 비교적 큰 입자 처리가 가능	섬유필터의 공극을 이용해 미세입자를 여과시켜 분리, 포집함	함진공기 중에 전기적인 힘을 부여하여 분진 입자를 하전시켜 반대극인 집진극에 부착, 제진시킴

전기 집진장치는 전기적인 힘을 이용하여 입자상 물질을 포집하는 장치로서 함진 공기에 전기를 부여하여 분진입자를 하전시켜 반대극의 집진극에 부착시키는 집진원리로 압력손실이 낮고, 미세입자의 집진에 효과적이다. 또한 화력발전소, 소각로, 시멘트 소성로, 펄프공장의 흑액연소 공정 등 주로 다량 분진 배출시설에 효율적으로 사용되고 있다. 하지만 용접 공정이나 금속가공 공정의 흄이나 미스트 제거용으로 전기 집진장치를 사용할 경우 운전 초기에는 집진효율이 높으나 집진극에 부착된 분진 탈진이 어려워 효율이 급격히 감소되고, 집진극의 잦은 청소로 인한 유지관리의 어려움으로 대부분 방치되는 경우가 많아 적용에 신중을 기할 필요가 있다.

5.3 가스상 물질의 처리

가스상 물질의 처리방법 중에는 표 9-13과 같이 흡수(Absorption), 흡착(Adsorption)이 가장 대표적인 방법으로 사용되고 있다.

흡수법은 가스상 오염물질을 흡수액에 용해시켜 제거하는 기술로 앞서 설명한 세정 집진장치와 구조가 유사하나 물 이외의 흡수액을 사용하고, 기액의 충분한 접촉을 위한 충진층이 설치되어 있는 차이점이 있다. 도금공정과 같이 산알칼리 물질이 많이 배출되는 곳에 자주 사용한다. 산알칼리 계통을 처리해야 되기 때문에 송풍기와 정화장치는 부식에 강한 FRP 재질을 주로 사용하며, 분진이나 찌꺼기에 의해 충진물 막힘현상이 생기지 않도록 주기적인 관리가 필요하다.

흡착은 유기용제 가스를 처리할 때 흔히 사용하는 방법으로 활성탄을 흡착제로 사용하는 경우가 많아 활성탄 흡착탑 또는 A/C(activated carbon) Tower라고 부른다. 도장부스에서 배출되는 신나증기를 처리하기 위해 흡착탑을 많이 사용하는데, 페인트 분진을 걸러주기 위한 전처리 필터가 제 역할을 못할 때 페인트 분진이 흡착탑으로 유입될 수 있다. 유입된 분진에 의해 활성탄이 막힐 경우 과도한 압력손실이 발생하고, 송풍기 유량은 감소하게 된다.

이 외에도 연소법은 휘발성 유기화합물(Volatile organic compounds : VOC) 처리에 있어서 기존의 흡착탑에 비해 처리 효율면에서 매우 월등하나 설치비 및 연료비가 많이 드는 단점이 있다. 저온·고압 상태로 하여 증기상 물질을 응축시켜 제거하기도 하고, 플라즈마나 전자빔을 발생시켜 높은 에너지 준위에서 오염물질을 분해시키기도 하며, 생물의 분해능력을 이용한 바이오필터도 사용하고 있다.

| 표 9-13 | 흡수법과 흡착법

흡수법	흡착법
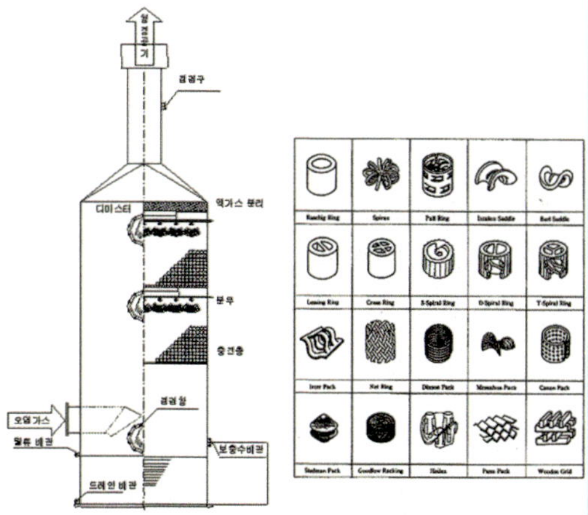	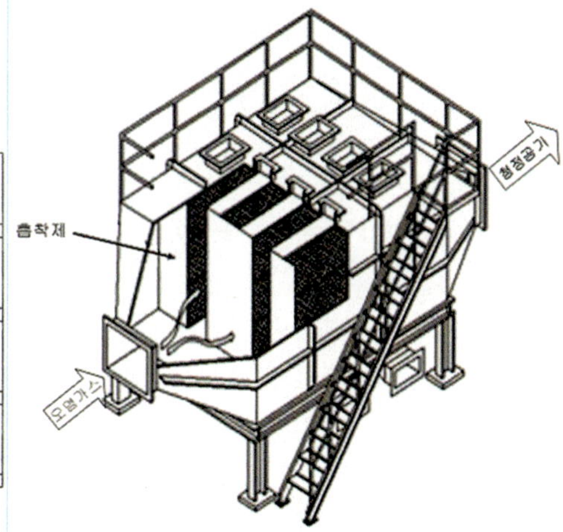

• 가스상 오염물질을 흡수액에 용해시켜 제거하는 기술로 세정 집진장치와 구조가 유사하나 물 이외의 흡수액을 사용하고, 기액의 충분한 접촉을 위한 충진층이 설치되어 있는 것이 특징임	• 유해가스가 다공성의 고체표면에 접촉하여 부착, 제거됨 • 흡착제로는 주로 활성탄이 사용됨

5.4 공기정화장치별 압력손실

공기정화장치별 압력손실은 표 9-14에 정리하였다. 공기정화장치의 압력손실은 정압 계산 시 공기정화장치에서 발생되는 압력손실을 적용하면 된다.

| 표 9-14 | 공기정화장치별 압력손실

기 관	원심력집진기	세정집진기	여과집진기	전기집진기
사진				
압력손실	50~150 mmH_2O	100~200 mmH_2O	100~200 mmH_2O	10~20 mmH_2O

6 송풍기

6.1 송풍기의 압력

송풍기의 역할을 사람의 몸에 비유하면 심장과 같은 것으로서 흡인구간에서 일정량의 공기를 빨아들여 배출구간으로 배출시키는 데 필요한 에너지를 부여하는 장치인데, 그림 9-37과 같이 송풍기 흡입구간 정압이 "−"에서 배출구간 정압이 "+"로 변환된다.

동압(VP) 변화를 살펴보면 정지된 공기가 후드 입구로 유입되면서 "0"에서 서서히 증가하여 ②번 지점인 덕트 시작부분부터 일정한 동압을 유지한다. 덕트 직경이 일정하면 유속이 일정하여 ②~③, ⑥~⑦ 구간에서 동압이 일정하게 유지된다. 전압(TP)은 정압과 동압의 합이므로 두 그래프의 값을 부호가 있는 상태 그대로 합치면 된다.

송풍기에서 사용되는 압력을 송풍 압력이라고 하는데 동압, 정압, 전압이 있다. 동압(또는 속도압(velocity pressure : VP)이라고 함)은 공기의 흐름 방향으로 미치는 압력이고, 정압(static pressure : SP)은 모든 방향에서 동일한 압력이다. 동압과 정압의 합을 전압(total pressure : TP)이라고 한다.

$$전압(TP : Total\ Pressure) = 정압(SP : Static\ Pressure) + 동압(VP : Velocity\ Pressure)$$

여기서 말하는 압력은 절대압력이 아니라 대기압과의 차이를 나타내는 게이지 또는 계기압력을 말한다.

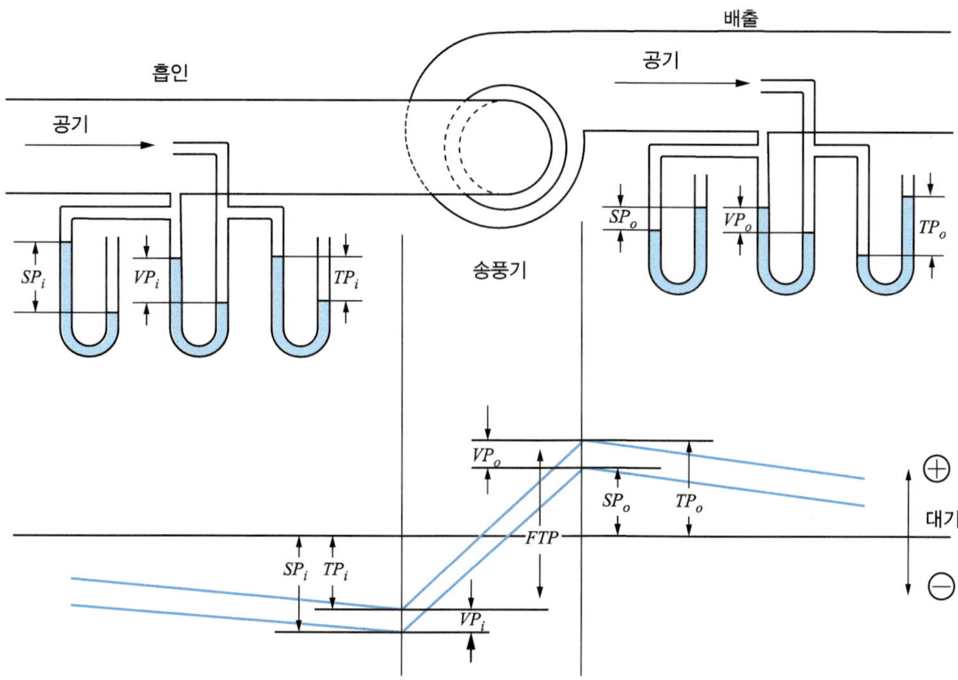

TP_i : 송풍기 입구 전압 SP_i : 송풍기 입구 정압 VP_i : 송풍기 입구 속도압
TP_o : 송풍기 입구 전압 SP_o : 송풍기 입구 정압 VP_o : 송풍기 입구 속도압

그림 9-37 송풍기 전후단 정압 변화

또한 송풍기 전압(Fan Total Pressure)과 송풍기 정압(Fan Static Pressure)이 있다. 송풍기 전압(FTP)은 송풍동력 계산에 사용되며 계산식은 식(9-22)과 같다.

$$FTP = TP_o - TP_i = (SP_o + VP_o) - (SP_i + VP_i) \quad \text{식(9-22)}$$

송풍기 정압(FSP)은 송풍기 성능표나 성능곡선에 활용되며 계산식은 식 (9-23)과 같다.

$$FSP = SP_o - SP_i - VP_i \quad \text{식(9-23)}$$

6.2 송풍기 종류

송풍기는 공기 토출 방향에 따라 원심력 송풍기와 축류 송풍기로 구분할 수 있다. 일반적으로 산업환기에 적용되는 것은 원심력 송풍기이고, 낮은 정압이 필요한 곳에는 축류 송풍기를 이용한다. 원심력 송풍기는 전향날개형, 방사날개형 및 후향 날개형으로 구분할 수 있고, 각각의 특성은 표 9-15부터 표 9-19에 정리하였다.

| 표 9-15 | 기류 흐름에 따른 송풍기 분류

분류	원심력 송풍기	축류 송풍기
공기 흐름	축(axial) 방향에 대한 수직	축(axial) 방향
운동력	원심력	양력
종류	전향 날개형(forward curved) 방사 날개형(radial) 후향날개형(backward curved)	프로펠러형(propeller) 튜브형(tube axial) 베인형(vane axial)
외형		

| 표 9-16 | 전향날개형 송풍기 형태 및 특성

종류	원심력 송풍기 – 전향 날개형
날개 형태	 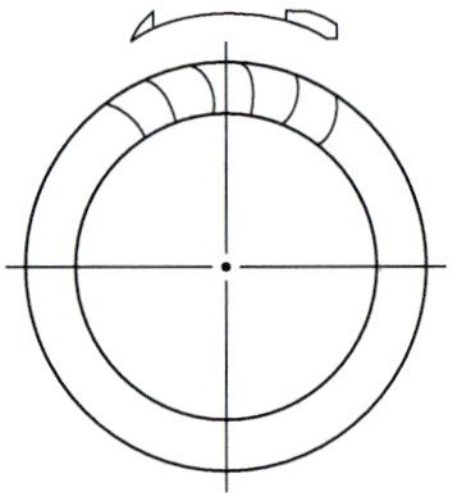 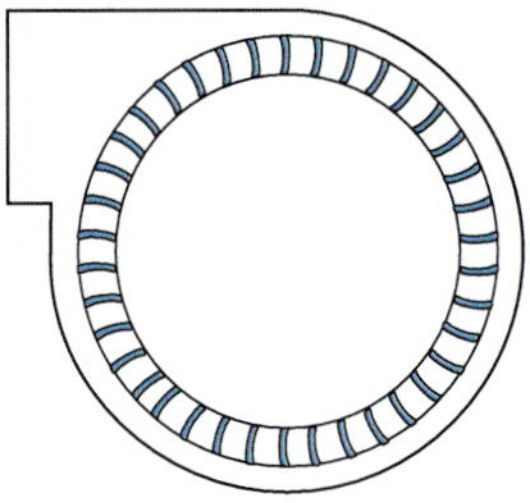
특징	일명 sirocco fan (혹은 다익팬)이라고도 함 • 날개 깃이 회전방향으로 기울어져 있음 • 다(多)풍량 저(底)정압에 적합 • 동일 송풍량을 형성시키기 위한 임펠러 회전속도가 낮음 • 저소음 • 저가(低價) 제작
단점	높은 압력손실에 송풍량이 급격히 감소 • 다량의 분진 함유 공기에 적용 할 경우 효율 감소 및 소음/진동 초래 • 풍량이 증가하면 축동력이 급격히 증가하여 오버로드 over-load) 발생 • 압력손실이 높은 경우 서어징(surging) 현상 발생

| 표 9-17 | 방사 날개형 송풍기 형태 및 특성

종류	원심력 송풍기 – 방사 날개형
날개 형태	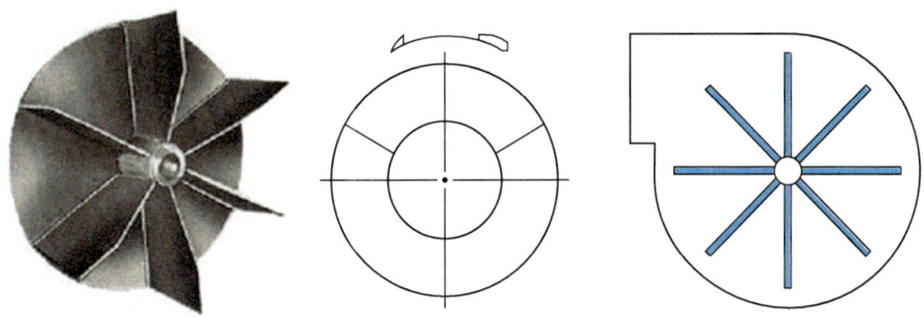
특징	평판형(**plate fan**) 이라고도 함 • 날개 깃이 평판으로 되어 있음 • 고농도의 분진함유 공기나 부식성 공기 이송에 적합 • 설계, 제작이 간편 • 원심력에 충분한 강도를 지님 • 시멘트, 미분탄, 톱밥, 곡물 등 물질 이송용으로 사용
단점	송풍기 효율이 낮음 (터보형과 시로코형의 중간) • 송풍기 소음 다소 발생 • 고가(高價)로 제작

| 표 9-18 | 후향 날개형 송풍기 형태 및 특성

종류	원심력 송풍기 – 후향 날개형
날개 형태	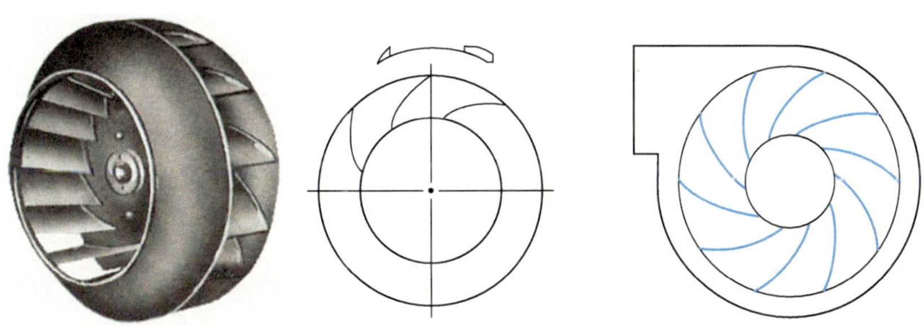
특징	일명 터보형(**turbo**) 송풍기라고 함 • 날개 깃이 회전방향에 대해 반대방향으로 경사지게 설치 • 고(高)압력에 사용 • 송풍 효율이 우수 • 과도한 압력손실이 발생하여도 효율 감소가 적음 • 공기정화장치와 함께 사용
단점	높은 소음 발생 • 고가(高價)로 제작

| 표 9-19 | 에어포일 날개형 송풍기 형태 및 특성

종류	원심력 송풍기 – 익형 송풍기(Air foil blade fan)
날개 형태	 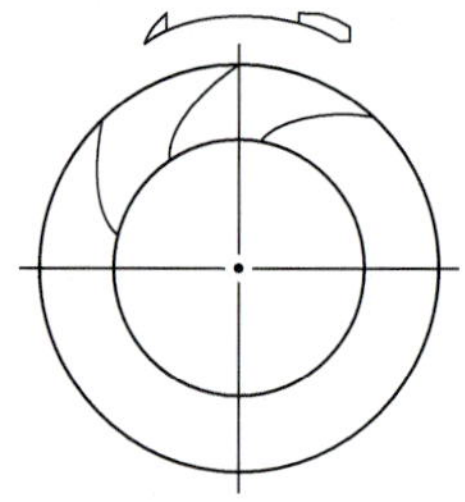 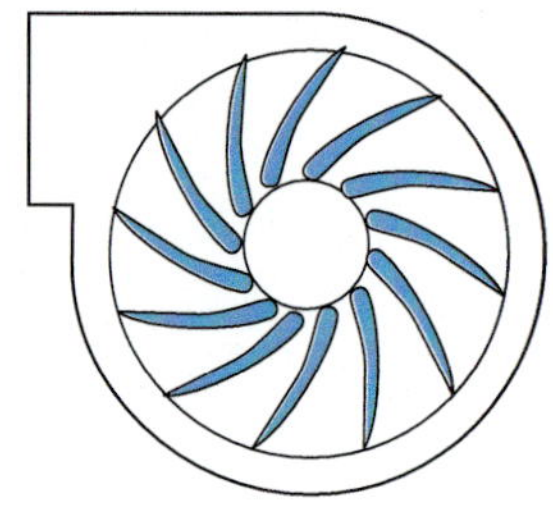
특징	터보형(turbo) 송풍기의 일종 • 날개 깃의 모양이 비행기 날개를 닮음 • 터보형과 시로코형의 단점 보완(소음이 적고 비교적 고속회전 가능) • 정압의 여유가 발생하여도 과도한 풍량증가가 발생하지 않는 리미트로드(limited-load) 특징을 지님 • 과부하가 발생하지 않아 운전비용 절감 • 중(中)풍량 중(中)정압에 적합 • 산업환기용 및 공조용으로 늘리 사용됨 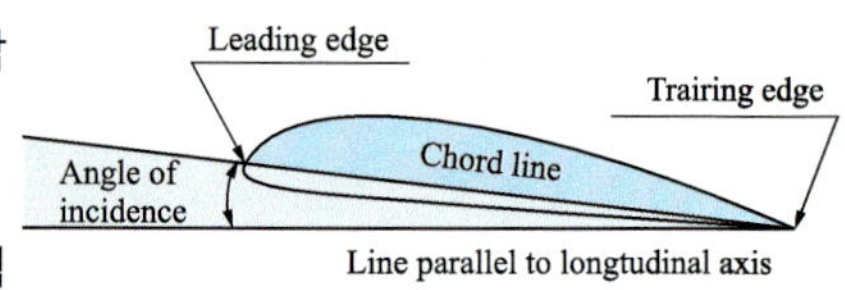
단점	비교적 고가(高價)로 제작

6.3 송풍기 기본 법칙

6.3.1 송풍 동력

① **공기동력**(Air Horsepower : H_a) : 송풍기가 공기에 대해 일을 한 양

$$H_a = \frac{Q \times FTP}{102 \times 60}(\mathrm{kW}) = \frac{Q \times FTP}{75 \times 60}(HP) \qquad \text{식(9-24)}$$

Q : 송풍량(m^3/min)

FTP : 송풍기 전압(mmH_2O)

② **축동력**(Brake Horsepower : H_b) : 임펠러의 시간당 운동에너지

$$H_a = \eta_b H_b \qquad \text{식(9-25)}$$

③ **전동기 동력**(Motor Horsepower : H_m) : 모터가 발생시키는 시간당 운동에너지

$$HP(\text{소풍동력}) = H_m = \frac{Q \times FTP}{102 \times 60 \times \eta}(\mathrm{kW}) = \frac{Q \times FTP}{75 \times 60 \times \eta}(HP) \qquad \text{식(9-26)}$$

④ 모터 최종 선정

$$HP(\text{소풍동력}) = H_m = \frac{Q \times FTP}{102 \times 60 \times \eta}(\text{kW}) \qquad \text{식(9-27)}$$

$$= \frac{Q \times FTP}{75 \times 60 \times \eta}(HP) \times \text{모터 안전율}(10\sim20\%)$$

6.3.2 송풍기 상사법칙

송풍기 상사법칙이란 유량은 회전수의 증가에 비례하며 정압은 회전수의 증가분의 제곱에 비례하며 동력은 회전수 증가분의 세제곱에 비례하는 것을 말한다.

$$Q_2 = Q_1 \times \frac{N_2}{N_1} \qquad \text{식(9-28)}$$

$$SP_2 = SP_1 \times \left(\frac{N_2}{N_1}\right)^2 = SP_1 \times \left(\frac{Q_2}{Q_1}\right)^2 \qquad \text{식(9-29)}$$

$$HP_2 = HP_1 \times \left(\frac{N_2}{N_1}\right)^3 = HP_1 \times \left(\frac{Q_2}{Q_1}\right)^3 \qquad \text{식(9-30)}$$

6.4 송풍기 성능곡선(performance curve)

송풍기 성능곡선은 송풍기 특성곡선(characteristic curve)이라고도 하는데 압력손실을 변화시킬 때 송풍기 정압, 전압, 송풍량, 동력소모량 등을 측정하여 도식화한 그래프이다. 아래 그림과 같이 X축은 유량 단위를 나타내고, Y축은 정압 단위를 나타낸다. 유량이 증가하면서 정압이 점차 감소하는 모습으로 나타내는 표이다.

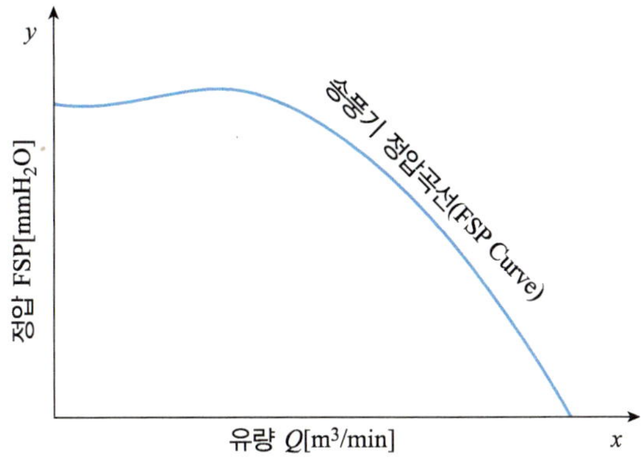

그림 9-38 송풍기 성능곡선

이러한 송풍기 성능곡선을 만들기 위해서 그림 9-39와 같은 장치를 구성한 후 그림 9-40과 같은 방법으로 송풍기 성능검사방법을 실시한다.

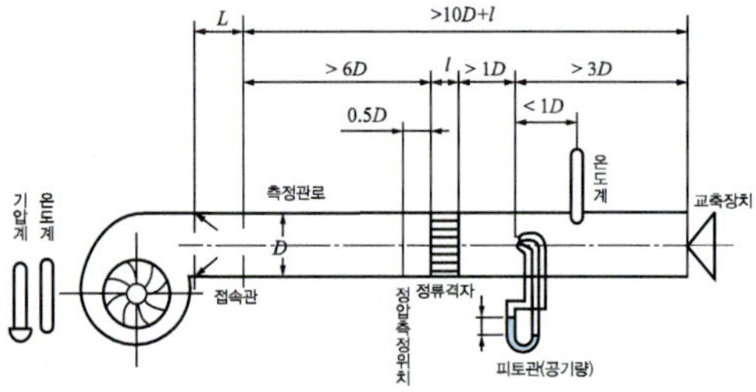

피토관을 이용한 경우

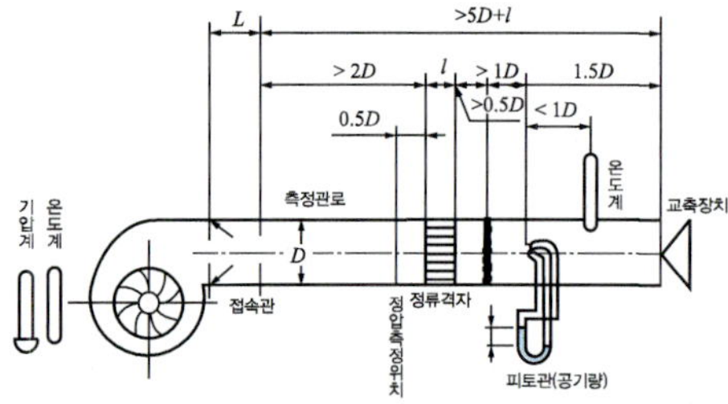

피토관과 정류망을 이용한 경우

그림 9-39 송풍기 성능곡선 작성을 위한 실험 장치

그림 9-40 송풍기 성능곡선 작성을 위한 측정 모습

송풍기 종류별로 성능곡선 모양이 다른데 그림 9-41에 4가지 종류의 송풍기 성능곡선을 정리하였다.

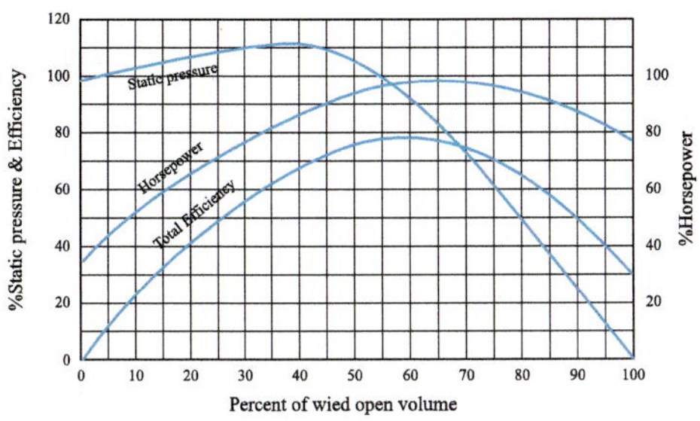

후향 날개형(터보형)

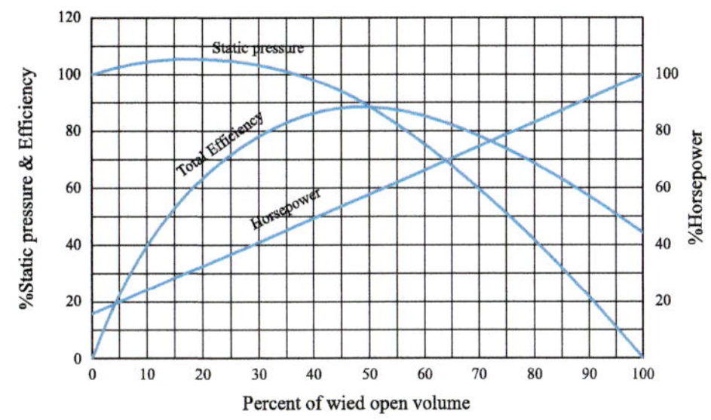

방사형(평판형)

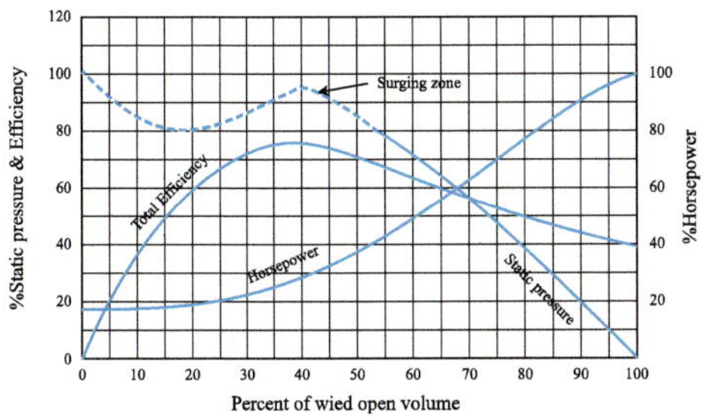

전향 날개형(시로코형)

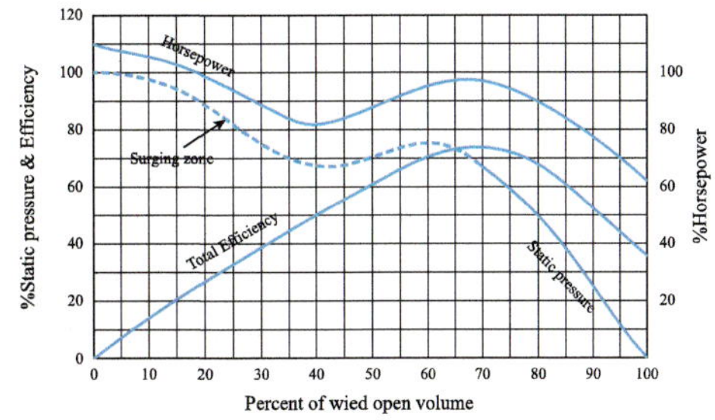

축류형

그림 9-41 송풍기 종류별 성능 곡선

6.5 시스템 요구곡선(system requirement curve)

시스템 요구곡선(System requirement curve)은 송풍기에 연결되어 있는 환기 시스템의 송풍량에 따른 압력손실요구량을 의미하는데 많은 송풍량을 얻기 위해서는 요구되는 시스템 정압도 그만큼 증가되어야 한다. 그림 9-42와 같이 난류인 경우(ex, 덕트 내부 기류) 송풍량의 제곱에 비례해서 압력손실이 증가하며, 층류인 경우(ex, bagfilter 집진기) 속도가 느리기 때문에 송풍량에 비례하여 증가한다.

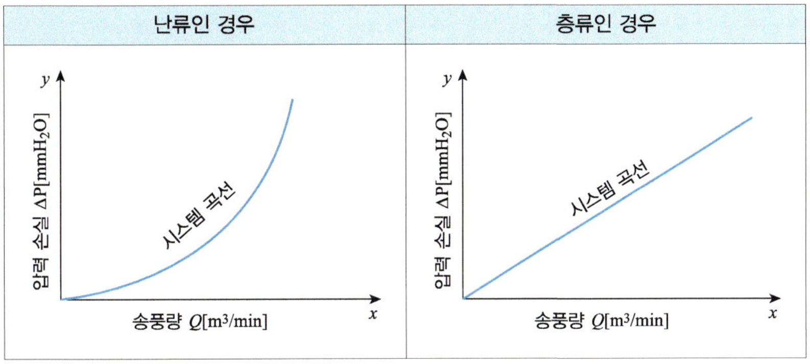

그림 9-42 시스템 요구 곡선

6.6 송풍기 운전점

그림 9-43과 같이 송풍기 성능곡선과 시스템 요구곡선을 겹치면 송풍기의 운전점을 찾을 수 있다. 예를 들어 이 송풍기는 정압이 80 mmAq에서 120 mmAq의 범위로 운전 가능하며, 유량은 30 m^3/min에서 80 m^3/min의 범위로 유량을 만들어 낼 수 있다. 시스템 요구곡선이 ①번 곡선과 같다면 정압이 100 mmAq, 유량은 50 m^3/min에서 운전됨을 알 수 있다.

그림에서 ①번 지점과 같이 정압이 100 mmAq이고 유량이 50 m^3/min으로 설계가 되었으나, ②번 지점과 같이 정압이 120 mmAq로 증가하고 유량이 30 m^3/min으로 감소한다면 이는 설계된 압력손실이 과소평가되었음을 알 수 있다. 반대로 ③번 지점과 같이 정압이 80 mmAq로 감소하고 유량이 80 m^3/min으로 증가한다면 이는 설계된 압력손실이 과대평가되었음을 알 수 있다.

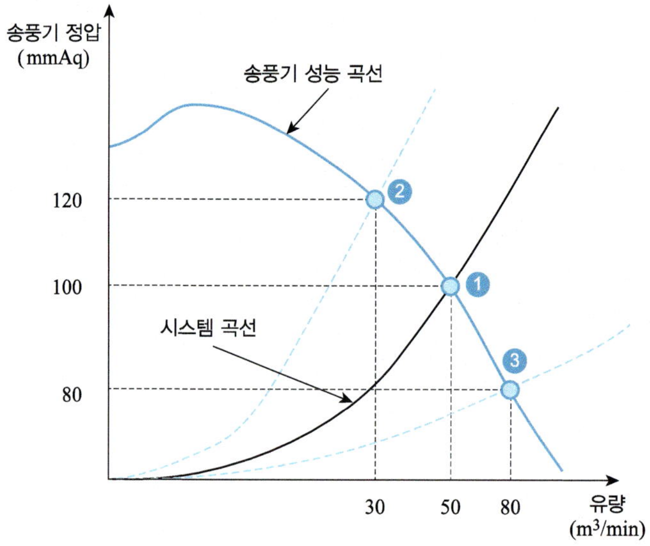

그림 9-43 압력에 따른 송풍기 운전점 변화

2대 이상의 송풍기가 연결되어 운전될 경우 성능곡선 상의 운전점이 조금 복잡해지는데 송풍기의 직렬과 병렬 연결 방식에 따라 달라진다. 일반적으로 정압을 증대시키기 위해 직렬 방식으로 구성하며, 유량을 증대시키기 위해 병렬 방식으로 구성한다. 단, 송풍기를 병렬로 연결하여도 총 유량이 단일 송풍기의 합보다 부족한 경우가 일반적이다.

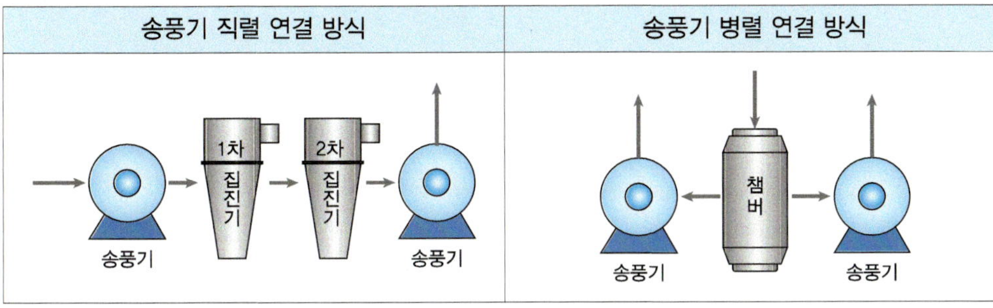

그림 9-44 송풍기 연결 방법

그림 9-45와 같이 송풍기를 직렬로 연결할 경우의 송풍기 성능곡선을 보면 500 m^3/min× 200 mmAq 용량의 송풍기(Q_1) 2대를 직렬 연결하여 배기시킬 경우 실제 총 배기 유량은 630 m^3/min(Q_2)이 발생됨을 알 수 있다. 이는 독립 운전할 때의 총 유량 1000 m^3/ min(500 m^3/min×2대) 보다 부족한 용량이다. 그러나 정압은 350 mmAq로 증가됨을 알 수 있다.

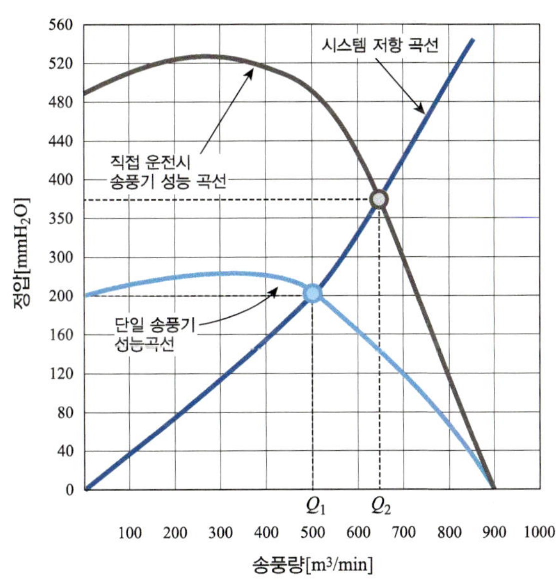

그림 9-45 송풍기 직렬 연결시 운전점 변화

그림 9-46과 같이 송풍기를 병렬로 연결할 경우의 송풍기 성능곡선을 보면 500 m^3/min× 200 mmAq 용량 송풍기(Q_1) 2대를 병렬 연결하여 배기시킬 경우 실제 총 배기 유량은 700 m^3/min(Q_2)이 발생됨을 알 수 있다. 이는 독립 운전할 때의 총 유량 1000

m^3/min (500 m^3/min×2대) 보다 부족한 용량이다. 따라서 송풍기를 직렬 및 병렬로 다수 연결 시에는 단일 송풍기에 비해 에너지 손실이 발생한다.

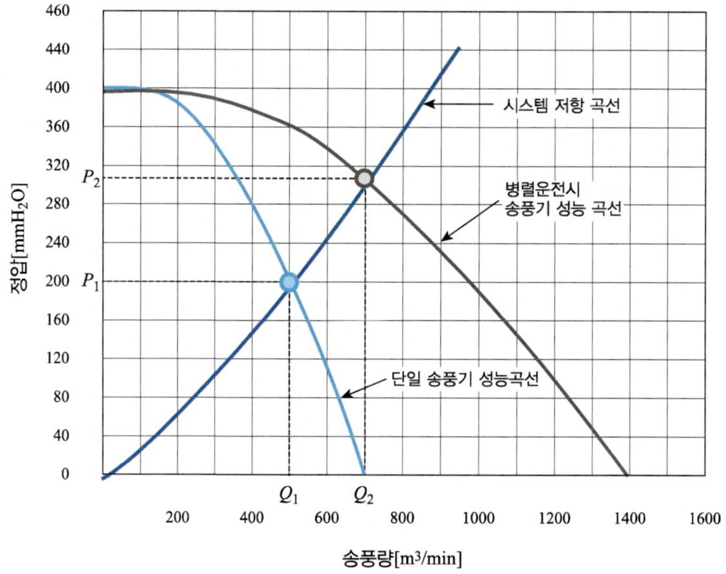

그림 9-46 송풍기 병렬 연결시 운전점 변화

6.7 송풍기의 시스템 손실

송풍기의 시스템 손실은 송풍기의 임펠러에 공급되는 공기흐름이 균일하지 못해 성능을 감소시키는 손실로써 일반적인 송풍기 성능곡선은 출입구의 기류가 균일한 상태에서 작성되는데 시스템 손실이 발생할 경우 송풍기의 성능곡선이 이동하게 된다.

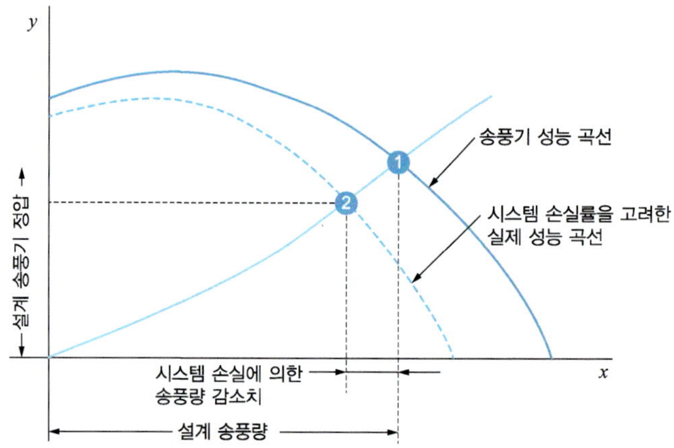

그림 9-47 송풍기 효율저하에 의한 성능곡선 변화

송풍기 입·출구에서 기류가 불균일하게 형성되면 시스템 손실(system effect loss)이 발생된다. 그림과 같이 송풍기 유입부 형상에 의해 와류가 발생하게 되면 시스템 손실이 발생하게 된다. 또한 덕트의 잘못된 연결이나 과도한 곡관 사용 등으로 인해 시스템 손실은 증가하게 된다.

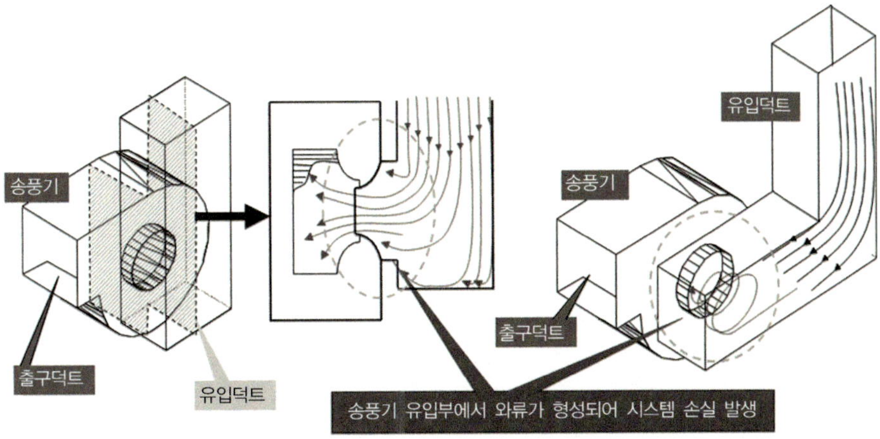

그림 9-48 시스템 손실 최소화를 위한 송풍기 전단 기류 분배판

그림 9-49 시스템 손실을 발생시키는 송풍기 연결 방법

시스템 설치 후 수정하기가 어렵기 때문에 시스템 설치 전 송풍기의 위치와 덕트 lay-out을 신중히 검토하는 것이 바람직하며, 여의치 않을 경우 송풍기 선정 시에 이를 고려하여 용량을 선정하는 것이 필요하다.

7 국소배기장치 설계

7.1 국소배기장치의 설계란?

그림 9-50과 같은 국소배기장치를 설치하기 위해 설계를 한다면 무엇을 어떻게 해야 할까? 국소배기장치에서 설계는 후드에서 필요한 유량을 계산하고 국소배기장치에서 발생되는 각종 압력손실을 계산하여 적절한 송풍기를 선정하는 것을 말한다. 앞서 우리가 공부한 모든 내용은 설치하고자 하는 국소배기장치에 적합한 송풍기를 선정하기 위해 필요한 것이다. 송풍기는 송풍기 성능곡선을 활용하여 결정하기 때문에 송풍기 풍량과 송풍기 정압을 계산할 수 있다면 국소배기장치 설계를 할 수 있다.

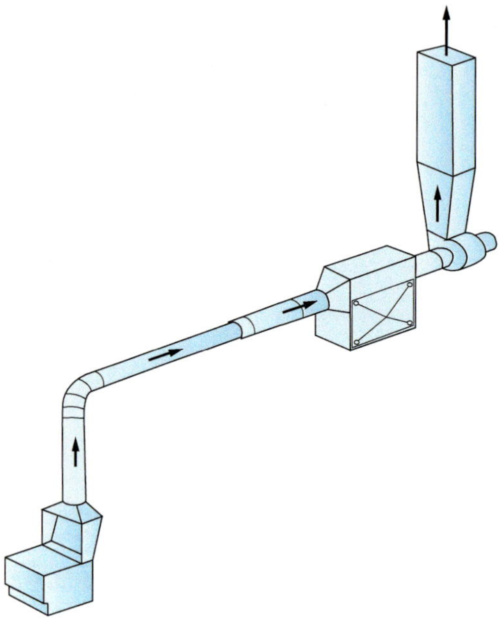

그림 9-50 설치 계획 중인 국소배기장치

7.2 국소배기장치 설계순서

국소배기장치 설계는 표 9-20과 같은 순서로 진행한다.

| 표 9-20 | 국소배기장치 설계순서

<table>
<tr><th colspan="2">구분</th><th>계산 방법</th><th>비고</th></tr>
<tr><td colspan="2">설계 준비</td><td colspan="2">작업환경상의 특성 및 취급 물질의 독성에 관한 정보를 수집
덕트 및 공기정화기 설치를 고려한 덕트 lay-out 작성</td></tr>
<tr><td colspan="2">후드 형태 결정</td><td colspan="2">작업 방법 및 조건을 고려한 후드 형태 결정
미국산업환기 매뉴얼 등 참고자료 참조</td></tr>
<tr><td colspan="2">후드 유량 계산</td><td colspan="2">제어유속에 따라 후드 배기유량 계산</td></tr>
<tr><td colspan="2">최소 반송속도 결정</td><td colspan="2">포집 물질 종류를 고려한 반송속도 결정</td></tr>
<tr><td colspan="2">덕트 크기 결정</td><td>$A=\frac{Q}{V}$ $D=\sqrt{\frac{4\times A}{\pi}}$</td><td>덕트 직경은 계산결과에서 5 mm 크기로 내림</td></tr>
<tr><td colspan="2">후드 유입손실</td><td>$\Delta P=K\times VP$</td><td>K : 후드 형태에 따른 압력손실 계수 적용
VP : 덕트 반송속도에 따른 동압 (mmAq)</td></tr>
<tr><td colspan="2">후드 가속 손실 계수</td><td>$\Delta P=VP$</td><td>정지된 공기가 후드로 유입될 때 발생되는 압력손실
가속손실 계수는 항상 "1"임</td></tr>
<tr><td rowspan="3">덕트 압력 손실</td><td>마찰 손실</td><td>$H_f=\frac{f}{D}=a\frac{V^b}{Q^c}$</td><td>$Q$: 유량(m^3/s), D : 관 직경(m),
V : 덕트 반송속도 (m/s)
a, b, c : 덕트 재질에 따른 계수 적용</td></tr>
<tr><td>곡관 손실</td><td>$\Delta P=K\times VP$</td><td rowspan="2">K : 곡관 및 합류관 각도에 따른 계수 적용
VP : 덕트 반송속도에 따른 동압 (mmAq)</td></tr>
<tr><td>합류관 손실</td><td>$\Delta P=K\times VP$</td></tr>
<tr><td colspan="2">송풍기 정압 계산</td><td>$FSP=SP_o-SP_i-VP_i$</td><td></td></tr>
<tr><td colspan="2">송풍기 선정</td><td colspan="2">송풍기 유량 및 송풍기 정압 계산 결과와 송풍기 시스템 곡선을 이용하여 송풍기 선정</td></tr>
</table>

7.3 단일 후드 설계

용접 작업대에서 발생되는 용접흄을 배기하기 위해 그림 9-51과 같이 단일 후드(후드가 1개)를 설치할 때 송풍기 유량 및 정압을 계산하여 적절한 송풍기를 선정하는 순서는 다음과 같다.

7.3.1 설계를 위한 기본 조건

표 9-21에 단일 후드 설계를 위한 조건을 정리하였다.

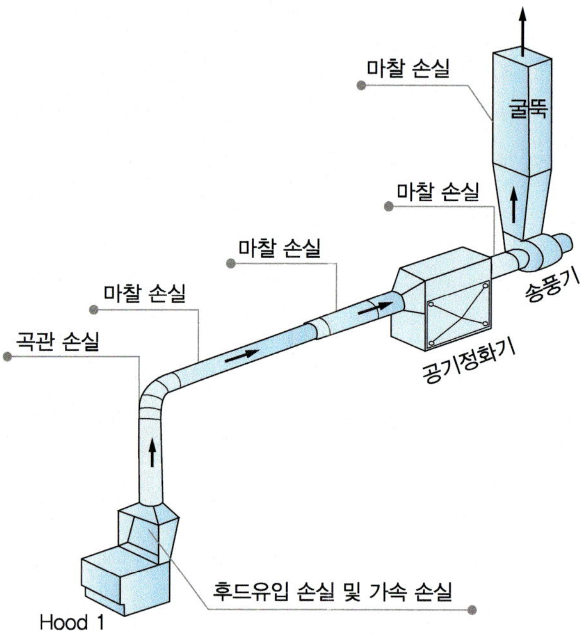

그림 9-51 단일 후드 압력손실 발생 위치

| 표 9-21 | 단일 후드 설계를 위한 조건

구분		설계 조건
후드		제원 : 0.3 m× 0.3 m 제어 거리 : 0.3 m 제어 유속 : 1 m/s (용접흄, 분진) 후드 유입손실계수 (F_h) : 0.5
덕트	후드 - 공기정화기	재질 : 아연도 강판 반송속도 : 18m/s 길이 : 50m 곡관 : 90° 1개, 곡률반경 2, 3조각 곡관
공기정화기		종류 : 백필터 압력손실 : 150mmAq
덕트	공기정화기- 송풍기	재질 : 아연도 강판 반송속도 : 18m/s 길이 : 5m
송풍기		송풍기를 기준으로 정압계산 위치만 표시 $FSP = SP_o - SP_i - VP_i$
굴뚝		재질 : 아연도 강판 반송속도 : 12m/s 길이 : 15m

7.3.2 단일 후드 설계

표 9-22과 표 9-23은 송풍기 전·후단의 압력손실 계산 방법과 결과를 정리한 것이다. 표 9-22에서 보면 송풍기 전단인 입구정압(Sp in)은 −192.7 mmAq로 계산되었고, 송풍기 후단 정압(Sp out)은 0.9 mmAq로 계산되었다. 그리고 송풍기 입구 속도압(Vp in)은 21.4 mmAq로 계산되었다.

송풍기 정압 계산식($FSP = SP_o - SP_i - VP_i$)에 따라 송풍기 정압을 계산하면 $FSP = 0.9 - (-192.7) - 21.4 = 172.2\,\mathrm{mmAq}$로 계산된다. 계산 결과를 종합하면 그림 9-51의 국소배기장치의 성능을 확보하기 위해 필요한 송풍기 유량은 59.4 m^3/min이고, 송풍기 정압은 172 mmAq로 계산되었다.

송풍기 성능곡선에서 계산된 유량과 정압을 만족하는 송풍기를 선정하여 설치하면 충분한 효과를 거둘 수 있다.

| 표 9-22 | 송풍기 전단 압력손실 계산 결과

구분		계산식		계산 결과
후드 유량 계산		$Q = 60 \times V \times (10X^2 + A)$	$= 60 \times 1 \times (10 \times 0.32 + (0.3 \times 0.3))$ $= 59.4$ m^3/min	0.99 m^3/s
덕트 크기 결정		$A = \dfrac{Q}{V}$ $D = \sqrt{\dfrac{4 \times A}{\pi}}$	$A = \dfrac{0.99}{18} = 0.055\,\mathrm{m^2}$ $D = \sqrt{\dfrac{4 \times 0.055}{3.14}} = 0.264\,\mathrm{m}$ * 5 mm단위로 내림	260 mm
실제 반송속도 계산		$V = \dfrac{Q}{A}$	$V = \dfrac{Q}{A} = \dfrac{0.99}{0.056} =$	18.7 m/s
속도압 계산		$VP = \dfrac{rV^2}{2g}$	$= \dfrac{1.2 \times 18.7^2}{2 \times 9.8} =$	21.4 mmAq
송풍기 전단 압력 손실	후드 유입손실	$\Delta P = K \times VP$	$= 0.5 \times 21.4 =$	10.7 mmAq
	후드 가속 손실 계수	$\Delta P = VP$	$= 1 \times 21.4 =$	21.4 mmAq
	덕트 마찰 손실계수	$H_f = \dfrac{f}{D} = a\dfrac{V^b}{Q^c}$	$H_f = 0.0155\dfrac{18.7^{0.533}}{0.99^{0.612}}$ $= 0.07428$ mmAq/덕트길이	
	후드-공기정화기 구간 마찰손실	$\Delta P = H_f \times$덕트 길이	$H_f = 0.07428 \times 50\,\mathrm{m} =$	3.71 mmAq

| 표 9-22 | **송풍기 전단 압력손실 계산 결과**

구분		계산식		계산 결과
송풍기 전단 압력 손실	곡관 손실	$\Delta P = K \times VP$	$\Delta P = 0.33 \times 21.4 =$	7.062 mmAq
	합류관 손실	$\Delta P = K \times VP$	합류관 없음	
	공기정화기	공기정화기 설계시 제시됨		150 mmAq
	공기정화기-송풍기 구간 마찰손실	$\Delta P = H_f \times$덕트 길이	$H_f = 0.07428 \times 5\,\mathrm{m} =$	0.371 mmAq
	송풍기 전단 압력손실 합계 (Sp in)		$= 10.7 + 21.4 + 3.17 + 7.062 + 150 + 0.371$	192.7 mmAq
송풍기 입구 정압			유입 속도압 (Vp in) =	21.4 mmAq

| 표 9-23 | **송풍기 후단 압력손실 계산 결과**

구분		계산식		계산 결과
후드 유량 계산		$Q = 60 \times V \times (10X^2 + A)$	$= 60 \times 1 \times (10 \times 0.32 + (0.3 \times 0.3))$ $= 59.4\,\mathrm{m^3/min}$	$0.99\,\mathrm{m^3/s}$
덕트 크기 결정		$A = \dfrac{Q}{V}$ $D = \sqrt{\dfrac{4 \times A}{\pi}}$	$A = \dfrac{0.99}{12} = 0.0825\,\mathrm{m2}$ $D = \sqrt{\dfrac{4 \times 0.0825}{3.14}} = 0.324\,\mathrm{m}$ * 5 mm 단위로 내림	320 mm
실제 반송속도 계산		$V = \dfrac{Q}{A}$	$V = \dfrac{Q}{A} = \dfrac{0.99}{0.080} =$	12.37 m/s
속도압 계산		$VP = \dfrac{rV^2}{2g}$	$= \dfrac{1.2 \times 12.37^2}{2 \times 9.8} =$	9.36 mmAq
송풍기 후단 압력 손실	덕트 마찰 손실계수	$H_f = \dfrac{f}{D} = a\dfrac{V^b}{Q^c}$	$H_f = 0.0155\dfrac{12.37^{0.533}}{0.99^{0.612}}$ $= 0.05956\,$mmAq/덕트길이	
	후드-공기정환기 구간 마찰손실	$\Delta P = H_f \times$덕트길이	$H_f = 0.05956 \times 15\,\mathrm{m} =$	0.9 mmAq
	송풍기 후단 압력손실 합계		$= 0.9$	0.9 mmAq

7.4 다중 후드 설계

그림 9-52는 후드가 2개 이상인 다중후드의 모습이다. 다중후드에서 가장 중요한 것은 합류지점(A)에서의 압력 평형을 계산하는 것이다.

후드 1에서 합류점 A까지와 후드 2에서 합류점 A까지 각각 발생된 압력손실이 표 9-24와 같다고 가정해보자. 압력손실은 표 9-22와 같은 방법으로 계산한 것으로 가정하고 계산 결과를 정리한 것으로 생각하자. 표 9-24에서 후드 1-A까지는 정압이 40 mmAq가 필요하고, 후드 2-A까지는 정압이 53 mmAq가 필요하다. 이때 합류지점 A에 필요한 압력은 얼마인가?

합류지점에서 정압을 40 mmAq으로 맞추면 후드 1은 충분한 배기유량을 확보할 수 있지만, 후드 2는 정압이 부족하여 배기유량을 확보하지 못하게 된다. 그럼 합류지점에서 정압을 −53 mmAq으로 맞추면 어떻게 될까? 후드 2는 충분한 유량을 확보하겠지만, 후드 1은 불필요하게 배기량이 증가하는 결과를 초래하게 된다.

다중후드의 경우 합류지점에서는 둘 중 압력손실이 크게 발생하는 후드를 지배정압이라 부르고 지배정압에 맞게 덕트 정압을 맞춘다. 그리고 압력이 낮은 후드에는 댐퍼를 조정하여 인위적으로 압력손실을 증가시켜 불필요하게 유량이 증가하지 않도록 해야 한다.

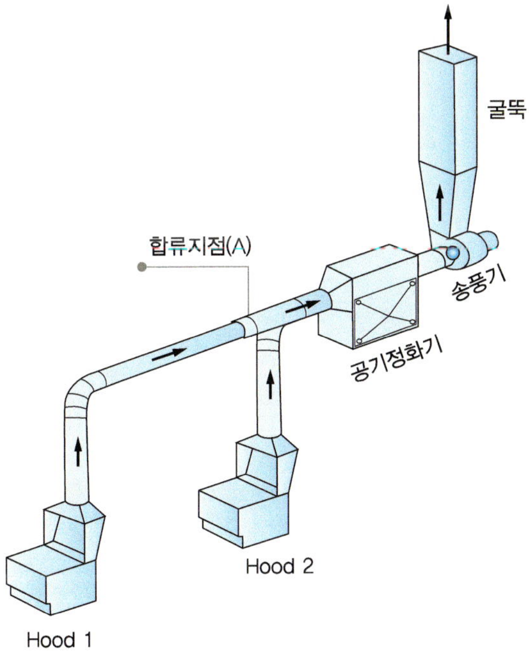

그림 9-52 단일 후드 압력손실 발생 위치

정압을 계산할 때 합류지점 A 이후에는 후드 1과 후드 2유량을 합해서 배기유량을 계산하고 덕트 직경도 조정해야 한다.

합류점에서 유량 및 정압 조정 방법은 표 9-24에 정리하였다.

표 9-24 각 지점별 압력손실

구분	후드 1–합류점 A	후드 2–합류점 A	비고
후드 배기유량(m^3/min)	20	30	
후드 유입손실(mmAq)	10	15	
마찰손실(mmAq)	5	3	
곡관손실(mmAq)	5	곡관없음	
합류관손실(mmAq)	합류관없음	5	
합류지점까지 압력손실	40	53	
합류지점A에 필요한 정압	53		후드 2가 지배정압
정압 평행 조정 방법	댐퍼 조정		
합류지점A 이후 설계 방법	후드 1과 후드 2의 유량을 합한 후 반송속도에 따른 덕트 직경 재산정		

제 10 장 개인보호구의 사용 및 관리

학습목표
- 개인보호구의 종류와 사용방법에 대해 이해한다.
- 호흡보호구의 선정 및 관리 방법에 대해 학습한다.
- 눈 보호구 및 피부 보호구의 사용 방법에 대해 학습한다.

1 개인보호구

본 장에서는 다양한 작업환경에서 작업 시 발생할 수 있는 여러 종류의 재해를 예방하기 위하여, 근로자가 필요로 하는 개인보호구의 종류와 사용방법에 대한 사항을 이해함으로서 산업 전반의 작업환경에서 발생할 수 있는 재해를 예방하기 위하여 근로자가 착용하는 개인보호구에 대하여 학습한다. 단, 근로자들이 노상에서 쓰는 사이클헬멧, 모터헬멧 또는 충돌방지헬멧 등은 본 장에서의 작성 범위의 적용을 받지 않는다. "개인보호구"라 함은 근로자의 건강과 안전에 가해지는 위험으로부터 근로자를 보호하는 모든 장비를 말한다. 개인보호구에는 안전모, 안전화, 보안경, 안전장갑 그리고 안전대 등이 포함된다.

1.1 일반사항

1) 작업환경이 설비개선 등의 방법으로 적절히 개선될 수 없어 근로자의 건강과 안전에 위험이 있을 때에는 언제나 개인보호구가 지급되고 사용되어져야 한다.
2) 개인보호구 사용에 관한 내용들은 다음 사항들을 포함하여야 한다.
   ① 사용하기 전 보호구 적절성을 확인하는 방법 및 적절한 배분에 대한 사항

② 적절한 유지 관리 및 보관방법

③ 안전하게 사용할 수 있는 방법에 대한 사용설명서 제공

④ 올바르게 사용하는 방법

1.2 작업별 개인보호구의 선정

1.2.1 일반 작업별 보호구

작업명	보호구	보호대상
물체가 떨어지거나 날아올 위험 또는 근로자가추락할 위험이 있는 작업	안전모	머리
높이 또는 깊이 2미터 이상의 추락할 위험이있는 장소에서 하는 작업	안전대(安全帶)	몸
물체의 낙하·충격, 물체에의 끼임, 감전 또는정전기의 대전(帶電)에 의한 위험이 있는 작업	안전화	발
물체가 흩날릴 위험이 있는 작업	보안경	눈
용접 시 불꽃이나 물체가 흩날릴 위험이 있는작업	보안면	눈, 얼굴
감전의 위험이 있는 작업	절연용 보호구	머리, 손
고열에 의한 화상 등의 위험이 있는 작업	방열복	몸
선창 등에서 분진(粉塵)이 심하게 발생하는 하역작업	방진마스크	호흡기
섭씨 영하 18도 이하인 급냉동 어창(수산물보관소, 창고)에서 하는 하역작업	**방한모 · 방한복 · 방한화 · 방한장갑**	몸

1.2.2 유해인자 취급 작업별 보호구

유해인자	작업명	보호구	관련근거 (안전보건 기준 규칙)
관리대상 유해물질 (별표12)	1. 유기화합물을 넣었던 탱크(유기화합물의 증기가 발산할 우려가 없는 탱크는 제외) 내부에서의 세척 및 페인트칠 업무 2. 유기화합물 취급 특별장소에서 단시간 동안 유기화합물을 취급하는 업무	송기마스크	제450조 제1항
	1. 밀폐설비나 국소배기장치가 설치되지 아니한 장소에서의 유기화합물 취급업무	송기마스크 또는 방독마스크	제450조 제2항

유해인자	작업명	보호구	관련근거 (안전보건 기준 규칙)
관리대상 유해물질 (별표12)	2. 유기화합물 취급 장소에 설치된 환기장치 내의 기류가 확산 될 우려가 있는 물체를 다루는 유기화합물 취급업무 3. 유기화합물 취급 장소에서 유기화합물의 증기 발산원을 밀폐하는 설비(청소 등으로 유기화합물이 제거된 설비는 제외)를 개방하는 업무		
	금속류, 산·알칼리류, 가스상태 물질류 등을 취급하는 작업	호흡용 보호구	제450조 제4항
	피부 자극성 또는 부식성 관리대상유해물질을 취급하는 작업	불침투성 보호복· 안전장갑·안전장화, **피부보호용약품**	제451조 제1항
	관리대상 유해물질이 흩날리는 업무	보안경	제451조 제2항
허가대상 유해물질 (영제30조)	허가대상 유해물질을 제조·사용하는 작업	방진마스크 또는 방독마스크	제469조 제1항
	피부장해 등을 유발할 우려가 있는 허가대상 유해물질 취급업무	불침투성보호복· 안전장갑·안전장화, **피부보호용약품**	제470조 제1항
석면	석면해체·제거작업	방진마스크(특등급) 또는 송기마스크 또는 전동식호흡보호구고글 (Goggles)형 보안경, **신체를 감싸는 보호복· 보호장갑·보호신발**	제491조 제1항
금지 유해물질 (영제29조)	금지유해물질을 취급하는 경우	불침투성보호복· 안전장갑, 별도의 정화통을 갖춘 호흡용보호구	제510조 제1항 제511조 제1항
소음	소음작업, 강렬한 소음작업 또는 충격소음작업	귀마개 또는 귀덮개	제516조 제1항
진동	진동작업	**방진장갑 등진동보호구**	제518조제1항
이상기압	고압작업	호흡용보호구, **섬유로프, 그밖의 피난용구**	제529조

유해인자	작업명	보호구	관련근거 (안전보건 기준 규칙)
고열	1. 다량의 고열물체 취급작업 2. 매우 더운 장소에서 작업	방열장갑, 방열복	제572조제1항
저온	1. 다량의 저온물체 취급작업 2. 현저히 추운 장소에서 작업	**방한모, 방한화, 방한장갑, 방한복**	제572조제1항
방사성물질	분말 또는 액체 상태의 방사성물질에 오염된 지역에서 작업	호흡용보호구	제587조제1항
	방사성물질이 흩날림으로써 근로자의 신체가 오염될 우려가 있는 경우	**보호복, 보호장갑, 신발덮개, 보호모**	제587조제2항
병원체	환자의 가검물 처리(검사·운반·청소 및 폐기) 작업	**보호앞치마, 보호장갑, 보호마스크**	제596조제1항
혈액매개 감염	혈액이 분출되거나 분무될 가능성이 있는 작업	**보안경, 보호마스크**	제600조제1항
	혈액 또는 혈액오염물을 취급하는 작업	**보호장갑**	
	다량의 혈액이 의복을 적시고 피부에 노출될 우려가 있는 작업	**보호앞치마**	
공기매개 감염	공기매개 감염병이 있는 환자와 접촉하는 경우	**결핵균 등 방지용보호마스크**	제601조제1항
곤충 및 동물매개 감염	곤충 및 동물매개 감염병 고위험작업	**긴 소매의 옷, 긴 바지의 작업복**	제603조
분진	분진작업	호흡용보호구	제617조
산소결핍	밀폐공간 작업	**공기호흡기** 또는 송기마스크, **사다리, 섬유로프**	제625조
	밀폐공간에서 위급한 근로자를 구출하는 작업	**공기호흡기** 또는 송기마스크	제626조
	밀폐공간에서 산소결핍증이나 유해가스로 인하여 추락할 우려가 있는 경우	안전대, **구명밧줄, 공기호흡기** 또는 송기마스크	제645조제1항
유해가스	탱크·보일러 또는 반응탑의 내부 등 통풍이 충분하지 않은 장소에서 용접·용단 작업	**공기호흡기** 또는 송기마스크	제629조
	지하실, 맨홀의 내부 또는 통풍이 불충분한 장소에서 가스배관공사	공기호흡기 또는 송기마스크	제634조제1항
사무실오염 물질	냉난방장치 등 공기정화설비의 청소,개·보수 작업	보안경, 방진마스크	제654조제1항

① 굵은 글씨는 산업안전보건법에서 안전인증을 실시하지 않고 있는 보호구

② "불침투성 보호복 · 안전장갑 · 안전장화"는 일부 화학물질에 대하여는 안전인증을 실시하고 있으나, 보호복은 분진에 대하여 안전인증을 실시하지 않고 있음

③ 호흡용보호구(呼吸用保護具) 해설

- 작업환경 중에 존재하는 가스, 증기, 미스트, 분진 등의 유해물질이 근로자의 체내에 들어가는 것을 방지하기 위해 사용되는 보호구의 총칭
  - 분진의 체내침입을 방지하는 방진마스크, 가스나 증기가 체내에 들어가는 것을 방지하는 방독마스크, 송기마스크, 전동식 호흡보호구, 공기호흡기 등이 있음
- 방진마스크와 방독마스크는 외기를 여과하여 유해작용을 하는 분진, 가스, 증기 등을 제거하는 여과층, 여과재, 흡수관을 구비하고 있음
  - 면체와 흡수관 또는 여과재가 연결관에 의하여 연결되어 있으면 격리식, 연결관 없이 면체에 곧바로 연결되어 있으면 직결식으로 구분
  - 분진포집효율 및 제독능력은 사용시간과 보관방법에 따라 달라지므로 주의가 필요하므로 사용시간 등에 대하여는 사용설명서나 제조업체로부터 확인
  - 방진마스크와 방독마스크는 외기를 여과하여 오염물질을 제거하므로 산소결핍장소, 즉 산소농도가 18% 미만인 장소에서는 착용을 해서는 안 됨
- 호스를 사용하여 청정한 공기를 근로자에게 공급하는 송기마스크에는 흡수관이나 여과층이필요하지 않지만 압축된 공기, 산소 또는 산소발생장치를 구비히여야 함

④ 화학물질용 보호구 선정방법

- 관리대상 · 허가대상 · 금지유해물질, 유해가스, 금속류 분진 등의 화학물질용 보호구 중 호흡용보호구, 보호복, 안전장갑, 안전화는 일부 화학물질에 대하여만 보호성능을 시험하고 있으므로, 화학물질별로 보호성능이 있는지 여부에 대하여는 제품사용 설명서 및 보호구 제조업체 등으로부터 정확히 확인을 받아 선정하고 사용방법에 따라 사용

1.2.3 개인보호구에 대한 평가

어떤 개인보호구를 선택할지는 작업장 내의 여러 유해·위험요소들을 주의 깊게 고려하여 선택하여야 한다. 이것은 어떤 개인보호구가 위험에 대처하여 신체를 보호하는데

적절하고 또 수행할 작업에 적절한지를 평가할 수 있도록 한다.

개인보호구가 적절한지를 평가할 때는 다음 사항을 고려해야 한다.

- 개인보호구는 위험예방에 적합해야 하며 위험이 발생될 수 있는 노출된 장소의 조건들에 적합해야 한다. 예를 들어 농약에 대한 보호를 위해 고안된 보안경은 철이나 돌을 절단하기 위한 연마기를 사용하는 근로자의 보안경으로는 적합하지 않다.
- 개인보호구는 근로자가 몸에 맞출 수 있도록 조절될 수 있어야 한다.
- 개인보호구를 착용하는 근로자는 개인보호구를 착용하는데 필요한 시간, 작업을 하는데 요구되는 물리적 노력 그리고 시인성과 정보교환을 위한 필요사항 등을 알아야 한다.
- 개인보호구를 착용하는 근로자들의 건강상태가 검사되어야 한다.
- 한 종류 이상의 개인보호구를 착용한다면 그것들은 서로 조화를 이루어야 한다. 예를 들어 특수한 형태의 호흡기 보호장비는 보안경을 착용하는 것을 어렵게 하지 않아야 한다.

1.2.4 개인보호구 사용에 관한 교육 훈련

1) 개인보호구를 정확히 사용하기 위해서는 그것이 왜 필요한지, 언제 사용되고, 대체되어야 하는지, 그것의 한계는 무엇인지 등에 대해서 근로자에게 알려주어야 한다.
2) 개인보호구를 올바르게 사용하는 방법을 훈련시키고 교육시켜서 근로자가 이것을 확실히 사용할 수 있게 하여야 한다.
3) 개인보호구는 다른 보호방법들을 고려한 이후 마지막 선택이기 때문에 근로자가 위험에 노출되어 있을 때는 항상 보호구를 착용하는 것이 중요하다. 단 몇 분 동안의 작업 중이라도 예외는 결코 허용되지 않는다.
4) 개인보호구가 사용되고 있는지를 정기적으로 검사하고 그렇지 않을 경우 그 이유를 완벽하게 조사해야 한다. 안전보건표지는 근로자가 개인보호구를 착용하는데 도움이 된다.

1.2.5 개인보호구의 유지 관리

1) 사용하지 않을 때는 이상 유무를 검사하고 오염되지 않도록 조치하는 등 적절하게 보관해야 한다. 예를 들어 건조하고 깨끗한 벽장에 보관하고 혹은 눈 보호대 같은

작은 물품들의 경우에는 상자에 보관해야 한다.

2) 청결하고 보수가 잘 되어 있어야 하며, 교환 시기 및 유효기간 명시를 포함하여 제조자의 유지관리사항을 따라야 한다. 단순한 유지보수는 훈련받은 착용자 자신이 이행할 수 있으나 보다 복잡한 수리 등은 전문가에 의해서만 이루어져야 한다.

2 호흡보호구의 선정 · 사용 및 관리

본 장은 산업안전보건기준에 관한 규칙(이하 "안전보건규칙"이라 한다)에서 근로자 건강장해 예방을 위하여 규정하고 있는 호흡보호구의 올바른 선정, 지급, 착용, 유지보수 및 관리에 관한 기술적 사항을 이해함으로서 유해 작업장에서 일하는 근로자의 건강을 보호하기 위하여 호흡용 보호구를 지급 · 착용하여야 하는 내용이다. 다만 다음의 보호구에는 적용하지 아니한다.

(1) 수중호흡장치
(2) 항공기 산소장치
(3) 군용 방독마스크
(4) 의료용 흡입기와 구급소생기

2.1 용어의 정의

1) "호흡보호구"라 함은 산소결핍공기의 흡입으로 인한 건강장해예방 또는 유해물질로 오염된 공기 등을 흡입함으로써 발생할 수 있는 건강장해를 예방하기 위한 보호구를 말한다.

2) "방독마스크"라 함은 흡입공기 중 가스 · 증기상 유해물질을 막아주기 위해 착용하는 호흡보호구를 말한다.

3) "방진마스크"라 함은 흡입공기 중 입자상(분진, 흄, 미스트 등) 유해물질을 막아주기 위해 착용하는 호흡보호구를 말한다.

4) "송기식 마스크"라 함은 작업장이 아닌 장소의 공기를 호스 등을 통하여 공급하여 흡입할 수 있도록 만들어진 호흡보호구를 말한다.

5) "자급식 마스크"란 착용자의 몸에 지닌 압력공기실린더, 압력산소실린더 또는 산

소발생장치가 작동되어 호흡용 공기가 공급되도록 만들어진 호흡보호구를 말한다.

6) "밀착도 검사(fit test)"라 함은 착용자의 얼굴에 호흡보호구가 효과적으로 밀착되는지 확인하기 위한 검사를 말한다.

7) "보호계수(Protection Factor, PF)"라 함은 호흡보호구 바깥쪽에서의 공기 중오염물질 농도와 안쪽에서의 오염물질 농도비로 착용자 보호의 정도를 나타내는 척도를 말한다.

8) "할당보호계수(Assigned Protection Factor, APF)"란 잘 훈련된 착용자가 보호구를 착용했을 때 각 호흡보호구가 제공할 수 있는 보호계수의 기대치를 말한다.

9) "밀폐공간"이라 함은 산업안전보건기준에 관한 규칙 제618조에서 정한 내용을 말한다.

10) "즉시위험건강농도(IDLH, Immediately Dangerous to Life or Health)"라 함은 생명 또는 건강에 즉각적으로 위험을 초래하는 농도로서 그 이상의 농도에서 30분간 노출되면 사망 또는 회복 불가능한 건강장해를 일으킬 수 있는 농도를 말한다.

11) "밀착형 호흡보호구"란 호흡보호구의 안면부가 얼굴이나 두부에 직접 닿는 호흡보호구를 말한다.

12) "유해비"라 함은 공기 중 오염물질 농도와 노출기준과의 비로 호흡보호구 착용장소의 오염정도를 나타내는 척도를 말한다.

2.2 호흡보호구의 종류

2.2.1 기능 및 안면부 형태에 따른 호흡보호구 분류

호흡보호구를 기능 및 안면부 형태별로 분류하면 다음과 같다.

분류	공기정화식		공기공급식	
종류	비전동식	전동식	송기식	자급식
안면부 등의 형태	전면형, 반면형	전면형, 반면형	전면형, 반면형, 페이스실드, 후드	전면형
보호구 명칭	방진마스크, 방독마스크, 겸용 방독마스크 (방진+방독)	전동기 부착방진마스크, 방독마스크, 겸용 방독마스크 (방진+방독)	호스 마스크, 에어라인마스크, 복합식 에어라인마스크	공기호흡기(개방식) 산소호흡기(폐쇄식)

1) 공기정화식은 오염공기가 호흡기로 흡입되기 전에 여과재 또는 정화통을 통과시켜 오염물질을 제거하는 방식으로서 다음과 같이 비전동식과 전동식으로 분류한다.
   ① 비전동식은 별도의 전동기가 없이 오염공기가 여과재 또는 정화통을 통과한뒤 정화된 공기가 안면부로 가도록 고안된 형태이다.
   ② 전동식은 사용자의 몸에 전동기를 착용한 상태에서 전동기 작동에 의해 여과된 공기가 호흡호스를 통하여 안면부에 공급하는 형태이다.
2) 공기공급식은 공기 공급관, 공기호스 또는 자급식 공기원(공기보관용기 등)을 가진 호흡보호구로서 신선한 호흡용 공기만을 공급하는 방식으로서 송기식과 자급식으로 분류한다.
   ① 송기식은 공기 호스 등으로 호흡용 공기를 공급할 수 있도록 설계된 형태이다.
   ② 자급식은 호흡보호구 사용자가 착용한 압력공기 보관용기를 통하여 공기가 공급되도록 한 형태이다.
3) 마스크의 안면부 형태별로 전면형, 반면형의 구분은 다음과 같다.
   ① 전면형 마스크는 사용자의 눈, 코, 입 등 안면부 전체를 덮을 수 있는 마스크이다.
   ② 반면형 마스크는 사용자의 코와 입을 덮을 수 있는 마스크이다.

2.2.2 오염물질에 따른 호흡보호구 분류

1) 입자상 오염물질 제거용 호흡보호구

분진, 흄, 미스트 등의 입자상 오염물질을 제거하기 위한 방진마스크는 다음과 같이 구분한다.

등급	제거대상 오염물질	비고
특급	- 베릴륨 등과 같이 독성이 강한 물질들*을 함유한 분진 등 * 산업안전보건법의 분진, 흄, 미스트 등의 입자상 제조 등 금지물질, 허가 대상 유해물질, 특별관리물질	노출수준에 따라 호흡보호구 종류 및 등급이 달라질수 있음
1급	- 금속흄 등과 같이 열적으로 생기는 분진 등 - 기계적으로 생기는 분진 등 - 결정형 유리규산	
2급	- 기타 분진 등	

2) 가스 · 증기상 오염물질 제거용 호흡보호구

① 정화통이 개발되지 않은 일부 화학물질을 취급할 경우 송기마스크 등 양압의 공기

공급식 호흡보호구를 착용하여야 한다. 이때 정화통 미개발 물질여부는 전문가 또는 제조사에 문의하여 확인토록 한다.

② 정화통이 개발된 물질은 상온에서 가스 또는 증기상태의 오염물질을 제거하기 위한 방독마스크로 정화통 종류 및 외부 측면의 표시 색으로 구분한다.

2.3 호흡보호구 사용을 위한 필요조건

2.3.1 호흡보호구의 사용원칙

1) 공기 중의 분진, 흄, 미스트, 증기 및 가스 등의 오염된 공기를 흡입함에 따라 발생할 수 있는 중독 또는 질식재해를 예방하기 위하여 가능한 공학적 대책(예를 들면 작업의 포위나 밀폐, 전체환기 및 국소배기, 저독성 물질로 대체)을 세우는 것을 우선하여야 한다.
2) 공학적 대책의 적용이 곤란하거나 단시간 또는 일시적 작업을 행할 때에는 적절한 호흡보호구를 사용하여야 한다.

2.3.2 사업주의 역할

1) 사업주는 근로자의 건강을 보호하기 위하여 필요한 경우에는 작업내용에 맞는적절한 호흡보호구를 선택하여 지급하여야 한다.
2) 사업주는 호흡보호구 착용 및 관리 매뉴얼을 수립 · 시행하여야 한다.

2.3.3 근로자의 역할

1) 근로자는 사업주가 지급한 호흡보호구를 반드시 착용하여야 하고 호흡보호구 보관 · 세척 · 훼손 방지 · 분실 예방 등의 사업주의 조치에 따라야 한다.
2) 근로자는 호흡보호구가 손상이 되지 않도록 취급하여야 한다.
3) 근로자는 호흡보호구의 기능에 이상을 발견한 때에는 부서 책임자 또는 사업주에게 알려야 한다.

2.4 호흡보호구 선정을 위한 고려사항

2.4.1 작업 시 노출되는 유해인자 정보

호흡보호구 관리자는 근로자에게 노출되는 유해인자에 대해 필요한 정보를 얻기 위하여 산업위생이나 산업독성학에 관한 자료를 참조하고 관련 전문가에게 의견을 들어야 한다.

2.4.2 호흡보호구 선정 전 고려사항

1) 호흡보호구를 선정하기에 앞서 다음과 같이 화학물질의 호흡과 관련한 유해성 및 조건을 알아야 한다.
   ① 오염물질의 종류 및 농도와 같은 일반적인 조건 : 고용노동부고시 화학물질 및 물리적 인자의 노출기준에 따른 노출기준 제정 물질인지 여부를
   ② 오염물질의 물리화학 및 독성 특성
   ③ 노출기준
   ④ 과거와 현재 노출농도, 최대로 노출이 예상되는 농도
   ⑤ 즉시위험건강농도(IDLH)
   ⑥ 작업장의 산소농도 혹은 예상 산소농도
   ⑦ 눈에 대한 자극 혹은 자극 가능성
2) 공기 중 오염물질의 농도를 측정한다.
3) 호흡보호구의 일반적인 사용조건에는 호흡보호구를 착용함으로 인한 불편 정도는 물론이고 작업시간, 주기, 위치, 물리적인 조건 및 공정 등 작업의 실체가 포함되어야 한다. 근로자의 의학적 및 심리적 문제로 인하여 공기호흡기 같은 호흡보호구를 사용하지 못할 수도 있다.
4) 사업주는 정화통의 교환주기표를 작성하여 근로자가 볼 수 있도록 하여야 한다. 이 주기는 제조사의 도움이나 수명시험을 통하여 만들 수 있다. 착용자가 느끼는 오염물질의 냄새 특성과 관계없이 평가를 실시하고, 극한의 온도와 습도에서 실시되어야 한다.
5) 정화통은 교환주기표에 따라 교환하여야 하며 냄새에 의존하지 않아야 한다. 하지만 착용자들이 냄새가 나거나 피부에 자극적인 증상을 느끼면 오염지역을 벗어나도록 훈련받아야 한다.
6) 작업장 유해물질의 농도는 매일 그리고 시시때때로 변한다. 그러므로 유해물질의 농도가 가장 높은 경우를 고려하여 호흡보호구를 선정해야 한다.
7) 밀착형 호흡보호구는 정성 또는 정량 밀착도 검사를 권고한다.
8) 밀착형 호흡보호구를 얼굴에 흉터나 기형이 있는 자가 착용하거나 안면부에 머리카락이나 수염이 있는 경우 공기의 누설이 발생할 수 있으므로 착용하지 않아야

한다.

9) 공기정화식 특히, 가스 또는 증기 유해물질 종류별 적정 정화통 및 교체주기를 준수하여야 한다. 예를 들어, 노출되는 유해물질에 부적합한 정화통을 사용하거나 파과 후까지 사용해서는 안 된다.

10) 한국산업안전보건공단 인증 호흡보호구를 사용하여야 한다.

2.4.3 호흡보호구의 할당보호계수

1) 호흡보호구의 할당보호계수는 오염물질을 제거할 수 있는 정화통이 개발된 경우에 적용하여야 하며 정화통이 개발되지 않은 물질에 대해서는 그 농도에 관계없이 송기마스크 등 양압의 공기공급식 마스크를 착용하여야 한다.

2) 할당보호계수의 활용은 유해비를 산출하고 유해비보다 높은 할당보호계수의 호흡보호구를 산출한다.

① **예시 1** : 톨루엔의 노출기준은 50 ppm인데, 공기 중 오염물질의 농도를 측정한 결과 1,500 ppm이다. 어떤 호흡보호구를 선정하여야 하는가?

ⓐ 유해비 = 1,500 ppm/50 ppm = 30

ⓑ 할당보호계수가 유해비 30보다 큰 호흡보호구 선정

ⓒ 호흡보호구 선정 : 가스 · 증기용 방독마스크로서 비전동식의 전면형, 가스 · 증기용 방독마스크로서 전동식 반면형/전면형/후드형 마스크, 모든 형태의 송기식, 자급식 호흡보호구

※ 비전동식 반면형 방독마스크는 선정 불가

② **예시 2** : TCE의 노출기준은 50 ppm인데, 공기 중 오염물질의 농도를 측정한 결과 100 ppm이다. 어떤 호흡보호구를 선정하여야 하는가?

ⓐ 유해비 = 100 ppm/50 ppm = 2

ⓑ 보호계수가 유해비 2보다 큰 호흡보호구 선정

ⓒ 호흡보호구 선정 : 가스 · 증기용 모든 종류의 호흡보호구

2.5 호흡보호구의 선정 절차

2.5.1 호흡보호구 선정 일반 원칙

일반적인 호흡보호구 선정 흐름도는 아래 그림과 같다.

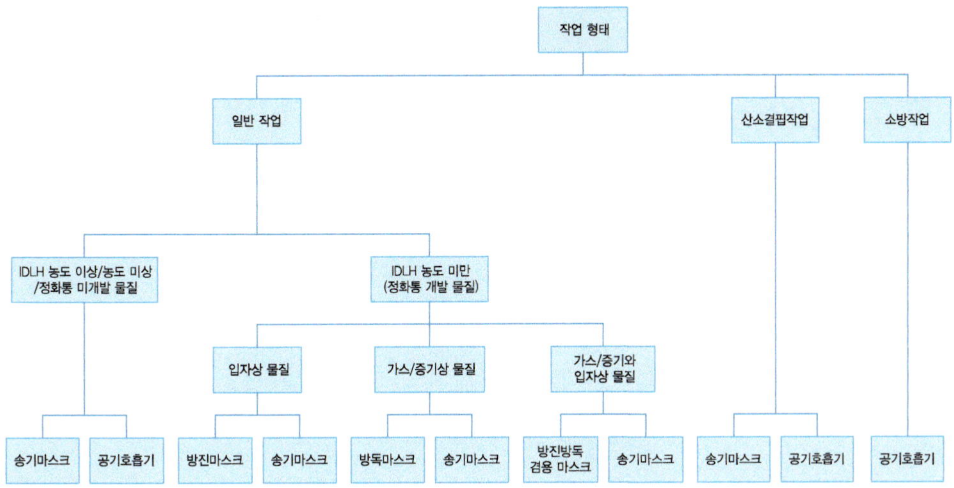

그림 10-1 호흡보호구 선정 흐름도

1) 산소결핍 작업장소, 밀폐공간, 정화통이 개발되지 않은 물질 취급 및 소방작업

① 질식위험이 있는 밀폐공간이나 정화통이 개발되지 않은 물질을 취급하는 경우에는 공기호흡기, 송기마스크를 사용하고, 소방작업은 공기호흡기를 사용한다. 이들 작업에서 절대로 방독마스크를 사용하여서는 안 된다.

2)독성 오염물질이면 즉시위험건강농도(IDLH)에 해당되는지 여부를 구분한다.

① 즉시위험건강농도(IDLH) 이상인 경우 공기호흡기, 송기마스크를 사용한다.

② 즉시위험건강농도(IDLH) 미만인 경우 입자상 물질이 존재하면 방진마스크, 송기마스크를 사용하고, 가스·증기상 오염물질이 존재하면 방독마스크, 송기마스크를 사용한다. 입자상 및 가스·증기상 물질이 동시에 존재하면 방진방독 겸용마스크 또는 송기마스크를 사용한다.

2.5.2 노출기준 제정물질 호흡보호구 선정 절차

오염물질이 고용노동부고시에 따른 노출기준 제정 물질 또는 미 제정 물질인지를 구분하여, 호흡보호구 선정표 1~5 단계를 작성한다. 이 단계는 3단계만 다르고 1, 2, 4, 5단계는 동일하다.

1) 1단계

① 사업장명, 평가일, 평가자, 작업부서 또는 공정, 단위작업장소, 작업위치, 작업내용, 작업시간, 작업주기 등을 기록한다.

2) 2단계

① 호흡보호구를 착용하는 사유를 다음에서 선택하여 해당 항목에 체크한다.

- **상시 노출위험** : 모든 공학적 작업환경관리방법을 조치 후에도 오염물질의 흡입 위험이 있다고 판단되는 경우
- **단시간 작업** : 현실적으로 작업환경관리가 어려우며 작업시간이 한 시간 미만인 경우
- **비상대피** : 안전한 곳으로 대피하는 과정에서 호흡보호구가 필요한 경우
- **임시조치** : 작업환경관리 설비를 설치하는 동안 호흡보호구 착용이 필요한 경우
- **응급상황/구조** : 국소배기장치 등 작업환경관리 설비가 고장인 경우 또는 재해자를 구조하는 경우

② 작업장소가 밀폐공간인지, 산소결핍장소인지, 위험물 누출이 가능한 작업인지를 파악하여 밀폐공간작업 항목을 체크한다.

- **밀폐공간** : 밀폐공간이면 '예'
- **산소결핍 위험** : 작업장의 산소농도가 18% 미만이거나 미만일 것 같으면 '예'
- **위험물질 방출 위험** : 갑작스럽게 유해물질 그리고/또는 질식제의 방출이 우려되면 '예'

③ 밀폐공간이 '예'인 경우 밀폐공간 작업 규정을 따른다. 다음의 경우에는 할당보호계수가 10,000인 자급식 호흡보호구 사용한다.

- **산소결핍 위험** : '예'인 경우
- **위험물질 발생 위험** : '예'인 경우

3) 3단계

① 노출되는 화학물질의 농도를 노출기준 및 즉시위험건강농도(IDLH)와 비교하여 입자상 물질(표 10-1)은, 가스·증기상 물질은 표 10-2에 따라 농도별 추천 호흡보호구를 기재한다.

② 호흡보호구별 할당보호계수를 기재한다.

③ 할당보호계수 칼럼에 적혀 있는 값들 중에서 가장 높은 값을 '가장 높은 보호계수'란에 기재한다.

④ 기본적으로 3단계에서 추천호흡보호구를 선택한다. 4단계 이후는 호흡보호구선택의 기타 참고사항이다.

| 표 10-1 | 입자상 물질의 농도별 추천 호흡보호구

농도	입자상물질		
	제조 등 금지물질 · 허가대상 유해물질 · 특별관리물질	금속흄 등 열적 생성분진 · 기계적으로 생기는 분진 · 결정형 유리규산	기타 분진 등
노출기준 미만	특급 방진마스크 이상*	1급 방진마스크 이상*	2급 방진마스크 이상*
노출기준 10배 이내	특급 방진마스크 이상*	특급 방진마스크 이상*	1급 방진마스크 이상*
노출기준 50배 이내	전면형 특급 방진마스크, 전동식 특급 방진마스크, 송기마스크 중 선택	전면형 특급 방진마스크, 전동식 특급 방진마스크, 송기마스크 중 선택	전면형 1급 방진마스크 이상*, 전동식 1급 방진마스크이상*, 송기마스크 중 선
노출기준 50배 초과	전동식 전면형/후드형특급 방진마스크, 전면형/후드형 송기마스크중 선택	전동식 전면형/후드형특급 방진마스크, 전면형/후드형 송기마스크중 선택	전동식 전면형/후드형 1급 방진마스크 이상*, 전면형/후드형 송기마스크중 선택
IDLH 초과 시**	송기마스크, 공기호흡기 중 선택		

| 표 10-2 | 가스, 증기상 물질의 농도별 추천 호흡보호구

농도	가스/증기상 물질
노출기준 미만	방독마스크 이상
노출기준 10배 이내	방독마스크 이상
노출기준 50배 이내	전면형 방독마스크, 전동식 방독마스크, 송기마스크 중 선택
노출기준 50배 초과	전동식 전면형/후드형 방독마스크, 전면형/후드형 송기마스크 중 선택
IDLH 초과 시**	송기마스크, 공기호흡기 중 선

* '이상' 은 등급 또는 할당보호계수가 같거나 높은 호흡보호구를 의미

** IDLH 기준이 설정된 물질은 IDLH를 초과할 경우 반드시 송기마스크, 공기호흡기를 선택

4) 4단계

① 작업관련 인자

- **작업강도** : 작업강도가 높아져 호흡량이 증가하면 보호구 정화통 사용기간이 떨어지고, 땀을 많이 흘리면 호흡보호구가 미끄러져 차단율이 떨어진다. 작업강도는 다음과 같이 분류한다.
  - 경작업 : 시간당 200 kcal까지 열량이 소요되는 작업으로 앉아서 또는 서서 기계 조정을 하기 위하여 손 또는 팔을 가볍게 쓰는 일
  - 중등작업 : 시간당 200~350 kcal 열량이 소요되는 작업으로 물체를 들거나 밀면서 걸어 다니는 일
  - 중(重)작업 : 시간당 350~500 kcal 열량이 소요되는 작업으로 곡괭이질 또는 삽질을 하는 일
- **착용시간** : 밀착형 호흡보호구는 장시간 사용 시 사용자에게 불편함을 주기 때문에 전동식 호흡보호구를 고려해 볼 수 있다.
- **작업장 온도와 습도** : 과도한 온도와 습도는 착용자에게 고열장해, 발한 및 불편함을 초래할 수 있으므로 냉각 혹은 온열 장치가 구비된 전동식 호흡보호구를 고려한다.
- **전동공구 사용** : 공기를 공급하는 전동공구를 호흡보호구의 공기공급장치에 연결할 경우 보호계수가 감소됨을 고려한다.
- **선명한 시야 확보 필요** : 선명한 시야가 필요한 곳에서는 얼굴 전면을 가리는 전면형 호흡보호구는 바람직하지 못하며 충분한 빛을 공급하는 반면형 마스크가 바람직하다.
- **명확한 의사소통 필요** : 명확한 의사소통이 필요한 곳에서는 의사소통용 호흡보호구가 필요하다.
- **비좁고 복잡한 작업장** : 가볍고 제한성이 없는 호흡보호구를 사용한다.
- **폭발위험성이 있는 작업장** : 폭발 가능성이 있는 작업장에서는 재질이 정전기를 일으키지 않는 호흡보호구가 적합하다.
- **움직임이 많은 작업장** : 호스가 있는 호흡보호구는 피한다.

② 착용자 관련 인자

- **얼굴의 수염, 흉터** : 안면부가 닿는 부분에 수염이나 깊은 흉터가 있어 누설의 우려가 있으면 후드형 호흡보호구를 사용한다.

- 안경이나 콘택트렌즈 착용 : 필요한 경우 안경 다리를 집어넣을 수 있는 호흡보호구를 선정한다. 호흡보호구의 밀착성을 방해하면 콘택트렌즈를 권한다.
- 콘택트렌즈 사용자는 공기흐름에 쉽게 눈이 건조해진다.
- 눈, 머리, 청력 및 얼굴 보호: 다른 타입의 개인보호장구의 작동에 영향을 주지 않는 호흡보호구를 권한다. 예를 들어, 한꺼번에 붙어있는 호흡보호구를 선택한다(예, 전동식 헬멧 호흡보호구).
- 건강상태 : 폐쇄공포증, 심장질환, 난청, 천식 및 기타 호흡기질환을 고려하여 호흡보호구를 선정한다.

5) 5단계

밀착형 호흡보호구인 경우 밀착도 검사를 시행한 후에 작업장에서 사용할 것을 권한다.

① 호흡보호구 제조사나 판매사의 자문을 통하여 호흡보호구 선정표를 작성한 다음 완성된 호흡보호구 선정표와 물질안전보건자료를 제조사 또는 공급사에게 송부한다.

② 제조사 또는 공급사로부터 받은 권장 호흡보호구 자료를 근거로 적정한 호흡보호구를 선정한다.

2.5.3 노출기준 미 제정물질 호흡보호구 선정 절차

1) 1단계 : 노출기준 제정 물질의 호흡보호구 선정절차와 동일하다.
2) 2단계 : 노출기준 제정 물질의 호흡보호구 선정절차와 동일하다.
3) 3단계 : GHS MSDS를 확보한 후 절차에 따라 가장 높은 할당보호계수를 구하고, 적정한 보호계수를 갖는 호흡보호구를 선택한다.
4) 4단계 : 노출기준 제정 물질의 호흡보호구 선정절차와 동일하다.
5) 5단계 : 노출기준 제정 물질의 호흡보호구 선정절차와 동일하다.

2.6 밀착도 검사(fit test) 및 밀착도 자가점검(user seal check)

2.6.1 밀착도 검사

착용자의 얼굴에 맞는 호흡보호구를 선정하고 오염물질의 누설 여부를 판단하기 위하여 밀착도검사를 시행해야 한다.

1) 밀착도 검사의 목적

① 착용자의 얼굴에 밀착이 잘 되는 호흡보호구를 선정하기 위함이다.

② 어떻게 착용하는 것이 밀착이 잘되는 지를 착용자에게 알려주기 위함이다.

2) 밀착도 검사시기

① 호흡보호구를 처음 선정할 때

② 다른 제품의 호흡보호구를 착용하고자 할 때

③ 얼굴의 형상이 크게 변하였을 때

④ 검사주기는 1년에 1회 이상 실시

2.6.2 밀착도 검사자

밀착도 검사는 밀착도 검사방법 교육 이수자, 밀착도 검사를 수행하는 전문가 또는업체가 실시토록 한다.

2.6.3 밀착도 검사의 종류

1) 정성적 밀착도 검사(QLFT)

사람의 오감 즉, 냄새, 맛, 자극 등을 이용하여 호흡보호구 내부로 오염물질의 침투여부를 판단하는 방법이다.

① 호흡보호구를 착용하고 있는 사람에게 외부에서 감미료(사카린 법)나 쓴 맛(Bitrex 법)의 에어로졸, 자극성의 흄(irritant fume 법), 바나나향의 증기(isoamylacetate 법) 증기를 뿜어준다.

② 호흡보호구 착용자가 호흡보호구 내부에서 맛, 재채기, 냄새를 맡으면 밀착도가 불량하여 '불합격'으로 판정하고 그러하지 아니하면 밀착도가 양호하여 '합격'으로 판정한다.

2) 정량적 밀착도 검사(QNFT)

오염물질의 누설 정도를 양적으로 확인하기 위한 검사이다. 호흡보호구를 착용한 후 호흡보호구의 내부와 외부에서 공기 중 에어로졸의 농도를 비교하거나 착용자가 호흡할 때 생기는 압력의 차이를 이용하여 새어 들어오는 정도를 양적으로 비교하는 방법이다. 전면형 호흡보호구는 정량적 밀착도 검사를 실시토록 한다.

① 에어로졸이나 압력을 측정할 수 있는 정량적 밀착도 검사 장비를 실험실에 설치하

고 작동시킨다.

② 호흡보호구를 착용하고 있는 사람을 실험실과 검사 장비에 노출시키고 호흡보호구 안과 밖의 에어로졸 농도나 압력의 차이를 측정한다.

③ 검사를 실시할 때에는 작업할 때를 가정하여 동작검사(exercise regime)를 실시한다.

2.6.4 밀착도 검사의 기록

밀착도 검사의 기록은 시험 기간 중에 연속적으로 아래와 같은 사항을 기록하여야 한다.

1) 밀착도 검사의 형식

2) 호흡보호구의 구조와 형식, 모델명

3) 피시험자 성명과 시험자 성명

4) 검사시기와 결과

2.6.5 밀착도 자가점검

착용자가 오염지역으로부터 적절히 보호되고 있다는 것을 확인하기 위하여 호흡보호구를 착용할 때마다 아래와 같이 밀착도 자가점검을 시행해야 한다.

1) 음압 밀착도 자가점검

① 호흡보호구의 흡입구나 흡입관을 손바닥이나 테이프로 막는다.

② 정화통이나 방진필터가 부착되어 있으면 이 부분을 손이나 테이프로 막는다.

③ 천천히 숨을 들어 마시고 10 초 정도 정지한다. 이때 안면부가 약간 조여들거나 공기가 안면부 내로 들어오는 느낌이 없다면 밀착도는 좋은 상태이다.

2) 양압 밀착도 자가점검 배기밸브가 있는 호흡보호구에 대하여 실시한다. 이 방법은 배기밸브가 없는 호흡보호구에 대해서는 시행하기 어렵다.

① 배기밸브를 손으로 막거나 마개를 부착하여 막는다.

② 착용자는 천천히 숨을 내쉰다.

③ 안면부의 내부가 약간 양압이 되어 마스크 안면부와 안면과의 접촉면으로 공기가 새어나가는 느낌이 없다면 밀착도는 좋은 상태이다.

3) 음압 및 양압 밀착도 자가점검 때 주의사항 : 음압 또는 양압 밀착도 자가점검을 할 때 흡기구 또는 배기밸브를 확실하게 막지 않으면 밀착도 자가점검의 결과는 신뢰할 수 없으므로 밀착도 자가점검을 할 때에는 호흡보호구 착용자를 시험 전에 충분히 교육시킨다.

2.7 호흡보호구의 사용

2.7.1 호흡보호구 착용 및 관리 매뉴얼 작성

사업주는 호흡보호구를 적절하게 사용하기 위하여 아래 사항의 착용 및 관리 규정(매뉴얼)을 작성한다.

① 호흡보호구 착용 및 관리규정 책임부서

② 노출 유해인자 및 작업특성

③ 호흡보호구의 선정

④ 근로자의 훈련 및 교육

⑤ 밀착도 검사

⑥ 보호구 착용 전후 효과평가(건강진단)

⑦ 호흡보호구 사용

⑧ 호흡보호구의 세척, 유지 및 보수

2.7.2 교육

관리자, 지급자 및 착용자에게 호흡보호구를 항상 올바르게 착용토록 하기 위하여 사용 경험이 있는 유자격자로부터 충분한 교육을 받을 수 있도록 한다.

1) 관리자에 대한 교육

관리자는 호흡보호구가 적절히 사용될 수 있도록 다음과 같은 항목이 포함된 교육을 받아야 한다.

① 호흡보호구 착용 방법

② 노출 유해인자의 성상과 농도

③ 호흡보호구를 선택하는 원칙과 기준

④ 착용자에 대한 교육방법

⑤ 지급기준 및 지급할 때 유의사항

⑥ 착용상태 모니터링 방법

⑦ 보호구의 보수와 관리

2) 지급자에 대한 교육

보호구 지급업무 담당자에게는 호흡보호구가 각 용도에 따라 올바르게 지급되고 있는 것을 확인할 수 있도록 충분한 교육을 실시하여야 한다.

3) 착용자에 대한 교육

호흡보호구가 올바르게 사용될 수 있도록 각 착용자에게는 다음 항목에 대한 교육을 실시하여야 한다.

① 호흡보호구 착용 필요성 및 건강보호 효과

② 노출 유해인자의 종류, 성상, 농도 및 영향

③ 공학적 대책이 수립되지 않았거나 수립되었다 하더라도 유해인자에 노출될 수있으므로 호흡보호구 착용이 필요하고, 공학적 개선대책이 보호구 착용보다 우선적으로 선행되어야 한다는 설명

④ 호흡보호구의 선택방법에 대한 설명

⑤ 선택된 호흡보호구의 작동, 성능 및 제한점 설명

⑥ 호흡보호구의 점검법, 착용법 및 밀착성 점검 등의 지도

⑦ 모든 착용자에 대하여 호흡보호구의 취급방법과 밀착성을 확인하기 위하여 시험환경(호흡보호구의 누설이나 고장 여부를 찾아내기 위하여 만들어진 시험용 챔버 등의 환경)에서의 착용 실습

⑧ 보수와 관리 방법

⑨ 긴급사태시 대처하는 방법

⑩ 특수한 호흡보호구의 필요한 경우의 지도

⑪ 사업주 지급 의무 및 근로자 착용 준수사항에 관한 법규

4) 착용법 지도와 교육

착용 지도와 교육을 각 착용자에 대하여 실시하며, 지도 및 교육내용은 아래와 같은 내용이 포함되어야 한다. 그리고 각 호흡보호구 착용자는 적어도 1년에 1회 이상 재교육 받는다.

① 착용방법, 벗는 방법

② 호흡보호구를 밀착시킴으로서 착용자가 느끼는 불쾌감을 가능한 한 줄이는 것

③ 착용자가 호흡보호구 작동 방법 및 특성을 알 수 있도록 교육

④ 착용자가 유해환경에서 보호되고 있다는 것을 체험시키기 위하여 유사한 시험환경에서 호흡보호구 착용 훈련을 할 것

⑤ 정화통을 포장에서 개봉시 개봉일자를 정화통 본체에 기재할 것

2.7.3 호흡보호구의 지급

각 용도에 맞는 적정 호흡보호구를 지정하고 매뉴얼에 따라 지급한다.

2.7.4 사용전의 점검

정상작업, 임시작업, 긴급상황 또는 구출할 때 사용하는 호흡보호구를 지급받은 근로자는 보호구가 양호하게 작동되는 지를 확인하기 위하여 사용 전 밀착도 자가점검등을 하여야 한다.

2.7.5 사용할 때의 확인 및 주의사항

다음과 같은 경우가 발생한 경우에는 착용자에게 작업장을 신속히 벗어나도록 사전에 교육을 실시하여야 한다.

① 호흡보호구가 충분한 보호성능을 나타내지 않을 때

② 호흡보호구의 고장

③ 공기오염물의 누설

④ 호흡저항이 증가하여 호흡에 지장을 초래할 때

⑤ 착용한 때에 고도의 불쾌감을 느낄 때

⑥ 착용자에게 어지러움, 구역질, 호흡곤란, 발열 및 한기 등의 증상이 있을 때

3 눈 보호구의 선정 및 유지보수

본 장은 눈 보호구의 선정 및 유지보수에 관하여 규정하여 근로자의 안전과 보건을 유지 증진할 내용으로 기계적 위험요소, 화학적 위험요소 및 열이나 유해광선 위험요소가 있는 모든 작업장에 적용한다

3.1 용어의 정의

1) "눈 보호구(Eye protector)"라 함은 위험에 노출된 사람이 착용 시 최소한 눈주위를 가리면서 시야를 확보 할 수 있는 모든 형태의 눈 보호장비를 말한다.

2) “위험(Danger)”이라 함은 잠재적 손실이나 손상을 가져올 수 있는 상태나 조건을 말한다.

3) “위험도(Risk)”라 함은 위험을 정량적인 방법으로 표현한 것을 말한다.

4) “위험요소(Hazard)”라 함은 사람에게 손상을 입히거나 또는 건축물, 설비 등에 손상을 주는 원인이 되는 잠재적이거나 현재적인 위험한 요소 또는 요인을 말한다.

3.2 눈 보호구의 분류와 필요 시험

눈은 신체의 다른 부위에 비해 다치기 쉽다. 눈에 대한 상해를 방지하는 데에는 두 가지 예방책이 있다. 첫 번째는 근원적으로 상해를 예방하는 것으로 눈으로 파편이 튀는 것을 막을 수 있는 기계를 설계하거나 차단막을 사용하는 것이고, 두 번째는 적절한 눈 보호구를 착용하는 것이다. 눈 보호구는 위험한 작업을 직접 하는 사람과 근접 거리에서 작업하는 사람 모두 착용할 필요가 있다.

3.2.1 눈 보호구의 분류

1) 사용 용도에 따른 눈 보호구의 분류

① 일반용

② 용해 금속용

③ 액체용

④ 먼지용

⑤ 가스 및 증기용

2) 형태에 따른 눈 보호구의 분류

일반적인 눈 보호구의 형태는 다음과 같다. 다양한 눈 보호구의 형태와 특성은 아래에 제시되어 있다.

① 안경(눈 보호대 포함)

② 고글

③ 머리에 쓰는 안면보호구

④ 손잡이가 있는 안면보호구

⑤ 다른 보호장비와 결합된 눈 보호구

종류	형태	특성
일반안경 (스펙터클형)		1. 일반용 눈 보호대 2. 개인별로 적합한 다양한 크기, 조절 가능한 안경다리 3. 낮은 위험요소에 대해 효과적인 눈보호 가능 4. 먼지, 용해 금속 혹은 액체 방울과 튀김 등에 대해서는 부적합
고글형 (1안식)	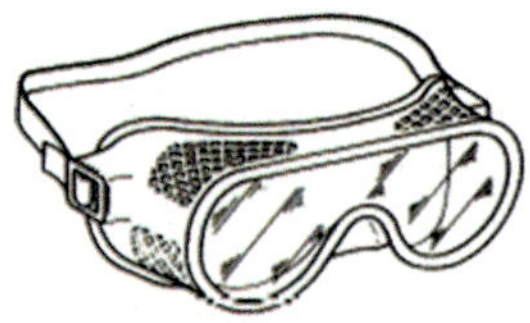	1. 충격 보호에 적합할 뿐만 아니라 파편, 먼지, 가스 그리고 용해 금속 등으로부터 보호 2. 가스용접 및 금속 절단 작업에 적합한 플라스틱 안경테와 필터 렌즈
고글형 (2안식)	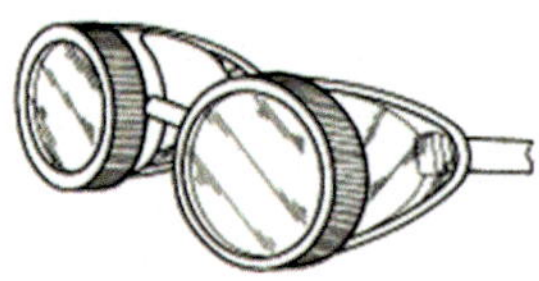	1. 눈 전체를 감쌀 수 있음 2. 가스용접 및 금속 절단 작업에 적합한 플라스틱 안경테와 필터 렌즈
눈 보안경	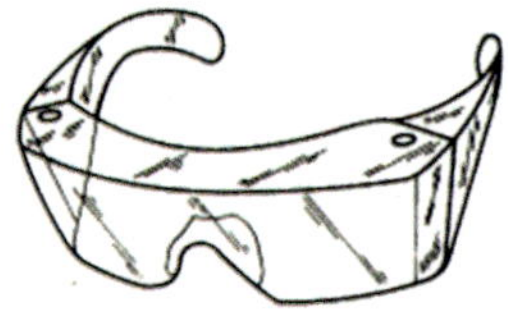	1. 무게가 가벼움 2. 시야가 넓음
안면보호구	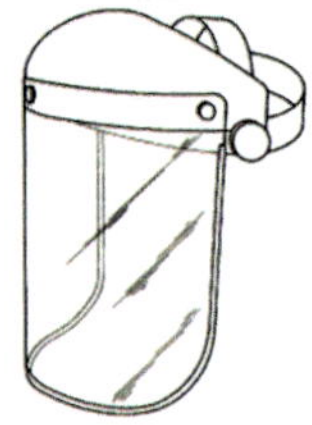	1. 눈과 안면 보호용 2. 가스용접과 고온작업을 위한 열 반사 물질 채용 가능 3. 안전모에 장착 가능
용접용 안면보호구	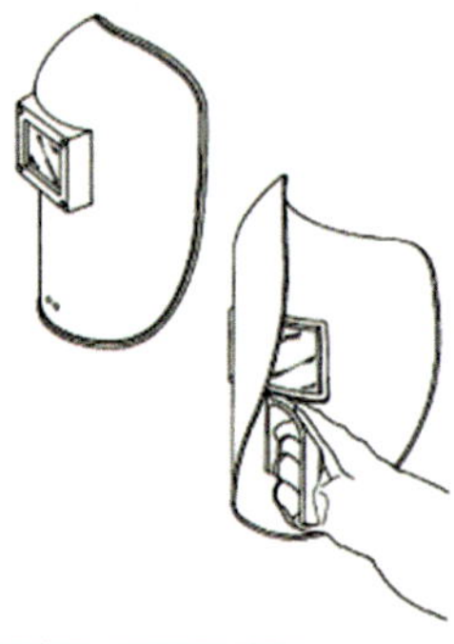	1. 적외선 및 자외선에 대해 눈, 얼굴 및 목의 보호 2. 머리에 쓰거나 손으로 잡고 작업 가능 3. 교환 가능한 필터로 가스 및 전기용접 작업 모두에 사용 가능 4. 안전모와 함께 사용 가능

3.2.2 눈 보호구의 필요시험

눈 보호구는 용도에 따라 다음의 시험을 통과한 것을 선택하는 것이 바람직하다.

1) 충격시험

고글이나 안경의 옆가리개에 의한 충격 보호는 안경알에 따라 달라질 것이다. 작업장에서 전면이나 측면 방향에서 충격 위험성이 예견 될 경우에는 렌즈뿐만 아니라 안경테에 대한 충격 보호를 위해 충격시험이 수행되어야 한다.

2) 용해 금속에 의한 상해 시험

눈 보호구가 얼굴 아래쪽으로 덮히기 때문에 용해 금속이나 금속을 잡는 트랩시험을 할 수는 없다. 따라서 고온 볼(Hot ball)시험이 바람직하다.

3) 온도시험

온도시험은 특히 복사열 혹은 극한 온도에 대비한 시험이다. 복사열은 눈 보호구를 만드는데 사용되는 플라스틱 물질을 찌그러뜨릴 수 있기 때문이다. 이때 반사코팅은 이러한 뒤틀림을 막는데 도움이 될 수 있다.

4) 액체, 가스와 먼지에 대한 보호시험

눈 보호구 제작에 사용된 물질들은 사용 시 성능이 저하될 수 있다. 어떤 화학물질, 가스, 혹은 증기에 노출되면 충격 저항력이 줄어들 수 있다. 눈 보호구를 선택할 때는 제작 시 사용된 물질이 어떤 화학물질, 가스, 증기 혹은 작업장의 부식성 먼지와 같이 사용될 수 있는지를 반드시 조사해야만 한다.

3.3 눈 상해의 위험요소

눈에 대한 상해를 야기하는 위험요소는 기계적 위험요소, 화학적 위험요소 및 열이나 유해광선 위험요소로 나뉜다. 각 위험요소는 눈 상해에 서로 다른 영향을 미칠 수 있다. 작은 눈 상처도 상당한 불편함을 야기할 수 있고 일시적인 시력 상실의 가능성도 있다. 잠재적인 눈 상해의 위험요소들은 사고보고서, 사고위치 조사 그리고 주요 현장상태에 대한 지식 등으로 얻게 되는 정보로부터 평가될 수 있다. 특별한 위험요소가 확인되어야 잠재적인 상해의 심각성이 평가될 수 있다.

3.3.1 기계적 위험요소

1) 물리적 접촉(날으는 물체나 고정된 물체와의 접촉)

2) 먼지 혹은 분말

3) 고온 물질

3.3.2 화학적 위험요소

1) 먼지 및 분말

2) 액체

3) 증기, 가스, 연기

3.3.3 열이나 유해광선 위험요소

1) 가시광선

2) 자외선(UV)

3) 적외선(IR)

4) 레이저 빛

3.4 눈 보호구의 선정

3.4.1 일반사항

적절한 눈 보호구 선택에 있어 고려해야 할 기본사항은 다음과 같다.

1) 위험요소

2) 사람

3) 환경

3.4.2 위험요소를 반영한 선정

그림 10-2는 적합한 눈 보호구의 선정을 위한 흐름도(Flow chart)이다. 위험요소가 하나 이상이면 선정방법도 하나 이상이 된다.

3.4.3 개인보호구와 겸용이 가능하게 선정

1) 안전모, 청각 보호구 혹은 호흡 보호구 등의 다른 개인 보호구와 같이 사용할 수 있어야 한다. 이 조건이 만족되지 않으면 다음과 같은 위험요소가 있을 수 있다.
   ① 기대되는 보호수준이 저하될 수 있다.
   ② 개인 보호구가 모두 폐기될 수 있다.

2) 눈 보호구와 다른 개인 보호구를 함께 사용하여야 할 때는 다음 사항들을 고려해야 한다.
   ① 근원적으로 눈 상해에 대한 위험요소를 통제하거나 실제적인 보호구를 사용한다.

② 적절한 보호를 위해 어떤 종류의 개인 보호구가 필요한지를 정확히 결정한다.

③ 제조자 혹은 공급자의 조언을 바탕으로 겸용할 수 있는 품목을 정하거나 일체형으로 된 보호구로 대체하는 것을 고려해야 한다.

④ 선정된 보호구로 사용자가 직접 착용하는 것이 바람직하다.

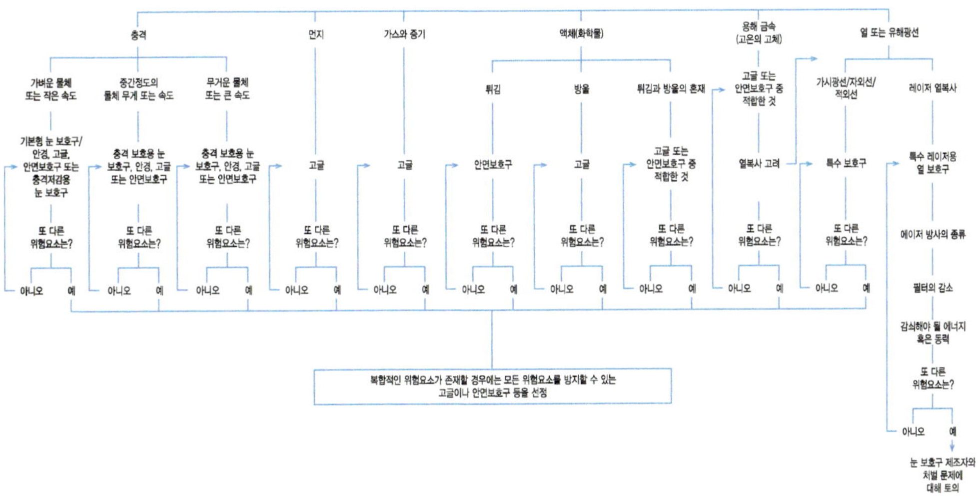

그림 10-2 눈 보호구 선정을 위한 흐름도

3.4.4 쾌적함과 적합함을 고려한 선정

눈 보호구는 착용이 편리해야 한다. 불편을 증가시키는 요인들로는 착용의 부적합, 서리가 끼든가, 시야 불량 그리고 무게 등이 있다. 만일 눈 보호구가 쾌적하지 않거나 착용 시 잘 맞지 않는다면 잠재적 위험에 대응하여 선정한 모든 수준의 보호가 잘 이루어지지 않을 수도 있다.

1) 쾌적성 고려

눈 보호구의 쾌적성을 평가하는데 있어서 다음의 사항들을 고려해야 한다. 즉, 무게, 착용성, 시야 확보, 통풍성, 주 야간의 반사, 디자인, 다른 보호구와의 겸용, 착용자의 특정 작업 시 적합성 등이다.

2) 착용성 고려

눈 보호구의 착용은 제조자의 사용설명서에 따라야 한다.

① **도수 안경** : 이 형태의 눈 보호구는 크기와 형태가 착용자에게 잘 맞아야 한다.

② **평면 안경** : 다음과 같이 네 종류의 안경들이 있다.

- 크기가 하나이고 조절이 불가능한 것.
- 크기가 하나이고 조절이 가능한 것
- 크기가 다양하고 조절이 불가능한 것.
- 크기가 다양하고 조절이 가능한 것.

렌즈의 크기가 동일하더라도 안경테의 크기를 조절할 수 있으면 보다 많은 사람들이 편리하게 착용하여 사용할 수 있다. 만일 안경테의 크기가 다양하고 테의 조절이 가능하다면 더 많은 사람들이 사용할 수 있다. 만일 안경을 쓰는데 어려움이 있는 경우에는 제조자의 조언을 받아야 한다. 코다리는 가장자리가 부드럽게 마무리되어 착용하기에 편해야 한다. 코에 지나친 압박이 가해져서는 안 된다. 안경다리는 길이가 적절해야 되고 얼굴에서 미끄러지지 않아야 한다. 마무리가 잘 안되거나 맞지 않으면 귀 뒷부분이 불편해진다.

③ **얼굴에 맞춤** : 안경은 테와 얼굴 사이의 틈새가 최소화 되어야 한다. 옆가리개와 안경의 앞부분에는 어떤 틈새도 없도록 해야 한다

④ **미적 감각** : 평면렌즈 사용 시 눈의 동공이 렌즈의 중심과 일직선상에 있을 필요는 없다. 눈 보호구의 외형은 작업자에게는 심리적 문제가 될 수 있고, 이러한 점은 작업자가 위험요소를 접할 시 눈 보호구를 착용할지 안 할지를 결정하는데 영향을 미칠 수 있다. 따라서 안경의 디자인 시 미적 감각을 고려하거나 눈 보호대, 고글 혹은 안면보호구에 변화를 줄 필요가 있다.

⑤ **고글**

- 고글은 대개 얼굴 크기에 맞게 제조된다. 따라서 안경과 얼굴 사이에 틈이 있어서는 안 된다.
- 안정된 착용을 위해 머리 밴드를 지나치게 조이는 것은 피해야 한다.

⑥ **안면보호구**

- 보호구와 그 지지대가 얼굴에 닿아서는 안 된다.
- 머리가 움직이는 동안 가슴 끝 혹은 어깨와 적절치 않은 접촉이 있어서는 안된다.

4 피부 보호구의 사용

본 장은 근로자가 피부 자극성 또는 과민성 유해물질을 취급하는 경우에 발생할 수 있는 직업성 피부질환을 예방하기 위한 피부보호용 장갑의 규격과 선택방법 등에 관한 내용이다.

4.1 용어의 정의

1) "보호용 장갑"라 함은 개인보호구 중 손을 보호하기 위한 장갑류를 말한다.
2) "손가락 길이(Finger length)"라 함은 손바닥의 근위부(Proximal)의 끝에서 가운데 손가락 끝까지의 길이를 말한다.
3) "손 너비(Hand width)"라 함은 주로 쓰는 손의 관절(Knuckle, 중수지관절) 아래에 줄자를 감고(엄지손가락 제외) 주먹을 쥐어 네 손가락이 차지하는 가로길이를 말한다.
4) "투과시간(Breakthrough time)"이라 함은 화학물질이 장갑을 침투해서 안쪽에 도달하는데 걸리는 시간으로서, 장갑의 효과를 나타내는 최대 시간을 말한다. 유럽연합기준(EN 374-3)에서는 투과시간에 따른 장갑의 소재별 분류를 6등급으로 나누어 사용하고 있다.
5) "침투율(Permeation rate)"이라 함은 장갑을 통해 물질이 침투하는 속도를 말하며, 단위 시간당 단위 면적에 침투된 물질의 양으로 표시된다. 침투율이 높을수록 더 빨리 많은 화학물질이 장갑 안으로 침투하는 것을 의미한다.
6) "분해(Degradation)"라 함은 장갑 재질이 물리적, 화학적 등 다양한 원인으로 인해 손상되어 딱딱해지거나 부드러워지거나 부풀어 갈라지거나 찢어지는 것을 말하며, 장갑 재질이 물질과의 접촉에 의해 노후화되는 과정을 통칭한다.

4.2 장갑 선택 시 고려사항

4.2.1 취급물질

1) 모든 물질에 대해 보호를 할 수 있는 장갑은 없으며, 어떤 장갑도 영구적으로 보호 기능을 수행할 수는 없다. 그러므로 특정 물질에 대해 손을 보호하기 위해서는 반드시 해당 물질에 대한 보호 기능이 있는 재질의 장갑을 선택해야 한다. 적절한 장

갑의 선택을 위해 "투과시간", "침투율", "분해"와 같은 성질을 고려해야 한다.

2) 착용자는 침투된 물질이 증기 형태로 존재하기 쉽기 때문에 침투나 투과를 알기어렵다. 장갑도 명확한 변화를 보여주지 않는다. 침투는 일단 시작되면 더 이상물질과의 접촉이 없더라도 계속 진행되며, 장갑 내부 표면의 물질농도와 외부표면의 물질농도가 같아질 때에 중단된다.

4.2.2 접촉의 유형

1) 일반적으로 두껍고 튼튼한 장갑이 얇은 장갑에 비해 보호기능이 좋지만, 얇은장갑은 기민성이 더 좋다. 중간정도의 이용에는 얇은 일회용 장갑을 사용하여야 적절한 보호기능을 제공할 수 있다. 두껍고 재사용 가능한 장갑을 간헐적으로 사용하는 곳에서는 사용 후 매번 보관에 주의를 해야 한다.
2) 접촉이 간헐적인 튐(Splash)에 의한 것인지, 완전 침수에 의한 것인지에 대한 고려가 필요하다. 짧은 장갑은 튐에 대해 보호를 할 수 있으나 손이 침수가 된다면 침수되는 깊이보다 길이가 더 긴 장갑을 선택해야 한다.

4.2.3 크기와 착용감

1) 물리력이 요구되는 작업에 장시간 보호 장갑을 착용하는 때는 불편할 수 있다.두꺼운 장갑은 운동을 제약하고 기민성을 감소시키며 정교한 작업을 어렵게 만든다.
2) 장갑은 반드시 착용자에 맞아야 한다. 꽉 죄는 장갑은 손에 피로감을 주고 쥐는힘을 떨어뜨릴 수 있다. 너무 큰 장갑은 접히는 부분이 생겨 업무를 방해하고 불편하게 할 수 있다
3) 근로자들이 착용감이 좋은 장갑을 선택하도록 장갑 선정과정에 참여시켜 근로자의 장갑 착용을 촉진하는 동기를 유발시킨다.
4) 장갑 내부 화학물질이 피부알레르기를 일으킬 수 있다. 일회용 천연고무라텍스(Natural rubber latex) 장갑에는 자연적으로 라텍스에 포함되어있는 단백질이 알레르기를 일으킬 수 있다. 직접 피부접촉이나 파우더에 묻어있는 장갑의 경우 분진을 흡입함으로써 알레르기 천식을 유발시킬 수 있다. 일회용 천연고무 장갑을 선택할 경우에 천연고무라텍스 알레르기가 있는 근로자가 있는 지를 확인하여야 한다. 만약 알레르기가 있는 근로자가 있다면 저단백질-무(無)파우더(Low-protein and powder-free) 장갑을 대신 제공하여야 한다.

4.2.4 업무

1) 만약 미끄러운 물체를 다룬다면, 거칠거나 결이 있는 표면의 장갑이 좋다. 장갑을 선택할 때는 보호기능과 동작의 기민성을 같이 고려해야 한다. 중노동이나 덜 섬세한 업무엔 두꺼운 장갑이 적합하다.
2) 장갑 선택은 멸균작업, 식품 취급작업인 경우에 필요한 기준에 적합해야한다. 특히, 유럽연합기준(EN 374-2)에서는 수분 및 미생물 침투력에 의해서도 장갑을 분류하고 있다. 수분 및 공기 누수검사를 통해 질 적합도 지수(Acceptablequality level, AQL)에 따라 3등급으로 구분하고 있으며, 2등급 이상 되어야 유해물질에 의한 피부안전을 보장할 수 있다고 명시하고 있다
3) 색깔에 따라 오염을 보여주므로 장갑을 선택할 때 고려사항이 될 수 있다. 장갑표면 아래에 색깔이 변하는 패드를 활용하여 오염정도를 분석하고, 이를 활용하여 화학물질이 침투되는 시점을 추정하여 교체주기를 결정할 수 있다. 적절한 보호용 장갑 선택을 위해 기록지를 사용할 수 있다
4) 업무에 따라 장갑에 요구되는 물리적 성질(투과저항, 마모저항, 절삭저항, 인열강도, 뚫림강도)별로 성능 수준을 6단계로 재료를 구분하여 제시하였다.

4.2.5 손에 대한 다른 위험요인

1) 찰과상, 열상, 창상, 진동 혹은 고온과 같이 손에 대한 다른 위험요인이 있는지 확인하는 것이 중요하다. 이러한 기타 위험요인들(기계적 위험요인, 온열 위험요인 등)과 복합적인 보호기능이 있는 장갑도 있음을 고려해야 한다.

4.3 장갑 관리

4.3.1 지급, 관리 및 폐기

1) 장갑은 시간경과, 굴곡(Flexing), 늘어남(Stretching), 부적절한 보관 및 관리 등에 의해 질이 떨어지고 보호기능을 상실하게 된다. 대부분의 유해인자들은 혼합물이므로 혼합물 중 투과시간이 가장 짧은(보호지수가 낮은) 성분을 기준으로 장갑을 선택해야 한다. 하지만 장갑이 어떤지 확실하게 확인하는 유일한 방법은 해당 물질에 직접 시험해보는 것이다.
2) 크기 및 유형에 따른 장갑을 유지하기 위해 재고 관리를 해야 한다.
3) 장갑의 교체 필요 시 교체지급 관리를 해야 한다.

4) 손은 땀이 나기 때문에 피부에 과도한 습기가 찰 수 있고, 장갑이 착용하기에 불편해질 수 있다. 특히, 이러한 장갑 내부의 온도상승은 투과시간을 단축시켜 화학물질 침투를 용이하게 한다. 직원들에게 몇 분간 장갑을 벗는 휴식을 취하게 하면 손과 장갑의 환기에 도움이 된다. 한편 보호장갑 안에 별도의 면장갑을 착용하는 것은 땀을 흡수하는데 도움이 되며 이 면장갑은 세탁해서 재사용할 수 있다.

5) 관리가 필요한 일부 유형의 장갑은 정기적으로 점검하거나 장갑 내부를 청소해야 한다. 이때 장갑에 대한 관리는 제조사의 지침을 따른다.

6) 재고 혹은 유지, 발급 등 기록 관리를 적절히 해야 한다.

7) 사용한 장갑이 유해 폐기물로 폐기되어야 하는지를 확인해야 한다.

4.3.2 정보, 점검 및 훈련

1) 보호장갑은 올바르게 사용될 때 효과가 있다. 근로자, 중간관리자, 관리자 및 장갑 유지관리와 관련된 사람들은 보호장갑의 효과적인 사용에 대한 훈련이나 보수교육이 필요하다. 장갑을 착용하는 모든 사람이 알아야 할 것들은 다음과 같다.

① 어떤 장갑을, 언제 착용할 것인가?

② 상태를 어떻게 파악 및 관리할 것인가?

③ 어떻게 착용하고, 피부 오염 없이 어떻게 벗을 수 있는가?

④ 노출을 차단하기 위한 방법으로서 장갑의 한계는 어느 정도인가?

⑤ 사용한 장갑을 어떻게 안전하게 폐기할 것인가?

2) 보수교육은 장갑을 자주 사용하지 않는 사람이나, 응급목적(유출 처리 등)으로만 장갑을 착용하는 사람들에게 특히 중요하다. 훈련 및 보수교육에 대한 기록지를 작성하면 관리에 도움이 된다.

4.3.3 비용

1) 비용에 영향을 미치는 요인에는 구매자의 구매력과 특정 구매 주문의 크기, 반복 구매경향, 전체 구매 규모 등이 있다. 한편, 보호장갑 프로그램을 실행하는 비용을 산정하는 데 있어서 초기 구매비용 및 교체비용, 지급 및 보관, 폐기와 관련된 비용, 훈련과 관련된 비용 등도 고려해야 한다.

요약

1. 개인보호구에 대한 일반사항

1) 작업환경이 설비개선 등의 방법으로 적절히 개선될 수 없어 근로자의 건강과 안전에 위험이 있을 때에는 언제나 개인보호구가 지급되고 사용되어져야 한다.

2) 개인보호구 사용에 관한 내용들은 다음 사항들을 포함하여야 한다.
   ① 사용하기 전 보호구 적절성을 확인하는 방법 및 적절한 배분에 대한 사항
   ② 적절한 유지 관리 및 보관방법
   ③ 안전하게 사용할 수 있는 방법에 대한 사용설명서 제공
   ④ 올바르게 사용하는 방법

2. 개인보호구에 대한 평가

어떤 개인보호구를 선택할지는 작업장 내의 여러 유해·위험요소들을 주의 깊게 고려하여 선택하여야 한다. 이것은 어떤 개인보호구가 위험에 대처하여 신체를 보호하는데 적절하고 또 수행할 작업에 적절한지를 평가할 수 있도록 한다.

① 개인보호구는 위험예방에 적합해야 하며 위험이 발생될 수 있는 노출된 장소의 조건들에 적합해야 한다. 예를 들어 농약에 대한 보호를 위해 고안된 보안경은 철이나 돌을 절단하기 위한 연마기를 사용하는 근로자의 보안경으로는 적합하지 않다.

② 개인보호구는 근로자가 몸에 맞출 수 있도록 조절될 수 있어야 한다.

③ 개인보호구를 착용하는 근로자는 개인보호구를 착용하는데 필요한 시간, 작업을 하는데 요구되는 물리적 노력 그리고 시인성과 정보교환을 위한 필요사항 등을 알아야 한다.

④ 개인보호구를 착용하는 근로자들의 건강상태가 검사되어야 한다.

⑤ 한 종류 이상의 개인보호구를 착용한다면 그것들은 서로 조화를 이루어야 한다. 예를 들어 특수한 형태의 호흡기 보호장비는 보안경을 착용하는 것을 어렵게 하지 않아야 한다.

3. 호흡보호구 선정 전 고려사항

호흡보호구를 선정하기에 앞서 다음과 같이 화학물질의 호흡과 관련한 유해성 및 조건을 알아야 한다.

① 오염물질의 종류 및 농도와 같은 일반적인 조건 : 고용노동부고시 화학물질 및 물리적 인자의 노출기준에 따른 노출기준 제정 물질인지 여부를
② 오염물질의 물리화학 및 독성 특성
③ 노출기준
④ 과거와 현재 노출농도, 최대로 노출이 예상되는 농도
⑤ 즉시위험건강농도(IDLH)
⑥ 작업장의 산소농도 혹은 예상 산소농도
⑦ 눈에 대한 자극 혹은 자극 가능성

4. 눈 보호구의 일반적 사항

눈은 신체의 다른 부위에 비해 다치기 쉽다. 눈에 대한 상해를 방지하는 데에는 두 가지 예방책이 있다. 첫 번째는 근원적으로 상해를 예방하는 것으로 눈으로 파편이 튀는 것을 막을 수 있는 기계를 설계하거나 차단막을 사용하는 것이고, 두 번째는 적절한 눈 보호구를 착용하는 것이다. 눈 보호구는 위험한 작업을 직접 하는 사람과 근접 거리에서 작업하는 사람 모두 착용할 필요가 있다.

참고문헌

1. 개인보호구의 사용 및 관리에 관한 기술지침(G-12-2013)
2. 호흡용보호구의 선정 사용 및 관리에 관한 지침(H-82-2020)
3. 피부보호구의 사용지침-보호용 장갑(H-42-2021)
4. 눈보호구의 선정 및 유지 보수에 관한 안전가이드(G-25-2011)

저자

김기연 서울과학기술대학교 안전공학과 교수

김연하 한국교통대학교 간호학과 교수

김종은 부산좋은강안병원 건강증진센터 센터장

김현수 대한산업보건협회 산업보건환경연구원 팀장

이승길 장안대학교 환경보건과 교수

임대성 한성보건안전기술원(주) 대표이사

하현철 (주)벤텍 대표이사

알기쉬운 산업위생

발 행 일 • 2022년 2월 21일

저 자 • 김기연 · 김연하 · 김종은 · 김현수 · 이승길 · 임대성 · 하현철

발 행 자 • 최 봉 조

발 행 처 • 진샘미디어

주 소 • 서울시 은평구 연서로 5길 28 부호아파트 102동 상가5호

전 화 • 02)353-4421 / FAX 02)353-4431

홈 페 이 지 • www.jinsaem.co.kr

신 고 번 호 • 제311-2005-000025호

I S B N • 979-11-91419-16-0 93510

정가 26,000원